生态养殖技术丛书

生态养肉鸡

许剑琴　刘凤华　马广鹏　主编

中国农业出版社

图书在版编目（CIP）数据

生态养肉鸡/许剑琴，刘凤华，马广鹏主编．—北京：中国农业出版社，2011.8
（生态养殖技术丛书）
ISBN 978-7-109-15899-3

Ⅰ.①生… Ⅱ.①许…②刘…③马… Ⅲ.①肉鸡—饲养管理 Ⅳ.①S831.9

中国版本图书馆 CIP 数据核字（2011）第 150533 号

中国农业出版社出版
（北京市朝阳区农展馆北路 2 号）
（邮政编码 100125）
责任编辑 颜景辰

北京通州皇家印刷厂印刷 新华书店北京发行所发行
2011 年 8 月第 1 版 2011 年 8 月北京第 1 次印刷

开本：850mm×1168mm 1/32 印张：9.875
字数：331 千字 印数：1～10 000 册
定价：20.00 元

编 写 人 员

主　　编　许剑琴　刘凤华　马广鹏

副 主 编　徐淑芳　李焕荣　郭凯军　曹永春

编　　者（按姓名笔画排序）

于孝文　马广鹏　马淑艳　王志成

王惠川　尹　朋　刘凤华　许剑琴

李焕荣　张中文　张永红　陈俊杰

钟友刚　侯晓林　徐淑芳　郭凯军

曹永春　崔德凤　魏秀莲

本书有关用药的声明

兽医科学是一门不断发展的学问。用药安全注意事项必须遵守，但随着最新研究及临床经验的发展，知识也不断更新，因此治疗方法及用药也必须或有必要做相应的调整。建议读者在使用每一种药物之前，要参阅厂家提供的产品说明以确认推荐的药物用量、用药方法、所需用药的时间及禁忌等。医生有责任根据经验和对患病动物的了解决定用药量及选择最佳治疗方案，出版社和作者对任何在治疗中所发生的对患病动物和/或财产所造成的损害不承担任何责任。

中国农业出版社

目录

第一章 绪　论

肉鸡产业是改革开放以来我国畜牧业中发展最快、最具活力的一个产业。近20年来，鸡肉产量以每年平均5%～6%的速度持续增长。经过几十年的发展，我国肉鸡产业已进入了一个由量变到质变的关键时期。肉鸡生产的迅猛发展，极大地丰富了人民群众的菜篮子，带动并促进了农村经济及出口创汇等相关产业的发展，产生了巨大的经济效益和社会效益。我国作为畜禽生产和消费大国，多年来的粗放式畜牧业经济增长方式，造成了规模化养殖生产的不断发展与环保治理相对滞后的现状，打破了传统的“畜—肥—粮”良性循环的格局。行业发展过程中造成的环境压力越来越大，畜禽养殖产生的污染已经成为我国农村污染的重要来源。因此，未来发展中，肉鸡生产行业应将清洁生产、资源及其废弃物综合利用、生态设计等融为一体，使产业经济和谐地纳入到自然生态系统的物质循环过程中，把“减量化、再使用、再循环”的原则和减少废物优先的原则作为肉鸡产业经济活动的行为准则，实现“资源—产品—再生资源—再生产品”的物质反复循环流动，保护日益稀缺的环境资源，提高资源的配置效率。

一、国内外肉鸡生产现状

1. 国际肉鸡产业概况　从国际畜牧业的发展趋势来看，肉鸡生产以其饲养期短、饲料报酬率高、经济效益好而在全球范围内成为最有前途的行业之一。美国是世界鸡肉生产第一国，2007年美国鸡肉产量为1 640万吨，占世界总产量的26.8%。我国是世界第二大鸡肉生产国，2007年产量1 250万吨，占世界总产量的20.4%，其次，是巴西、欧盟、墨西哥，分别占世界总产量的15.8%、12.3%和4.4%。从肉鸡存栏量和出栏量上看，全球肉鸡产业形成了以亚洲、美洲和欧洲为中心的生产格局；亚洲和美洲鸡肉产量最多，占全球总产量的70%以上。亚洲是肉鸡出栏数和存栏数最多、增长最快的地区，其中以中国、印度尼西亚、印度、伊朗、日本等国尤为突出。在美洲，美国、巴西和墨西哥是主要肉鸡生产国。在鸡肉消费量上，美国人均每年42千克以上，居世界首位，中国为8千克，世界平均为6.7千克。在肉鸡产品方面，整鸡销售日益减少，分割产品和深加工产品逐渐增多。在肉鸡生产性能方面，上市日龄逐渐缩短，平均体重、鸡胸肉的产量、饲料转化率日益提高。

2. 我国肉鸡生产概况　我国肉鸡业主要分为白羽肉鸡业与黄羽肉鸡业。与肉鸡生产先进国家美国相比，在品种选育、鸡舍装备、生产规模、生产工艺、产品质量控制等方面，特别是黄羽肉鸡业，还十分落后。在生产、加工、流通全程质量控制方面还有待提高。肉鸡产业受一系列全球性国际贸易、经济发展及疫情等多方面因素的影响，都不同方式不同程度地影响整个产业的健康发展。近年来，特别是2007—2009的三年，肉鸡产业出现飞速的发展，很大程度上扩大了肉鸡行业规模，参见表1-1。

表1-1　2007—2009年中国肉鸡生产规模调查情况

年度	2007年	2008年	2009年
祖代（万套）	82	90	110
父母代（万套）	2 400	2 800	3 400
商品代（亿只）	30	34	40

据推测，未来十几年内，随着世界禽肉的人均消费量上升，中国肉鸡产品产量的增加数量可望占未来世界增加数量的1/3，因此，发展生态养鸡，生产生态优质产品对我国生态肉鸡养殖行业的发展至关重要。

二、肉鸡生态养殖定义

肉鸡生态养殖与我们通常所说的安全优质肉鸡生产密切相关。它的生产过程通常要遵循可持续发展的原则，按照特定的肉鸡生产方式生产，是经专门机构认定、许可使用绿色食品标志或有机食品标志商标的无污染肉鸡产品的生产过程。特定的生产方式通常是指按照安全、优质、生态肉鸡生产标准生产、加工，对产品实施从“土地到餐桌”的全过程质量控制。

肉鸡生态养殖体系大致包括以下几个方面：产地的环境质量标准、生产技术标准（从饲料、养殖到屠宰加工过程）、产品质量标准以及包装贮运标准。根据国内外生产力发展水平和市场需要，肉鸡生态养殖通常按不同标准主要分为以下几种，绿色食品的AA级和A级，无公害食品，有机食品等。一般认为前两者是国内对安全优质畜产品的概念，有机食品、生态食品、健康食品、自然食品等则是国外对这类商品的叫法。但其本质都是一致的，都是为了生产出生态肉鸡产品。

三、肉鸡生态养殖要遵循的原则和标准

1. 选择、改善禽场的生态环境　严格执行GB 18406—2001《无公害畜禽肉安全要求》、GB/T 18407—2001《无公害畜禽肉产地环境要求》、NY 5027—2008《无公害食品　畜禽饮用水水质》、NY5028—2001《畜禽产品加工饮用水》、NY/T388—1999《畜禽环境质量标准》、GB/T 18596—2001《畜禽养殖业污染排放标准》、NY/T 1566—2007《标准化肉鸡养殖场建设规范》等，为生态养殖肉鸡产品提供良好的生态环境，使肉鸡生态养殖

从建场前到建场后的生产过程中，始终符合国家规定的空气、土壤、水的各项质量要求，这是进行肉鸡生态养殖的先决条件。为了避免可能的污染，肉鸡生态养殖基地必须远离工矿企业，尽量从生态农业的角度，因地制宜地调整农业产业结构和布局，使种植、养殖以及农畜产品深加工有机地结合在一起，协调发展。在肉鸡生产中充分利用当地自然资源，保护生态环境，形成持续稳定、综合的全方位配套产业，达到农业生产的良性循环，形成可持续发展的综合农业生产。

2. 建立稳定、优质的饲料生产基地　肉鸡生态养殖要严格按照无公害食品、绿色食品的生产规范，实行全程质量控制。从土地到餐桌的全程控制包括产地环境、种植过程、饲料加工过程、肉鸡养殖过程、肉鸡的屠宰加工过程、贮运、市场销售到食用的全过程。因此，建立安全优质的饲料原料生产基地，可有效地避免饲料来源广，原料的污染和残留不易控制的局面，同时通过产地认证，种植过程的无公害食品、绿色食品认证，严格执行GB/T4285《农药安全使用标准》，保证养殖的源头安全。

饲料加工过程中要遵守NY5037—2001《肉鸡饲养饲料使用准则》、GB13078—2001《饲料卫生标准》、GB10648—1999《饲料标签》、GB/T16764《配合饲料企业卫生规范》、NY/T5038—2001《肉鸡饲养管理准则》、NY5035—2001《肉鸡兽药使用准则》、NY5036—2001《肉鸡饲养兽医防疫准则》，以及《饲料和饲料添加剂管理条例》、《饲料药物添加剂使用规范》、《禁止在饲料和动物饮水中使用的药物品种目录》和《农业转基因生物安全管理条例》。

3. 充分运用先进的肉鸡生态养殖科学技术，最大限度地控制各种不良因素对全生产过程的影响，实施肉鸡生态养殖技术
整个肉鸡生态养殖饲养管理过程要严格遵守NY/T5038—2001《肉鸡饲养管理准则》、GB16584—1996《畜禽病害肉尸及其产品无害化处理规范》、GB16549—1996《畜禽产地检疫规范》、

GB16567—1996《种畜禽调运检疫技术规范》、NY5035—2001《肉鸡兽药使用准则》、NY5036—2001《肉鸡饲养兽医防疫准则》，NY5037—2001《肉鸡饲养饲料使用准则》以及《饲料和饲料添加剂管理条例》、《饲料药物添加剂使用规范》、《禁止在饲料和动物饮水中使用的药物品种目录》等。

与此同时，积极推广使用先进的生态饲料添加剂、中草药添加剂，将无公害添加剂配套技术落实到肉鸡生态养殖过程中。

4. 建立完整的兽医防疫体系是进行肉鸡生态养殖的重要保障 肉鸡养殖场要从选址开始就符合国家对生态养殖肉鸡的环境卫生要求，遵守《中华人民共和国动物防疫法》，力争建立国家无规定疫病区，如养禽生产中禁止患有新城疫、高致病性禽流感、禽衣原体等。如果出现上述病例，要根据 NY 5036—2001《肉鸡饲养兽医防疫准则》，对各种肉鸡疫病进行消毒、预防、监测、控制和扑灭等。肉鸡养殖中力争不用或少用药物，减少肉鸡的发病和死亡；严格控制药物在肉鸡产品中的残留，执行休药期。除此之外，在充分运用先进的肉鸡生产科学技术的基础上，严格执行 NY5035—2001《肉鸡兽药使用准则》，使用无公害肉鸡生产中允许使用的疫苗、抗生素、化药、中兽药等。在肉鸡生产中大力推广使用我们推荐的新型兽医防疫体系，主要包括以下内容：①兽医生物防疫（免疫程序）、②环境控制、③中兽药主动防疫、④中兽药早期治疗、⑤中西兽医结合治疗。其中中兽医学中“治未病”观念始终指导着新型兽医防疫体系的实施过程，并以此作为指导中药进入无公害养殖现场应用的切入点进行推广，最终提高肉鸡饲养经济效益。

需要说明的是，在执行兽医防疫准则的同时，要注意对禽场废弃物的无害化处理，遵守 GB16548—1996《畜禽病害肉尸及其产品的无害化处理规程》，防治疫病的扩散。

5. 肉鸡屠宰加工过程应遵循的原则和标准 肉鸡屠宰加工企业应参照 GB14881—1994《食品企业通用卫生规范》进行宰

前、宰后检验处理。产品在加工、贮运、销售各环节中必须符合GB/T12694—1990《肉类加工厂卫生规范》、GB/T 17237—1998《畜类屠宰加工通用技术条件》、NY/T330—1997《肉仔鸡加工技术规程》、GB/T5749—2006《生活饮用水卫生标准》、GB/T13457—1992《肉类加工工业水污染物排放标准》、NY467《畜禽屠宰卫生检疫规范》、GB16869—2005《鲜、冻禽产品》。按照GB/T5009.44—2003《肉与肉制品卫生标准的分析方法》，进行卫生分析，并且不得检出以下病原体：大肠杆菌O157、沙门氏菌，并进行总菌落群数检查。鸡产品中的农药、兽药、重金属要符合生态养殖产品的残留标准。另外，还需要执行相应的GB6388—1986《运输包装收发货标志》、GB7718—2011《食品安全国家标准　预包装食品标签通则》、GB4456—2008《包装用聚乙烯吹塑薄膜》、GB6543—2008《运输包装用单瓦楞纸箱和双瓦楞纸箱》等标准。整个加工过程中不使用任何化学合成的防腐剂、添加剂及人工色素。

6. 禽肉产品的贮藏、运输和营销　肉鸡屠宰加工企业除必须符合GB/T12694—1990《肉类加工厂卫生规范》、GB/T 17237—1998《畜类屠宰加工通用技术条件》、NY/T330—1997《肉仔鸡加工技术规程》等标准，产品不应与有毒、有害、有异味、易挥发、易腐蚀的物品同处贮存；需冷冻的产品应在－35℃以下环境中，其中心温度应在12小时内达到－15℃以下。需贮存的分割冻鸡产品应贮存在－18℃以下的冷冻库中，库温一昼夜升温不得超过15℃。产品运输时应使用符合食品卫生要求的冷藏车（船）或保温车，不应与有毒、有害、有异味的物品混放。所有运输车辆、容器应随时、定期清洗、消毒，严防在贮存及运输中的二次污染。肉品营销中要求出售肉品的摊点要有防晒、防蝇、防尘设备，每天营业前后，应用热水刮洗干净，并定期进行消毒，每天销售不完的肉品，要冷藏保存。

7. 生态养殖鸡肉标准　生产的鸡肉制品首先要符合NY

5034—2001《无公害食品 鸡肉》、NY5145—2002《无公害食品 鸡杂碎》、GB4789.2—2010《食品安全国家标准 食品卫生微生物学检验 菌落总数测定》、GB4789.3—2010《食品安全国家标准 食品卫生微生物学检验 大肠杆菌测定》、GB4789.4—2010《食品安全国家标准 食品卫生微生物学检验 沙门氏菌检验》、GB4789.5—2010《食品安全国家标准 食品卫生微生物学检验 志贺氏菌检验》、GB4789.10—2010《食品安全国家标准 食品卫生微生物学检验 金黄色葡萄球菌检验》、GB4789.11—2010《食品安全国家标准 食品卫生微生物学检验 溶血性链球菌检验》、GB/T 5009.44—2003《肉与肉制品卫生标准的分析方法》、GB/T6388《运输包装发货标志》、GB/T7188—2011《食品安全国家标准 预包装食品标签通则》、GB/T16869—2005《鲜、冻禽产品》等。

四、生态肉鸡养殖中的主要问题

对于生态肉鸡养殖而言，主要问题就是在其养殖、产品加工、贮藏、运输等过程被污染有害的生物性、化学性物质，这些有害物质可降低鸡肉产品的卫生质量，并对人类健康构成危害。从污染源看主要包括三大类：生物性污染、化学性污染以及放射性污染。其中以前两者在生态肉鸡养殖中最为严重，并广泛地存在于饲料、养殖、加工以及贮运的各个环节。而放射性污染主要指由于原子能开发利用中、农业生产中种子放射性诱变育种、药品生产、食品加工中^{60}Co的放射消毒等。现就前两者对生态肉鸡养殖的危害做一介绍。

由于养鸡生产本身而言，属生物性生产，既受其他工农业生产的污染，也会因为管理不当而污染周围环境，最终造成肉鸡产品本身的有毒有害物质的污染，这些有毒有害物质主要包括以下几个方面：

（一）生物性污染

1. 内源性污染　指肉鸡生存期间带染微生物而造成终产品污染。带染微生物包括致病性微生物、非致病性微生物和条件性致病微生物，如病毒、细菌及其毒素、真菌及其毒素等。由于目前肉鸡屠宰的来源很大程度上是以公司加农户饲养为主，点多面广，兽医防疫体系还不完善，常造成疫情不清，生态肉鸡养殖中传染病、流行病时有发生，这在很大程度上影响了生态肉鸡养殖的生产。

2. 外源性污染　指肉鸡在饲养、屠宰加工、贮藏、运输、营销过程中引起的污染。特别是废弃物污染。污染途径主要有水、空气、土壤、生产加工过程、贮藏运输中的污染。

（二）化学污染

导致化学性污染的原因主要有：①不正确地应用药物，如用药剂量、给药途径、用药部位和用药动物的种类不符合用药指示，可能延长药物残留在体内的存留时间，从而需要增加休药的天数；②在休药期结束前屠宰动物；③屠宰前用药掩盖临诊症状，以逃避宰前检验；④以未经批准的药物作为添加剂饲喂动物等。

1. 内源性污染　包括抗生素、激素、化药、重金属、农药残留等。

（1）抗生素残留　它主要是指肉鸡在休药期接受抗生素治疗或采食饲料中的抗生素添加剂后，抗生素及其代谢产物在动物组织及器官内的蓄积或贮存。抗生素、化药在改善肉鸡生产性能或防治疾病的过程中，起着一定的积极作用，但同时也带来抗生素的残留问题，这些残留物在人体内不断累积后，可引起变态反应与过敏反应、细菌耐药性、致畸作用、致突变作用以及激素样作用，最终可导致各种器官病变，甚至癌变。

（2）激素残留　具有激素样作用的化合物除具有激素活性外，还能促进动物生长，在特定的饲喂期内可引起蛋白沉积，提

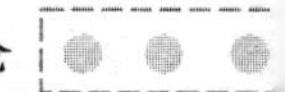

高饲料转化率。这些作用对牛、鸡等反刍动物最明显。但非法添加这些化合物在长期毒性试验中均显示为致癌性，这些激素主要是与生长激素相关，对人的危害主要是心慌、肌肉震颤等。

（3）化药残留　磺胺类药物、一些加工过程中的硝酸盐、亚硝酸盐、防腐剂等以及多氯联苯、苯并芘等的污染。

（4）重金属污染　如汞、铅、砷等，这类元素难以降解，长期在体内蓄积的结果是引起组织器官病变、功能失调等。

（5）农药残留　指饲料、饲草中残留的防治病虫害用的剧毒农药，如有机磷、有机氯农药。它们可通过鸡对含有上述农药残留饲料的采食，通过在动物体内的富集作用，转移到鸡体内。因此，做好产地认证是生态肉鸡养殖的前提。

2. 外源性污染　主要指在生态肉鸡养殖及屠宰加工贮运过程中，由外界环境中水、空气、土壤引起的污染。

除了前面讲到的安全优质肉鸡生产中存在的问题外，下面的问题同样值得引起关注。

（1）从质量方面看有四大问题：育种生产体系、生产性能、肉产品质量风味、养殖业与环境还存在着比较落后的问题。

（2）与发达国家相比，产肉成本高，缺乏竞争优势。以活鸡为例，发达国家料鸡比价只需 3.3∶1（包括雏鸡和管理费用），而我国却高达 4.5∶1。

（3）管理落后，资源短缺，疫病控制难。管理落后包括 3 个方面：一是管理机制，二是管理水平，三是管理手段。疫病控制的任务十分艰巨，禽病防治水平低，给食品安全带来风险，对肉鸡产、销的进一步发展造成障碍。

（4）出口贸易因国外实施技术性贸易壁垒，比较利益被扭曲，进口猛增给国内肉鸡产业发展造成严重威胁。

（5）国内缺乏有效的技术性防范措施（TBT）预警和快速反应机制。

（6）产业协调不利，部分企业盲目发展，肉鸡行业还处于无序发展状态。

(7) 肉鸡行业没有建立起统一的、完善的行业标准。

五、安全优质肉鸡生产产业化的战略

产业化经营的主要内容：龙头企业带动、区域化布局、专业化或集约化生产、一体化经营、社会化服务、企业化管理。在肉鸡产业化经营战略组合模式中，我们需要做到以下几个方面。

(一) 尽快提高技术含量

1. *品种* 利用国外先进技术，继续引进每一年都有遗传进展的国际肉鸡优良品种，不断提高生产效率，降低生产成本。近20年来，西方发达国家的养殖业生产水平取得了长足的发展，尤其是现代遗传工程技术的应用，大大提高了遗传进展，为提高养殖业生产水平提供了可能。

2. *改善养殖环境* 推进现代化的养殖技术的应用，改善养殖场饲养环境，推行全进全出的养殖生物安全体系的建立，提高防疫水平，降低养殖风险，保障食品安全。如计算机技术的广泛应用实现了饲养环境控制的自动化，通过计算机集成处理舍内温度，确定有效的最小通风量，在保证动物生存空间环境质量的同时，将能源的消耗降至最低。

3. *饲料及营养* 在满足动物营养需要的同时，降低饲料成本，提高饲料的消化吸收率，减少氮、磷等的排泄，同时有利于环境保护。

(二) 产品的市场定位

生态肉鸡生产的产品定位在安全、优质、新鲜、生态。另外，要市场多元化，推行“立足内销＋争取出口”的市场发展战略，通过出口提升竞争力，积极拓展国内市场。大力发展熟食品生产，形成冷冻、冰鲜、熟食品等多元化的市场消费格局。

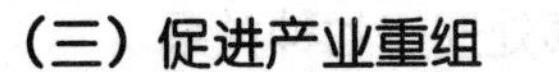

（三）促进产业重组

肉鸡产业重组包括：饲料工业和食品工业重组（大重组）、养殖业和加工业重组（中重组）、运输业＋仓储业＋信息技术＝现代物流（混合重组）。

同时，在生态肉鸡产业内尽快实现工业化：发展以肉鸡原料为基础的食品加工业，带动肉鸡产业向工业化方向发展，大力开展高附加值的熟食加工业。发达国家肉制品的加工程度为30%，世界平均肉类加工程度为20%，而中国的肉制品加工程度只有5.8%。相比之下，中国的肉类加工制品占肉类总量的比例很低。因此，在肉鸡深加工方面存在着巨大的发展潜力。

（四）发展“公司＋现代养殖户＋政府”的产业化发展模式

“公司＋农户＋政府”，就是以具有生产、加工、销售型实力的肉鸡生产企业为龙头，按照市场的需要，与个体养殖户在平等、自愿、互利的基础上签订肉鸡生产合同，由公司给养殖户提供商品肉鸡良种、饲养及防疫技术、市场、信息、资金等服务，同时把养殖户一家一户的小生产组织起来，提高农民的组织化程度，变小规模为大规模。使得农民能够按照市场的需要，有计划地生产，从而提高肉鸡产品质量，增强在国内外市场上的竞争力。这一模式得到党和政府的肯定，同时与三农政策结合起来在全国加以推广，建立“绿色、优质、新鲜、安全”肉鸡生产模式。

（五）肉鸡产业区域化

以玉米、大豆粮食主产区的优质低廉的原料优势为基础，建立和发展肉鸡生产企业，并以高速公路和铁路干线为纽带，形成向大、中城市等人口密集区供应产品的肉鸡生产区域化格局。

（六）产业化发展战略意识中必须处理好七种关系

1. 处理好厂、商、户、消费者四者关系　有竞争、有联合、相互依存是产业化经营战略发展的必然趋势。世界经济一体化，意味着企业竞争是世界范围内的竞争。我们企业家的眼光不应仅局限在本地区、本国，要有超前意识、超人的胆略。不仅要建立与顾客、经销商的关系，更应建立与竞争者的合作关系，鼓励良性竞争（双赢策略），反对恶性竞争（两败俱伤）。

2. 处理好入世后政府承诺和技术壁垒的关系　我国加入国际世贸组织以来，发达国家的过剩农产品和低值农产品都会推向中国，随着农产品关税的下降，市场竞争日趋激烈。所以做好疫病防控、药物残留控制以及加强肉鸡生产动物福利方面的引导，不断提高肉鸡生产的科技含量，是中国肉鸡生产企业必须面对的问题，否则必须要被淘汰。

3. 处理好企业与农户的关系　农民是大地，公司是草，大地不肥沃，枝叶也就不能茂盛。我们从事的行业，是农业和农村最基础、最根本的行业，它联系到千家万户，涉及社会各个方面。应该知道，根未扎实，枝叶就不可能茂盛。企业都具有营利行为，而公司的利益与农民是一致的，农民富了，公司才能赚钱，单纯强调公司利益，农民富不了，公司也不能长久繁荣。公司不要把农民应得的利益抢过来，也不要把公司应承担的风险推给农民。必须指出的是，农民通过公司的帮助获得利润，应该是长期的在一定范围内的利润。

4. 处理好生产者和市场运作者的关系　在任何供大于求的社会里，生产者永远是奴隶，而市场运作者和消费者一样永远是上帝，所以我们不能满足当生产者，要从现在的生产者变成市场运作者。例如，农民养鸡品种不好，可帮其联系较好的鸡苗，此地鸡价不好可介绍到他处销售。

5. 处理好效率与效果的关系　效率是以企业利益为中心的

思考方式，是利己的；效果是以客户满意为中心的思考方式，是利人的。两者的关系，如同脚踏车前进，两个轮子同样重要，缺一不可。前轮扮演效果的角色，引导企业朝向满足市场的需要前进，通过满足客户的需求而赢得客户满意，企业才有生存的价值。因此，效果是企业存在的必要条件，而效率是充分条件。

6. *处理好养殖、加工产业化和农村城镇化的关系* 养殖、加工产业化和农村城镇化，两者不是相互独立的两种发展进程，而是相互影响的一个发展过程中的两个方面。要用一体化经营的理念谋划产业，用企业化的思路发展养殖加工业。用区域化布局、社会化服务、专业化生产来规划和推动农村城镇的发展。

7. 处理好龙头企业产业化和人才本土化、原料当地化、市场和技术国际化的关系。

（七）坚持四个必须

1. *必须坚持走人才发展战略* 企业的竞争，归根结底是人才的竞争。因此，必须做好不断培养人才、引进人才、留住人才的工作。在当前最重要的是引进市场营销人才和产品营销人才。

2. *必须走“小企业、大规模”的发展之路* 坚持“少花钱多办事，不花钱也办事”的方针。要充分利用社会资源，整合社会资源，以加快企业的发展步伐。

3. *必须走精细化管理发展战略* 未来产品的竞争，归根结底是成本的竞争。一条龙企业环节复杂，必须细化各个中间环节的过程管理。因此，必须追踪过程，保证结果。在各个方面、各个环节降低生产成本，走精细化管理、科学化管理的发展道路。

4. *必须走品牌发展战略* 所谓品牌，对于企业来说，就是比别人卖得多、卖得贵，别人卖的是一本账，品牌卖的是现金；对于客户来说，就是愿意买、买得起、买得到。

随着中国经济的发展和人民生活水平的不断提高，大众膳食的肉类消费结构也在发生着深刻的变革。以猪肉为代表的红肉消费逐年递减，而以鸡肉为代表的白肉消费正在逐年递增。传统肉类消费结构中的主流消费品猪肉从1982年的83.6%一路下滑到2006年的64.6%，而鸡肉在肉类消费结构中的比重却从1982年的5%持续上升到2006年的13%。按照这一趋势推算，预计到21世纪30年代，鸡肉将超过猪肉成为中国大众肉类膳食结构中的主流消费品。届时，中国大众的肉类膳食结构更加均衡合理，消费观念更加理性。

参 考 文 献

马万怀.2010.今年中国肉鸡业发展形势与分析［J］.今日畜牧兽医，(1)：3-6

舒鼎铭.2009.优质肉鸡产业发展策略［J］.中国禽业导刊，26 (19)：38-39

康乐，郑业鲁，万忠等.2010.2009年广东肉鸡产业发展现状分析［J］.广东农业科学 (7)：244-247

刘凤华.2005.安全优质肉鸡的生产与加工［M］.北京：中国农业出版社.

第二章 肉鸡场规划与环境控制

第一节 场址的选择及鸡舍类型

进行生态肉鸡生产，首先要按照国家、地方的统一规划及无公害食品、绿色食品生产原则，合理规划鸡场，进行场址选择，通过合理布局，确保肉鸡生产基地与周围环境之间协调。一般来说，鸡场场址选择的正确与否，关系到场区小气候状况、牧场和周围环境的相互污染、牧场的生产经营等。场址选择不仅严重影响鸡场的经济效益，甚至会被迫停产、转产或迁址。所以场址选择时，应对鸡场性质、饲养规模、地形地势、水源、土质以及居民点的配置、交通、能源、产品的就近销售、鸡场废弃物的处理等条件进行全面综合考虑，最好在充分论证的基础上再做出决定。

首先从选择、改善养殖场生态环境入手，严格执行 NY/T 473—2001《绿色食品　动物卫生准则》，保证动物健康和动物环境卫生。

1. 产地环境质量必须符合 NY/T391—2000《绿色食品　产地环境技术条件》的要求。

2. 肉鸡场必须符合卫生要求，疫病监测和控制方案要遵照

《中华人民共和国动物防疫法》及其配套法规执行。

当上述条件基本符合以后，具体到场址选择，要遵循以下原则。

一、确定饲养规模、面积

饲养规模扩大1 000只以上时，为了便于管理及防止鸡群间疾病的相互感染，可设置养殖小区，几家可以在村外联合饲养，但合在一起的规模不要过大，一般应控制在最大3万～4万只/批，建立10栋左右的鸡舍，提倡小区内的区域细分，即：每4～6栋为一个单元组，各单元组间距为100米以上，中间以围墙相隔，有道路相连。一个单元组必须一起进雏、同时出鸡，采取全进全出的饲养方式，统一防疫管理。大型工厂化肉鸡养殖场需执行工厂化养鸡场建设标准。

二、地形地势

场址应选在地势高燥、背风向阳的地方，鸡舍南向或南偏东向，以利夏季通风或冬季保温。一般要高出当地历史洪水线，并具有1%～3%的缓坡，但坡度不要超过25%，便于排放污水和雨水。地下水位应在2米以下。地形上要开阔整齐，便于合理布局。

鸡场场址选择应本着节约用地，不占或少占农田的原则。如果可能，鸡场可充分利用自然地形地物，如利用原有的树林、山岭、河川、沟渠等作为场界的天然屏障。

三、土　　质

土壤的物理、化学、生物学特性对鸡场的环境生产影响较大，作为鸡场的土壤，应未被生物、化学、放射性物质污染过，土壤类型以沙壤土和壤土为最好，但同时也是最有价值的农耕用土壤，为了不与农田争地和降低土地购置费用，一般选择沙土或

沙石土做鸡场用地。

四、水　源

作为生态肉鸡生产的水源要符合NY 5027—2008《无公害食品　畜禽饮用水水质》要求，参见表2-1。水质量的好坏，直接影响鸡场的人畜健康。

表2-1　NY 5027—2008《无公害食品　畜禽饮用水水质》标准

项　目		标准值	
		畜	禽
感官性状及一般化学指标	色度	≤30°	
	浑浊度	≤20°	
	臭和味	不得有异臭、异味、不得含有肉眼可见物	
	总硬度（以 $CaCO_3$ 计，毫克/升）	≤1 500	
	pH	5.5～9.0	6.5～8.5
	溶解性总固体（毫克/升）	≤4 000	≤2 000
	硫酸盐（以 SO_4^{2-} 计，毫克/升）	≤500	≤250
细菌学指标	总大肠菌群，MPN/毫升	成年畜100，幼畜和禽10	
毒理学指标	氟化物（以 F^- 计，毫克/升）	≤2.0	≤2.0
	氰化物（毫克/升）	≤0.20	≤0.05
	砷（毫克/升）	≤0.20	≤0.20
	汞（毫克/升）	≤0.01	≤0.001
	铅（毫克/升）	≤0.10	≤0.10
	铬（六价，毫克/升）	≤0.10	≤0.05
	镉（毫克/升）	≤0.05	≤0.01
	硝酸盐（以N计，毫克/升）	≤10.0	≤3.0

水量充足指能满足场内人畜饮用和其他生产、生活用水的需要，且在干燥地区也能满足场内全部用水需要。一般人员用水为

20～40 升/天，肉鸡饮用水量参见表 2-2。

表 2-2 每 100 只鸡每日大约耗水量（升）

温度	周龄							
	1	2	3	4	5	6	7	8
21℃	3	6	9	13	17	22	25	29
32℃	3	9	20	27	36	42	46	47

引自北京爱拔益加家禽育种有限公司《肉鸡饲养管理手册》。

肉鸡生产中还需要消防用水、灌溉用水等。对水源还应做到取用方便，设备投资少，处理技术简便易行。同时，也要满足便于防护的要求，保证水源水质经常处于良好状态，不受周围环境的污染。

五、社会条件

社会联系主要指鸡场与周围社会的联系，如与居民区的关系，交通运输和电力供应等。必须遵从社会公共卫生准则，使鸡场既不污染周围的环境，又不被周围环境所污染。因此，鸡场应建立在居民点的下风向，地势要低于居民点，但要离开居民的污水排出口，更不要选择在化工厂、屠宰厂、制革厂等容易造成环境污染企业的下风处或附近。鸡场与居民点的距离一般小场在 200 米以上，大场在 500 米以上。与各种化工厂、屠宰厂、制革厂的间距不小于 1 500 米。选择鸡场时还应考虑到交通便捷，能源充足，有利防疫，便于处理废弃物。一般鸡场建设时应距国道和铁路不少于 500 米，距省级公路不少于 300 米，距地方公路不少于 100 米。

养殖小区除注意以上要求外，还应注意以下问题：

1. 建场环境　小区应建于远离村镇、背风向阳、地势高燥、交通便利的位置上，注意避免在原有的旧鸡场上建场和扩场，特别应远离兽医站、畜牧养殖场、集贸市场和屠宰厂。

2. 供水和供电条件　要求小区有独立的供水系统，能够提供充足的无污染、符合无公害人畜饮用水标准的饮用水和清洁消毒用水。要求小区有独立的供电系统，最好保证双路供电，并根据选择的用电设备确定供电电压和供电量。

3. 排水条件　从防疫角度和环保角度考虑，场内冲洗消毒和生产生活污水需经统一处理后排放。

六、鸡舍建筑要求

肉鸡舍的结构和使用材料直接关系到舍内环境控制能力的强弱和方便程度，在很大程度上决定着肉鸡饲养的成败，必须根据肉鸡生产的特点来设计建造或改进肉鸡舍。

（一）肉鸡舍应该满足的条件

1. 肉鸡舍应有良好的隔热保温性能以及良好的防暑降温能力　肉鸡生产基本上是个育雏过程，需要较稳定的温度。生长后期为提高饲料利用率，舍温要求能维持在20℃左右。另外，40日龄以后的肉鸡不耐高温，夏季的高温影响生长，易因中暑而死亡。在建筑上要考虑隔热能力，特别是屋顶结构，一定要设法减少夏季太阳辐射热的进入。

2. 肉鸡舍应具有良好的通风换气能力　肉鸡饲养的后期，舍内环境控制的主要手段是通风换气。鸡舍需要通过自然通风和机械通风将有害气体排至舍外，引入新鲜空气，以调节舍内的氧气、温度和湿度，再将污浊的空气通过自然风排出场区，保证场区内及时补充到洁净空气。考虑到肉鸡养殖中地面平养的饲养特点，无论采取自然通风还是机械通风，整个地面都要保持一定速度的均匀气流。

3. 肉鸡舍的设计必须便于消毒防疫　疫病的预防是饲养肉鸡的重要环节，根据肉鸡饲养全进全出的生产特点，鸡舍必须便于冲洗消毒。鸡舍地基应高出自然地面25厘米以上，舍内应有

2%～3%的坡度，应做成水泥地面。房顶和墙壁应该平整，尽可能地减少容易沉积灰尘、细菌等污物的地方。舍外四周需要有25～30 厘米深的排水沟并需硬化处理。

如果肉鸡舍能满足控制微生物的环境需要，满足前期育雏和后期生长对环境的要求，克服昼夜温差和季节变动对舍内环境的影响，肉鸡的饲养成功就不再是困难的事了。

（二）鸡舍的形式

肉鸡舍的类型很多，如开放式、半开放式、封闭式等。

（1）开放舍　也叫凉棚，四面无墙或只有矮墙，类似种蔬菜的塑料大棚。鸡舍四周用铁丝网或竹篾网等围起来，以防野兽、飞鸟等进入鸡舍。靠自然采光和自然通风，能起到遮阳、避雨作用。这种鸡舍的优点是造价低，投资少，通风照明节省电耗，从而大大降低养鸡成本。但缺点是鸡群生产性能受外界环境影响大，特点是在冬天寒冷和夏天炎热时，其性能无法充分发挥，防疫比较困难。

（2）半开放舍　也叫（前）敞舍，三面有墙，正面无墙或建半墙，敞开部分朝南，冬季有墙部分起挡风作用。全部或大部分靠自然光照、自然通风调节环境温度和湿度，舍温随季节变化而升降。机械或人工给水、给料。这种鸡舍的优点是造价低，设备投资少，省电，鸡的体质较强。缺点是外界环境因素对鸡群的生产性能影响大，肉仔鸡生长速度快的遗传潜力不能充分发挥。要搞好鸡的卫生保健和防疫工作。

（3）封闭舍　房顶及四壁隔热、隔凉好，无窗，呈封闭状态。鸡舍内小气候完全靠各种调节设备维持，如机械通风、人工照明、人工供暖等。这种鸡舍的优点是能减少外界不良因素对鸡的刺激，有利于先进的养鸡技术和防疫措施的实施，饲养密度大（每平方米可养 15～18 只），鸡群生产性能稳定，肉鸡出栏时均匀度较好。缺点是投资大，成本高，对机械、电力的依赖性大。

（4）简易肉鸡舍　从对肉鸡舍的要求来看，鸡舍并不是越简单越好，需要有一定的投入。只有在满足肉鸡生长基本条件的基础上才可以考虑降低鸡舍投资的问题。

塑料大棚：简易鸡舍跨度可在7米左右，房檐高1.8～2米，顶高3.8米左右，长度以每1 000只鸡15米计。屋顶可铺4厘米厚的泡沫塑料板，这样冬季能保暖，夏季也隔热。北墙可以用砖垒成单墙，每开间的墙上下都设一个高50厘米、宽70厘米的通风窗。通风窗不设窗框，垒成花墙，在育雏初期可用砖将花墙通风窗堵实，寒冷季节可在墙外再覆上塑料布。南墙可以用双层塑料布替代，二层塑料布之间距离为25～30厘米。育雏初期通风时将内侧塑料布的上方和外侧塑料布的下方掀开，形成通风口，随日龄增加可逐渐加大通风口面积，必要时可以完全去掉塑料布，只用网拦住即可。舍内可以用地炕或烟道取暖，火口可以设在北墙的外侧。

在华北地区用塑料大棚来饲养肉鸡，一次性投资小，适于规模小、资金匮乏的初养鸡户，由于大棚的昼夜温差大，冬季舍内容易造成湿度过大，给日常管理增加了难度。夏季还要注意防暑降温等问题。

（5）利用废旧房屋做鸡舍　需注意增设窗户改进通风状况，同时注意增强保温能力，清除鼠害等。

第二节　肉鸡场的环境管理

肉鸡饲养成败的关键是能否创造一个有利于肉鸡快速生长和健康发育的生活环境，而肉鸡生长过程中的饲养管理过程，首先是环境管理的过程。

一、温　　度

肉鸡饲养过程中对温度的要求主要包括以下几个阶段：从鸡

的生长发育规律看：早期由于体温调节机制尚不健全，相对散热较多，必须供给足够的舍温。各周龄推荐温度参见表2-3。可通过观察雏鸡表现来判断温度是否适宜。当温度适宜时，鸡只活泼好动，羽毛光顺，食欲良好，饮水正常，分布均匀，粪便正常。如育雏前期的温度不足，会影响肉鸡正常的生理活动，表现为靠近热源，扎堆，行动迟缓，饮水、食欲不振，卵黄吸收不良，易引起消化道疾病，增加死亡率，严重时大量雏鸡会挤压窒息致死。温度过高也会影响肉鸡正常代谢，表现为远离热源，展开翅膀，张口喘气，采食量减少，饮水增加，生长减缓。中后期环境温度过低，会降低饲料利用率。因此，必须根据鸡的生理需要及鸡只的行为表现、鸡群状况控制鸡舍温度。原则上要保持温度均匀、平稳，不要忽高忽低。一般夏季进雏前提前一天预温，冬季提前2～3天预温。

表2-3 肉鸡休息处的温度要求（鸡背高处）

鸡 龄	休息处温度（℃）	室温（℃）	相对湿度（%）
1～3日龄	34～36	24～27	70
4～7日龄	31～33	24～25	65～70
2周龄	27～30	24	60
3周龄	24～26	20～24	自然湿度
4周龄	21～23	20	自然湿度
>5周龄	20～21	20	自然湿度

注：舍温需根据鸡群状况和环境变化作适当调整。

二、湿　　度

空气湿度对雏鸡的健康和生长关系很大，对雏鸡的生理调节、疾病防治都有重要意义。过高过低都会对肉鸡的生长发育和健康产生重要影响。一般鸡舍内湿度在早期控制在60%～70%，后期则为50%～60%。肉鸡饲养的前1～2周应保持较高的相对

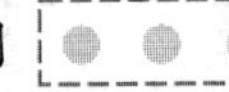

湿度，特别是育雏的头3天，因为雏鸡在运至肉鸡舍之前体内可能失去了很多水分，环境干燥很容易引起雏鸡脱水。试验表明，第1周保持舍内较高的湿度能使1周内死亡率减少一半。前期过于干燥，雏鸡饮水过多，也会影响鸡正常的消化吸收。饲养后期应保持较低的湿度。肉鸡舍对湿度的要求，参见表2-3。

湿度过高，高温下会对鸡只热平衡产生不利影响，鸡只表现为食欲差、生长慢。低温下则失热增加，耗料增加，影响饲料利用率。湿度过大还易诱发球虫病及曲霉菌病，同时还会导致空气中的有害气体浓度增加。在舍内外温差比较大的季节容易出现舍内湿度过高，解决的措施主要是提高舍温，加强通风，对饮水设备的跑冒滴漏加强管理。湿度过大也是由于鸡舍简陋，保温隔热性能不良，简单的处理措施是加强对屋顶的保温隔热，增加天棚，或天棚上加铺干稻草等。但湿度过低也会产生不利的影响，如雏鸡易脱水，羽毛生长不良，影响采食，且由于湿度小，空气中细小的尘埃及鸡脱落的绒毛泛起，极易导致呼吸道疾病的滋生与流行，最常用的方法是将带鸡消毒与控制鸡舍湿度结合起来。

三、通风换气

在保持鸡舍适宜温度、湿度的同时，良好的通风也非常重要。肉鸡的生命活动离不开氧气，充足的氧气能促进鸡的新陈代谢，保持鸡体健康，提高饲料利用率。良好的通风换气可以排出舍内水汽、氨气、尘埃以及多余的热量，为鸡群提供充足的新鲜空气。通风不良，氨气浓度大时会给生产带来严重损失。不同气温下肉鸡每千克体重每分钟所需的换气量，参见表2-4。夏季的主要通风目的是使鸡舍内维持稳定的气流，迅速排出舍内多余的热量，防止鸡群热应激。而冬季则需利用鸡舍的自然通风系统，在维持舍温稳定的前提下进行换气，以维持鸡舍内空气质量。一般夏季舍内气流速度最高限为2.5米/秒，冬季为0.1～0.2米/秒。

表 2-4 不同气温下肉鸡每千克体重换气量

空气温度（℃）	空气需求量（米^3/分，相对湿度 60%）
41	2.7
38	2.6
35	2.5
32	2.4
29	2.2
24	2.0
18	1.7
13	1.4
7	1.1
0	0.8

注：当相对湿度超过 60%，换气量应依比例增加，如当相对湿度为 90%时，空气流动量亦须增加 50%。

通风换气的方式主要有自然通风和机械通风。采用自然通风方式时，可采用夏季的穿越式通风——穿堂风。冬季可采用热压通风，也就是当舍外温度较低的空气进入舍内，遇到机体放散热能或其他热源时，受热变轻而上升，于是在舍内屋顶、天棚处形成较高的压力区，因此如果屋顶有孔隙，空气就会逸出舍外。与此同时，鸡舍下部空气由于不断变热上升，成了空气稀薄的空间，舍外较冷的空气不断渗入舍内，如此周而复始，形成冬季的热压通风。根据上述原理，一般鸡舍内可在开间的顶部设一直径为 30～50 厘米的排气管道，以便排出聚集在屋顶部污浊的废气。除一般窗户外，每个开间的前后在贴近地面处需设高 50 厘米、宽 70 厘米左右的地窗，以利于肉鸡夏季地面空间的通风换气，窗上安装能防老鼠和野鸟的铁丝网。

机械通风使用的风机主要是轴流风机，风机的选择原则是根据鸡舍具体情况除纵向通风外，尽量选择数量多、风量小的风机，以保证舍内气流均匀，同时由于鸡舍内多尘、潮湿，故风机应选用带密封电动机的风机，最好装有过热保险，噪音小，震动小。

机械通风方式通常根据鸡舍的大小分以下几种，即正压通风、负压通风等。正压通风也叫送风，一般在进行空气的加热、冷却、过滤处理时经常采用。负压通风又称拉风，主要是靠通风系统将舍内污浊的空气抽出舍外，由于舍内空气被抽走，压力相对小于舍外，新鲜空气则从进气口进入舍内。这种方式在生产中最为常用，投资少，管理费用低。通常使用轴流风机，风机安装的数量通常根据表2-4计算的总换气量及选择的风机功率而定。根据风机的安装位置不同，负压通风又包括屋顶排风、侧壁排风、穿堂风式排风、纵向通风等。在负压通风中纵向通风是比较先进的方法，对于大型鸡舍来讲它的排风机全部安装在鸡舍一端的山墙下部，或靠近山墙的纵墙下部，同时将鸡舍其余部位的门窗全部封闭，将另一端山墙设进气口，使进入鸡舍的空气沿鸡舍纵轴方向流动，再由风机将舍内污浊的空气排出舍外。这种通风方式尤其是对于夏季鸡舍通风，保持高速稳定的气流，防止通风死角，及时排出舍内热量，促进鸡只对流散热有重要意义。

实际生产中，许多饲养者在育雏初期往往只重视温度而忽视通风，严重时会造成肉鸡中后期腹水症增多。2～4周龄时通风换气不良，由于舍内积聚的有害气体增多，可能增加鸡群慢性呼吸道病和大肠杆菌病的发病率。中后期的肉鸡对氧气的需要量不断增加，同时排泄物增多，必须在维持适宜温度的基础上加大通风换气量，此时通风换气是维持舍内正常环境的主要手段。

另外，冬季的通风换气与舍温的维持往往是一对矛盾，只有鸡舍内有足够的热量，才能在冬季维持正常的自然通风换气，鸡群才不会因换气而使舍温下降，造成应激，诱发呼吸道疾病。可在通风换气前提高舍温，或对空气进行预处理，不要使冷风直接吹袭鸡群。

表2-5 氨气对肉鸡生产的影响

氨气（毫克/升）	8周龄体重比（%）	料肉比	胸部囊肿发生率（%）	气囊炎发生率（%）
0	100	2.1	3.4	0
25	98.1	2.15	14	3.5
50	94.5	2.19	11.9	4.1

四、光照控制

提供适宜的光照制度是提高肉仔鸡生产性能和成活率的重要手段。合理的光照时间和光照强度可给鸡群创造良好的生长环境，同时给饲养管理人员提供便利的工作条件。鸡舍的光照可通过人工光照和自然光照实现。一般规律是光照强度随日龄增加由强变弱，即长光照、弱光照的方法。

开放式或半开放式鸡舍白天可借助自然光照采光，全封闭鸡舍中有窗舍靠自然采光与人工光照相结合，无窗舍靠人工光照。

1. 光照时间　光照时间和光照制度在控制上可分为恒定光照和间歇光照。恒定光照是白天鸡舍利用自然光照，夜间利用人工光照，形成稳定的长光照制度。比如进雏后的1～3天为24小时光照制度，从4日龄到出栏22小时光照，2小时黑暗。2小时黑暗主要是为了使鸡能适应黑暗环境，以免因停电造成应激。延长光照时间是为了延长肉鸡的采食时间，促进生长。农村常常有前半夜停电现象，可在后半夜来电时进行光照，这样就不会影响肉鸡的生长。炎热的夏季，肉鸡主要靠夜间凉爽时采食，夜间应尽可能地保持较长时间的光照。近年肉鸡的猝死症和腹水症等疾病影响到肉鸡的成活率，与肉鸡前期增长过快有关。可将第2周的光照改为12～14小时，第3周为16～18小时，以后再恢复为22小时光照，这样可以提高成活率。间歇光照在肉鸡生产中也经常采用，比如除最初3天实行24小时光照外，采用1L∶3D（即光照1小时，黑暗3小时），作为4小时光照周期，这种方法靠时间继电器管理光照，对肉鸡的生产性能无不良影响。

2. 光照强度　3日龄内，为了让肉雏鸡熟悉环境，学会饮水采食，应给予较强的光照强度。光照强度为30～40勒克斯，以后逐渐下降并维持到5～10勒克斯。过强的光照可能会引发雏鸡啄癖，且增加雏鸡的运动量，降低饲料利用率。所以在1周之后，可将鸡舍内的灯泡逐渐换成15瓦，后期还可以减少几个灯泡。白天也需采取适当措施限制部分自然光照的直接照入，较弱的光照可以使鸡群保持安静，只要光照强度不妨碍鸡只采食饲料、饮水，便于走动即可。

五、饲养密度

饲养密度指鸡舍内每平方米饲养的肉鸡数。饲养密度直接影响着鸡舍内的空气卫生状况。饲养密度是否合适，主要看能否始终维持鸡舍内适宜的生活环境。应根据鸡舍的结构和鸡舍调节环境的能力，按照季节和肉鸡的最终体重来增减饲养密度，参见表2-6和表2-7。如果饲养密度过大，肉鸡休息、饮食都不方便，秩序混乱，环境越来越恶化，则鸡群自然生长缓慢，疾病增多，生长不一致，死亡率增加。

表2-6　肉鸡50天的饲养密度　（只/米^2）

季节	条件一般	条件较好
冬	9～11	10～12
春秋	8～10	9～11
夏	7～8	8～9

注：资料引自华都肉鸡公司《AA鸡饲养手册》。

表 2-7 最大饲养密度 (只/米^2)

平均活重（千克）	环境控制舍	开放式鸡舍
1.0	32	22
1.5	21	15
1.8	18	12
2.0	16	11
2.5	13	9
3.0	11	7

注：资料引自北京爱拔益加家禽育种公司《肉鸡饲养管理手册》。

冬季地面平养，因为通风受温度的限制，易发生呼吸道疾病，一般情况不宜增加饲养密度。经验不足的养殖户，开始应以较低的密度饲养肉鸡，才能获得较高的成功率。

第三节 鸡场的环境保护

近年来，我国肉鸡业发展迅速，取得了令人瞩目的成就，同时带来了一系列生态负效应，如规模化养鸡场排污造成了周围环境的污染，同时直接影响到本身的卫生防疫。肉鸡场的环境污染主要包括生产过程中产生的粪便、臭气、病死禽废弃物及屠宰下脚料、污水等。因此，在实施生态肉鸡生产过程中必须严格按照国家环保总局发布的《畜禽养殖污染防治管理办法》对肉鸡场造成的环境污染进行相应的治理。

一、鸡场的环境污染

随着养鸡场规模不断扩大，除密集饲养给疾病防治带来影响外，也产生了大量鸡粪、废弃物，形成畜产公害；而且由于工农业的迅速发展，工业的废水、废气、废渣和农业的化肥、农药等都可对鸡场的环境造成危害。因此，对鸡场来说，环境卫生管理

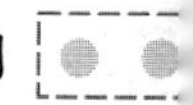

和保护也就有了两方面的意义，既要防止鸡场对环境的污染，也要避免周围环境对鸡场的危害，以保证鸡只健康和生产的正常进行。

鸡场的环境污染主要存在于以下几个方面。

（一）大气污染

主要是来自工业生产过程和交通运输工具排放的废气、畜牧业生产过程中产生的有害气体以及工业、交通和畜牧机械等产生的噪声。

1. 二氧化硫　二氧化硫的来源主要是含硫燃料（煤和石油）的燃烧和采用各种含硫燃料的工艺过程所造成。由于其分布广，排放量大，通常作为大气污染的指标。它对机体的主要作用渠道是上呼吸道，特别是在空气中含有微粒时可进入呼吸道深部引起炎症。

2. 氟化物　主要是一些炼钢厂、电解铝厂、磷肥厂、陶瓷厂、砖瓦厂等生产过程中排出的废弃物，以氟化氢和四氟化硅为主。可通过呼吸系统直接影响动物健康，而氟本身可影响动物的钙磷代谢，影响内分泌，致畸变等。

3. 氮氧化物与光化学烟雾　以煤和油为燃料的硝酸制造厂、氮肥厂、炸药厂、炼油厂、染料厂、合成纤维厂等工业生产过程排放的废气是氮氧化物的主要来源之一，因该类物质难溶于水，故对黏膜刺激小，主要作用于呼吸道深部，引起肺水肿。

4. 重金属微粒　这是随着工业交通发展出现的铅、镉、砷、铬、锰、钼等，这些重金属微粒可通过呼吸道直接进入机体危害畜禽。

（二）鸡舍中的有害气体

鸡舍内空气的化学成分与大气不同，尤其是封闭式鸡舍，由于外围防护结构的隔离作用，舍内的空气环境容量很小，而且肉鸡由于代谢快导致的呼吸、生产过程和有机物分解等因素的影响，不仅空气中氮、氧和二氧化碳所占比例发生变化，而且增添了大气原来没有或很少有的成分，主要表现为氨和硫化氢的含量大为增加，其次是二氧化碳、一氧化碳、甲烷、粪臭素的含量增加。

鸡舍和牧场里的恶臭气味，大多来自粪便和腐败的饲料残渣，在一定程度上也来自家禽本身。一般认为散发的臭气浓度主要取决于排泄物中磷酸盐和氮的比例。家禽的浆液粪肥中磷酸盐和氮的含量比猪粪、牛粪高，因而比鸡场中有害气味的问题就比猪场和牛场严重。

1. 在肉鸡舍中主要存在的有害气体

（1）氨　是无色具有刺激性臭味的气体，相对于空气的密度为0.596，在标准状态下每升重量为0.771克。氨易溶于水，0℃时每升水可溶解907克氨。

鸡舍空气中的氨主要来自细菌和酶对粪尿、饲料残渣和垫草等含氮有机物的腐败分解。氨因产于地面，因而近地面氨的浓度比上部高。舍内氨的含量取决于鸡舍的地面结构、排水和通风设备、饲养管理水平。由于溶解度较高，氨可大量吸附于潮湿的墙壁及其他物体表面上，肉鸡地面平养对氨浓度的变化最为敏感。

氨对家禽的危害主要在于氨吸附在呼吸道黏膜和眼结膜上，引起黏膜和结膜充血、水肿、分泌物增多，甚至发生咽喉水肿、声门痉挛、支气管炎、肺水肿等。高浓度的氨可直接引起接触部位的碱性化学灼伤，使组织溶解、坏死，还可引起中枢神经系统麻痹、中毒性肝病、心肌损伤等。家禽在低浓度氨的长期作用下，机体的抵抗力明显减弱，使肉鸡在生长过程中产生应激，甚至导致非典型性新城疫等呼吸道传染病以及大肠杆菌病暴发和流行。

5毫克/升的氨长期作用会使鸡的健康受影响，20毫克/升时可引起角膜、结膜炎、新城疫发病率大大提高。鸡的慢性氨中毒多发生于寒冷的季节、厚垫草饲养的密闭鸡舍，在这种鸡舍，空气中氨的浓度可达75～100毫克/升，严重影响鸡的健康和生产性能。

(2) 硫化氢 是一种无色、易挥发的恶臭气体，相对于空气的密度为1.19，在标准状态下每升重量为1.526克。硫化氢易溶于水，0℃时1升水可溶解4.65升的硫化氢。

鸡舍中的硫化氢主要来源于粪便、饲料残渣、垫草等含硫有机物的厌氧分解。当家禽采食富含蛋白质的饲料导致消化机能紊乱时，可由肠道排出大量的硫化氢。当肉种鸡产蛋鸡舍中破损蛋较多时，也使硫化氢的含量增多。因鸡舍内的硫化氢来自地面或地面附近，且相对密度较大，所以接近地面处的浓度较高。硫化氢对金属具有较强的腐蚀作用，尤其在潮湿的条件下，金属器皿及设施的表面常因受腐蚀而变色。因此，若鸡舍中出现以下情况可判知空气中存在硫化氢：白色油漆表面变成棕色甚至黑色(0.1毫克/升的硫化氢接触1小时即可变黑)，铜质器皿或电线变为黑色，镀锌的铁器表面有白色沉淀等。

硫化氢对家禽的危害主要是刺激黏膜，当与潮湿的呼吸道黏膜和眼结膜接触时，很快溶解并与黏膜液体中的钠离子结合生成硫化钠，产生化学性刺激与腐蚀作用，引起眼结膜炎，表现流泪、角膜混浊、畏光等症状，同时引起鼻炎、气管炎、咽喉灼伤，以至肺水肿。还能和氧化型细胞色素氧化酶中的三价铁结合，使酶失去活性，以至影响细胞的氧化过程，造成组织缺氧。长期低浓度硫化氢的作用，可使家禽出现植物性神经紊乱，偶尔发生多发性神经炎，也会使家禽体质变弱，抗病能力下降，易患胃肠疾病和心脏衰弱等症。高浓度的硫化氢可直接抑制呼吸中枢，引起窒息而死亡。

(3) 一氧化碳 是一种无色、无味、无臭的气体，对空气的相对密度为0.967，在标准状态下，每升重1.25毫克，比空气略轻，几乎不溶于水。

在鸡舍空气中一般没有一氧化碳，若冬季在鸡舍内生火供暖，含碳物质在燃烧不完全时产生一氧化碳，尤其是排烟不良时，舍内一氧化碳含量会急剧升高。

一氧化碳对血液、神经系统具有毒害作用，它与卟啉中的铁起作用，抑制细胞的含铁呼吸酶。一氧化碳随空气吸入人体内后，通过肺泡进入血液循环，与血红蛋白和肌红蛋白形成可逆性结合。一氧化碳与血红蛋白的结合力要比氧和血红蛋白的结合力大200～300倍。所以，空气中的一氧化碳含量达到0.05%（约为氧分压的1/400）时，血中就有30%～40%的还原血红蛋白与一氧化碳结合，形成相对稳定的碳氧血红蛋白，不仅减少了血细胞的携氧功能，而且还能抑制和减缓氧合血红蛋白的解离与氧的释放，造成机体急性缺氧，呼吸、循环和神经系统出现病变。中枢神经系统对缺氧最为敏感，故首先受害，一氧化碳中毒后，脑血管先痉挛，而后扩张，渗透性增加，严重者呈脑水肿，大脑及脊髓有不同程度的充血、出血和血栓形成。其次是肺、消化系统、肾脏受损，出现充血、出血、水肿等病理变化。碳氧血红蛋白的解离要比氧合血红蛋白慢，因此，中毒后有持久的毒害作用。

一氧化碳的危害性主要取决于空气中一氧化碳的浓度和接触时间。血液中碳氧血红蛋白的含量与空气中一氧化碳的浓度呈正相关。中毒症状则取决于血液中碳氧血红蛋白的含量。一氧化碳在0.05%时，经短时间就可引起动物急性中毒。

（4）二氧化碳　为无色、无臭、略带酸味的气体。分子量为44.01，对空气的相对密度为1.524，在标准状态下，每升重量为1.98克，每毫克的容积为0.509毫升。

大气中二氧化碳的含量为0.03%（0.02%～0.04%），鸡舍空气中二氧化碳由于肉鸡代谢快，呼吸频率高，含量大大增加。封闭式鸡舍空气中的二氧化碳含量比大气中高得多。即使在通风设备良好的条件下，舍内二氧化碳含量往往也会比大气高出

50%以上，换气不良的鸡舍中二氧化碳含量比大气中高出10倍以上。

二氧化碳本身无毒性，它的危害主要是高浓度二氧化碳的影响，空气中各种成分的比例改变，氧的含量相对下降，使家畜出现慢性缺氧，生产力下降，体质衰弱，易感染慢性传染病。

一般情况下，鸡舍空气中的二氧化碳很少达到有害的程度。二氧化碳主要的卫生学意义在于它的含量表明了鸡舍通风状况和空气的污浊程度。当二氧化碳含量增加时，表明鸡舍通风换气不足，有可能存在其他有害气体。所以，二氧化碳浓度通常被作为监测空气污染程度的指标。

鸡舍空气中二氧化碳的最高允许浓度为0.15%。

（5）硫醇类　具有强烈烂洋葱、烂洋白菜味恶臭的气体，主要是由于微生物分解粪尿中的有机质产生。主要危害是气味恶臭而非毒性。

（6）粪臭素　又叫甲基吲哚，具有强烈臭味，由微生物分解色氨酸产生。

2. 消除鸡舍中有害气体的措施　鸡舍内有害气体的形成有多方面的原因，影响的因素也很多，为了改善鸡舍的空气环境，应采取综合措施加以消除。

（1）在畜牧场场址选择和场地规划、建筑物的布局中，鸡场应远离排放有害气体的工矿企业；要使牧场内的空气利于流通，减少有害气体在场区内蓄积；场区、鸡舍地面和粪尿沟应有一定坡度，排水系统、粪尿和污水处理设施合理，使粪尿、污水排放流畅，鸡舍外粪水池应远离鸡舍，避免恶臭回流舍内。

（2）要合理组织通风换气，这是减少鸡舍有害气体的有效措施。通过合理地组织鸡舍的通风换气，可以排出鸡舍的水汽和有害气体。及时清除场区内的粪尿污物，防止场区空气恶化。

（3）要注意鸡舍的防潮。潮湿的鸡舍、四壁和其他物体表面可以吸附大量的氨和硫化氢，当舍内温度上升时，又挥发出来，污染空气。鸡舍的保温设计是防潮的重要措施之一，而饮水器的管理也是不能忽视的环节。

（4）使用环保型饲料及饲料添加剂配套技术，提高肉鸡对营养物质的利用率。日粮中营养物质的不完全吸收是鸡舍有害气体产生的主要原因，凡是能提高日粮营养物质消化率的措施，都可以减少有害气体的产生。如使用以理想蛋白模式和可利用氨基酸为基础设计的日粮配方，可有效地提高饲料中蛋白质的利用率和减少粪便中有害气体的排放量。

（5）在鸡舍地面，主要在舍床上铺加垫料，可以吸收一定量的有害气体。垫料的吸收能力与其种类和数量有关，麦秸、稻草、锯末、树叶等都有一定的吸收能力。同时使用吸收（除臭）剂吸收有害气体。如用磷酸、磷酸钙或硅酸。如在鸡舍地面撒一层过磷酸钙可减少空气中的氨。天然沸石也可吸附有害气体。

（6）使用一些饲料添加剂及 EM 菌，减少有害气体的排放。

（三）鸡舍空气中的微粒、微生物

1. 鸡舍内的微粒　空气中经常存在有液态和固态的微粒。根据其物理特性和直径的不同，分为烟、尘、雾三类。粒径小于 1 微米的固态微粒称为烟，粒径小于 10 微米的液态微粒称为“雾”，大于 10 微米的微粒称为降尘。粒径小于 10 微米的微粒可长时间漂浮在空气中，称为飘尘。

鸡舍内的微粒一部分来自舍外，另一部分在饲养管理过程中产生，在翻动垫料、分发饲料、清扫鸡舍及在雏鸡换羽时均可大量产生。如果鸡舍内有患病鸡只，通过舍内的微粒传播，常可导致全群发病。因此，减少鸡舍内的微粒已成为非常重要的卫生防疫措施之一。

2. 鸡舍内的微生物　鸡场和鸡舍内的病原微生物常附着在各种微粒上，或单独地漂浮在空气中，以灰尘传播、飞沫传播的方式引发疾病。

3. 减少鸡舍空气中的微粒、微生物的措施

（1）选好场址，远离污染源。在鸡场周围和场内进行绿化，减少外界微粒进入，防止尘土飞扬。

（2）采取全进全出的饲养方式，并做好隔离工作，设立鸡场、鸡舍门口的消毒池，减少人与物进入时带入病原微生物的机会。严禁场外人员和车辆进入场区。

（3）坚持每周清扫舍外环境，并用2%～3%的火碱或生石灰浆或次氯酸钠进行消毒。每天对舍内进行带鸡喷雾消毒。既可减少空气中微粒数，又可减少空气中的病原微生物含量；注意日常的饮水消毒，减少环境中微生物的含量。

（4）加强垫料管理，保持垫料中的水分不低于20%；每天下午翻动整理，及时清出潮湿、结块和污染严重的垫料，控制好垫料的水分，减少舍内尘埃。

（5）加强通风换气，保持舍内空气新鲜。因为在远离污染源的情况下，舍外空气中的微生物含量常常只是舍内含量的1%。同时进风口要有空气过滤装置，减少微粒数量。

（6）在鸡舍内消毒之后，喷洒EM等有益菌群，让有益菌群占领鸡舍环境，也可以减少鸡病的发生。

二、鸡场废弃物的无害化处理

鸡场废弃物的无害化处理是目前养鸡场面临的重大环境问题，如果处理不好，鸡场废弃物将会对自身兽医防疫体系构成很大威胁，同时也会对周围环境造成严重污染，正逐渐成为制约养殖业发展的主要因素。

1. 鸡粪及垫料混合物　鸡粪中氮磷含量几乎相等，钾稍低，其中氮素以尿酸盐的形态为主，尿酸盐不能直接为作物吸收，且对作物根系生长有害，因而必须腐熟后才能施用，尿酸态氮易分解，如保管不当，经2个月几乎要损失50%，而且禽类粪便在腐熟中产生高温，属热性肥料，腐熟后多做追肥。由

于肉鸡生产中的废弃物含水分较少，在用做肥料时可有以下几种选择。

（1）土地还原法　把鸡粪直接施入农田。利用此法时应注意将粪便施入土壤后再经过翻耕，使鲜粪尿在土壤中分解才不会造成污染和散发恶臭。一般经过3～5天后是微生物活动最旺时期，两周后有机质才能分解，因而一定要避开这段时间才能播种。

（2）干燥法　即利用高温将湿鸡粪加热或烘干，使水分迅速减少，有自然干燥和机械干燥。自然干燥就是每天将收集的鸡粪及时地放置在晒粪场晒干，筛去杂质，捣碎后装袋，可长期保存。此法虽简便，但易受天气影响。机械干燥法主要有微波干燥法、热喷炉法、转炉式干燥法、自走式搅拌机干燥法等，一般干燥前要先将粪便摊开晾晒，使水分降至30%～40%，而后再干燥处理。如配合固液分离机，将含水量高的粪便送入固液分离装置，可提高粪便处理效率，不受天气影响和少占场地。

（3）堆肥腐熟处理　这是利用好气微生物通过控制其活动的水分、酸碱度、碳氢比、空气、温度等各种环境条件，使之能分解家畜粪便及垫草中的各种有机物达到矿化和腐殖化的过程。此法可释放速效性养分并形成高温环境而杀菌、抑菌、杀寄生虫卵等，最终使土壤直接得到一种无害的腐殖质类的肥料。粪便堆肥有坑式及平地两种。坑式堆肥是我国北方传统的积肥方式。平地堆肥是将粪便及垫料等清除至舍外后平地分层堆积，使粪堆内部进行好气分解。粪肥腐熟过程中微生物群落多而复杂，以好气腐生菌占多数。一般来说，粪便堆肥初期温度由低向高发展，低于50℃为中温阶段，堆肥内以中温微生物为主，主要分解水溶性有机物和蛋白质等含氮化合物。堆肥温度高于50℃时为高温阶段，此时以高温好热纤维素分解菌分解半纤维素、纤维素等复杂的碳水化合物为主。高温后期后，堆肥温度下降到50℃以下，以中温微生物为主，腐殖化过程占优势，含氮化合物继续进行氨化作用，这时应采取盖土、泥封等保肥措施，防止养分损失。我国广

大农村利用腐熟堆肥法比较普遍，所使用的通气法也简便易行，将玉米秸在堆肥时插入粪堆，以保持好气发酵的环境，经4～5天就可使堆肥内温度升至60～70℃，两周即可达到均匀分解、充分腐熟的目的。粪便腐熟处理后，其无害化程度通常用两种指标评价，一个是肥料质量，外观呈暗褐色，松软无臭。其中总氮、磷、钾含量基本保持稳定，速效氮有所增加。另一个是卫生指标，可有效控制苍蝇滋生，大肠杆菌数值在10^{-2}～10^{-3}，寄生虫卵死亡。

（4）制取沼气　沼气是农作物秸秆、杂草和人畜粪便等有机质在厌氧条件下经微生物分解所产生的一种以甲烷为主的可燃性气体。利用鸡粪生产沼气需要一定的投资，其次是保证一定的条件，要保持无氧环境。

原料必须进行预处理，秸秆要铡短，与粪便要合理搭配，碳∶氢比例为25∶1时产气量最大。

沼气液的酸碱度以中性适宜。可用pH试纸测定，以鸡粪为主的发酵容易酸化，偏酸时用石灰水或草木灰中和。

温度对沼气的发酵影响较大，35℃是沼气菌发酵的最佳温度。

沼气发酵启动时最好有30%的接种物，每隔6～10天进出料一次，先出料后进料。

鸡粪发酵分解后，约60%的碳素转变为沼气，而氮素损失很小，且转化为速效养分，因而肥效高。一般固形物经发酵后还剩50%，这种废液呈黑黏稠状，无臭味，不招苍蝇。沼渣中尚含有植物生长素类物质，可使农作物和果树增产，也可做化肥，或做食用菌培养料，增产效果较好。

2. 病死鸡的处理　肉鸡在饲养过程中不可避免地发生病残、死亡，有0.3%以下的死亡仍属正常情况。处理不当会成为传染病的污染源，威胁鸡群健康。日常管理工作中应及时将病死鸡拣出，放到指定地点，不能随便乱扔或在鸡场就地解剖。病死鸡的处理方法有以下几种。

（1）深埋法　病死鸡的处理方法主要有深埋法，也就是弃尸坑处理，这是传统的处理病死鸡的方法，经济合算，就是在鸡场的下风向距生产区较远处，挖一深坑，一般2万只的鸡场挖3～4米^{3}的深坑即够用，坑上加盖封好，留40厘米^{2}的小口，以备投入死鸡用，注意防雨雪渗入。此法虽简单，但地下水位高的地区慎用，以防地下水被污染。

（2）焚化法　是另一种传统的病死鸡处理方法，优点是处理死鸡安全彻底，不会对周围环境、兽医防疫安全造成危害，但大群焚烧时就有对空气污染的问题。集中焚化，是目前最先进的病死畜禽处理方法，通常一个养殖业集中地区可联合兴建病死畜禽焚化处理厂，同时在不同的服务区域内设置若干冷库，集中存放病死畜禽，然后统一由密闭的运输车辆负责运送到焚化厂，集中处理。但设备一次性投资大，运行成本较高。

（3）堆肥法　目前是小型肉鸡场现场处理病死鸡的最佳途径，经济合算，管理得当则不会对地下水及空气造成污染。此方法可与鸡粪、垫料一起进行堆肥处理。

第三章 生态肉鸡的饲料与营养

生态肉鸡养殖是一种与现代化笼养不同、完全回归自然、实行野外放牧的饲养方式，以自由采食昆虫、嫩草和各种子实为主，人工补饲配合饲料为辅，让鸡在空气新鲜、水质优良、草料充足的环境中生长发育，以生产出绿色、天然、优质的商品鸡。

第一节 饲料的选择

根据生态肉鸡的养殖特点，其饲料可分两部分。一部分是天然饲料，另一部分是人工补料。天然饲料主要有放牧场所的天然饲草、成熟的子实和各种天然昆虫等，其质量取决于自然环境，要保证生态鸡的天然饲料充足、营养全面，从而生产出高营养和滋补性强的优质产品。人工补料是指为满足肉鸡的生长需要，根据天然饲料和肉鸡生长情况而人为地补充以满足肉鸡营养需要的饲料。饲喂生态鸡的饲料必须是有机饲料，在种植生态鸡饲料及饲料原料时，必须按有机食品要求耕作。补料中如含有动物性饲料，也必须按生产有机食品的标准执行。在人工饲料生产过程中严禁添加各种化学药品，以保证生态鸡的品质。人工饲料应从有生产经营许可证的企业购进，饲料添加剂应选用取得饲料添加剂产品生产经营许可证及产品批准文号的企业生产的产品，应用绿色饲料添加剂（如糖萜素等）代替药物添加剂。禁止在饲料中添加β-兴奋剂、镇静剂、激素类、砷制剂等违禁物。饲料保持新鲜，具有该品种应有的色、嗅、味，无发霉、变质、结块、异味及异嗅。

一、饲料中的营养成分及功能

无论是天然饲料，还是人工补料，其营养成分都含有蛋白质、脂肪、碳水化合物、矿物质、维生素、水等营养素，这些营养素都是肉鸡所必需的，它们在肉鸡体内相互作用，才表现出其营养价值。

（一）水的营养功能

由于生态肉鸡的养殖特点，水的来源广泛，保证水的卫生尤为重要。除肉鸡饮用水外，饲料中含有的水分以两种状态存在。一种含于动植物体细胞间，与细胞结合不紧密，容易挥发，称为游离水或自由水；另一种与细胞内胶体物质紧密结合在一起，形成胶体外面的水膜，难以挥发，称为结合水。各种来源的水都可用于满足肉鸡的生长需要。鸡体内含水量在50%～60%之间，主要分布于体液、肌肉等组织中。水和其他营养物质一样，是肉鸡生长发育所必需的营养成分。肉鸡生命过程中许多生理作用都依赖于水的存在。

1. *水是动物体的主要组成成分* 水与蛋白质结合在一起形成胶体，使组织细胞具有一定的形态、硬度和弹性。

2. *水是一种理想的溶剂* 动物体内各种营养物质的吸收、转运和代谢废物的排泄都必须溶于水后才能进行。

3. *水是化学反应的介质* 动物体内水参与很多生化反应，如水解、水合、氧化还原、有机化合物的合成和细胞的呼吸过程等。

4. 调节体温　水能贮存热能，迅速传递热能和蒸发散失热能，有利于恒温动物体温的调节。

5. 水有润滑作用　动物体关节囊内、体腔内和各器官间的组织液中的水，可以减少关节和器官间的摩擦力，起到润滑作用。如果饮水不足，饲料消化率和肉鸡的生产力就会下降，严重时会影响肉鸡健康，甚至引起死亡。试验证明肉鸡体内损失10%的水分，会造成代谢紊乱，损失20%水分则濒于死亡。高温环境下缺水，后果更为严重。

（二）蛋白质营养功能

蛋白质是由氨基酸组成的一类数量庞大的物质的总称。蛋白质的主要组成元素是碳、氧、氮、氢，大多数的蛋白质含有硫，少数含有磷、铁、铜和碘。各种蛋白质的含氮量差异不大。一般蛋白质的含氮量按16%计。通常测定饲料中的蛋白质含量，都是先测定饲料中氮的含量，然后再乘以6.25得到蛋白质含量，但饲料中还有其他的含氮物质，因而这样测得的蛋白质称为粗蛋白质。

在肉鸡的生命活动中，蛋白质具有重要的营养作用，蛋白质是细胞的重要组成部分，是机体内功能物质的主要成分，是组织更新和修补的主要原料。蛋白质还可转化成葡萄糖和酮体，为肌体提供能量或转化为脂肪贮存在体内。

蛋白质的品质优劣是由组成蛋白质的氨基酸的数量与比例衡量的。蛋白质中有22种氨基酸，这些氨基酸可分为两大类，一类是必需氨基酸，另一类是非必需氨基酸。所谓必需氨基酸是指鸡体内不能合成或合成的速度慢，不能满足鸡生长发育的需要，必须由饲料供给的氨基酸。对于肉鸡，必需的氨基酸有11种，即甘氨酸、精氨酸、组氨酸、亮氨酸、异亮氨酸、赖氨酸、蛋氨酸、苯丙氨酸、苏氨酸、色氨酸和缬氨酸。在鸡体内丝氨酸、酪氨酸和胱氨酸分别可由甘氨酸、苯丙氨酸和蛋氨酸转化生成，因而丝氨酸、酪氨酸和蛋氨酸也叫半必需氨基酸。所谓非必需氨基酸，是指在鸡体内能够合成并能满足需要的氨基酸。从饲料角度讲，氨基酸有必需与非必需之分，但从营养角度讲，二者皆为肉鸡所必需。

单一饲料中的蛋白质由于所含氨基酸不能完全符合肉鸡生长需要，因而不能被肉鸡完全消化和代谢利用。一定饲料或日粮的某一种或几种必需氨基酸低于肉鸡的需要量，而且由于它们的不足限制了肉鸡对其他必需和非必需氨基酸的利用的氨基酸被称为限制性氨基酸，其中缺乏最严重的称第一限制性氨基酸，其余按相对缺乏的严重程度相应为第二、第三限制性氨基酸。在玉米-豆粕型肉鸡日粮中，氨基酸的限制次序一般为蛋氨酸、赖氨酸、苏氨酸、精氨酸、缬氨酸和色氨酸。因此，配合肉鸡日粮时，除了供给足够的蛋白质外，还要注意各种氨基酸的含量和比例，以满足肉鸡合成蛋白质的需要，一般说可消化蛋白质所含的可利用氨基酸比例与肉鸡生长发育等所需要的氨基酸比例相一致，则说明组成这种饲料蛋白质的氨基酸平衡，这种蛋白质称为“理想蛋白质”。

蛋白质是维持肉鸡生命、保证生长发育的极其重要的营养素，如果日粮中缺乏蛋白质，肉鸡生长缓慢，严重时体重下降，甚至引起死亡。日粮中蛋白质过多也不好，不仅浪费，而且还会使肉鸡发生代谢紊乱，出现中毒现象。

在生态肉鸡的放养中，应注意饲料中蛋白质抗营养因子的存在。人工补料中的抗营养因子可以通过原料加工调制消除，而天然饲料中的抗营养因子无法消除，只能通过除去含有抗营养因子的杂草消除。

（三）碳水化合物营养功能

碳水化合物是肉鸡生长的重要的能量来源，在肉鸡日粮中占一半以上。在生态肉鸡的养殖中对于碳水化合物的补充非常重要。碳水化合物主要由碳、氢、氧三大元素组成，可用通式 $(CH_2O)_n$ 描述。少量碳水化合物不符合这一结构规律，甚至还含有氮、硫等其他元素。在 Weende 的常规分析体系中，碳水化合物包括无氮浸出物和粗纤维。无氮浸出物主要包括淀粉及可溶性糖类，粗纤维包括纤维素、半纤维素和果胶及木质素。淀粉和糖类是肉鸡重要的能量来源，还可作为合成脂肪及非必需氨基酸的原料。大多数淀粉是直链淀粉和支链淀粉的混合物，直链淀粉完全由葡萄糖以 α-1，4 糖苷键形成，而支链淀粉通常在直链上有由 α-1，6 糖苷键产生的分支，在每一支链内葡萄糖仍以 α-1，4 糖苷键相连接。直链淀粉和支链淀粉被肉鸡体内的消化酶消化为葡萄糖而吸收利用。纤维素、果胶及大部分半纤维素只能被微生物消化利用。肉鸡体内只有盲结肠里含有微生物，因而对粗纤维的利用是很少的，但粗纤维可以促进胃肠蠕动，帮助消化。饲料中缺乏粗纤维时会引起肉鸡便秘，并降低其他营养物质的消化率。肉鸡日粮中含有一定的粗纤维是有好处的，但粗纤维含量不能过高，否则会降低饲料营养价值，一般肉鸡日粮中粗纤维含量不宜超过 5%。

（四）脂类营养

脂类是不溶于水而溶于有机溶剂如乙醚和苯的一类有机物，营养分析中把这类物质统称为粗脂肪。脂类按营养及组成结构分为可皂化脂类和非皂化脂类，可皂化脂类包括简单脂和复合脂类，非皂化脂类包括固醇类、类胡萝卜素及脂溶性维生素类。简单脂即甘油三酯，是肉鸡营养中最重要的脂，其内脂肪酸大多为直链，含有偶数个碳原子，如果每个碳原子都由氢原子饱和，则该脂肪酸称为饱和脂肪酸，如果碳链中含有一个或多个双键，则该脂肪酸称为不饱和脂肪酸。脂肪酸又分为必需脂肪酸（EFA）和非必需脂肪酸，凡是体内不能合成，必须由日粮供给，或能通过体内特定前体物形成，对机体正常机能和健康具有重要保护作用的脂肪酸都叫必需脂肪酸。必需脂肪酸一般都是不饱和脂肪酸，但不饱和脂肪酸不一定是必需脂肪酸。亚油酸和亚麻酸在肉鸡体内不能合成，是必需脂肪酸，在肉鸡机体的代谢过程中起着特殊作用。非必需脂肪酸是指体内能够合成，不需由日粮提供即能满足需要的脂肪酸。复合脂是肉鸡体细胞中的结构物质，除含有脂肪酸残基和醇等疏水基团以外，还含有亲水极性基团的脂肪酸的酯化物。这类脂也称极性脂，包括磷脂、鞘脂、糖脂和脂蛋白。

脂类和碳水化合物一样，在肉鸡体内分解产生热量，用以维持体温和供给体内各器官运动时所需要的能量，其能值是碳水化合物或蛋白质的2.25倍。脂肪是体细胞的组成成分，能适当延长食物在消化道内时间，有助于营养物质的吸收和肉鸡增重。日粮中添加脂肪还可以提高适口性，促进脂溶性维生素的吸收，提供必需脂肪酸。

（五）维生素营养

维生素是一种特殊的营养物质，对保持肉鸡健康、促进其生长发育和提高饲料利用率有重要作用。维生素分为脂溶性维生素和水溶性维生素两大类，前者包括维生素A、维生素D、维生素E、维生素K，后者包括B族维生素和维生素C。肉鸡肠道微生物可部分合成B族维生素和维生素C，但肉鸡消化道短，合成量有限。大多数维生素肉鸡不能自身合成，需由日粮提供，需要量很少，但都具有特殊的生理功能。维生素不足时会引起肉鸡营养缺乏症。脂溶性维生素在体内可贮存和积累，因而脂溶性维生素供给过量会导致中毒。除维生素 B_{12} 外，其他水溶性维生素不能在体内贮存，过量的维生素可从尿中排出，因而毒性较小。

1. 脂溶性维生素

（1）维生素A　包括视黄醇、视黄醛、视黄酸和脱氢视黄酸。脱氢视黄醇也叫维生素 A_2，其余的叫维生素 A_1。维生素

A_2 的生物活性是维生素 A_1 的 40%，维生素 A 在光和空气中易氧化而被破坏，贮存时要注意避光和密封。

维生素 A 为视紫质的形成所必需，在维持视觉功能方面有重要作用，缺乏会导致夜盲症或全盲。维生素 A 在肉鸡体内还可以维持呼吸道、消化道、生殖道等上皮细胞或黏膜的结构完整与健全，为骨骼生长和糖蛋白的合成所必需，能够促进肉鸡的生长发育、增加食欲、维持正常生殖性能、增强肉鸡对环境的适应力和抵抗力。缺乏时肉鸡抵抗力差、黏膜组织变性，仔鸡生长迟缓、运动失调、虚弱、干眼症、厌食、抵抗力差、黏膜组织变性，成年鸡表现为抑制生产、孵化率低、眼鼻有分泌液。超过需要量的 50～500 倍可能引起中毒，表现为生长迟缓、失重、厌食、出血、皮肤及骨骼异常、死亡。

生态肉鸡养殖中应注意维生素 A 的添加。维生素 A 只存在于动物性饲料中，植物性饲料中只含有维生素 A 原——胡萝卜素，它在肉鸡体内可转化为维生素 A。维生素 A 主要以酯的形式存在，其活性是以国际单位（IU）表示的，衡量方法是：1 国际单位维生素 A 相当于 0.344 微克维生素 A 醋酸酯、0.30 微克视黄醇、0.549 微克维生素 A 棕榈酸酯、0.60 微克 β-胡萝卜素。

（2）维生素 D　维生素 D 是指含环戊氢烯菲环结构并具有钙化醇生物活性的一大类物质，以维生素 D_2（麦角钙化醇）及维生素 D_3（胆钙化醇）最为常见。维生素 D_2 存在于植物性饲料中，维生素 D_3 存在于动物组织中，肉鸡尾脂腺油含有 7-脱氢胆固醇，分泌到羽毛上，受到紫外线的照射转化为维生素 D_3，随后被摄入口中。维生素 D_2 在肉鸡的抗佝偻病活力方面只有维生素 D_3 的 1/40～1/10。1 国际单位维生素 D 相当于 0.025 微克胆钙化醇的活性。

维生素 D 能促进钙、磷吸收和利用，提高血浆钙、磷水平，保证骨骼的正常矿物化和钙结合蛋白的形成。生长肉鸡缺乏维生素 D 会导致生长受阻，羽毛生长不良，严重时发生佝偻病。成禽缺乏维生素D会导致软骨症、骨松症、蛋壳形成不良、蛋产量降低及孵化率低。维生素D超过需要量的10～100倍即可能导致中毒，会引起高钙血、高磷血，骨骼的矿物质释出过多造成失重，肾、肺、大动脉柔软组织钙化，肾小管矿物质沉积引起肾功能不足造成尿毒症，甚至死亡。

(3) 维生素E　维生素E是具有d-α-生育酚活性的所有生育酚和生育三烯酚的总称。分为α-、β-、γ-、δ-四种酚，d-α-生育酚活性最强。维生素E极易氧化，因而商品维生素E多以醋酸酯的形式存在，1国际单位维生素E相当于1毫克DL-α生育酚醋酸酯、0.671毫克d-α-生育酚。

维生素E是一种生物抗氧化剂，可以维护生物膜的完整性，对维生素A具有保护作用。维生素E能增强肉鸡免疫机能，提高应激能力。维生素E还可促进肝脏及其他器官内泛醌的合成，在组织呼吸中起重要作用。当维生素E缺乏时，导致肌肉营养不良（白肌病），肌肉强直或无力，进而丧失行走和站立能力。如果肉鸡处在生长期缺乏维生素E，则会出现脑软化症，渗出性素质，肌肉营养性退化、免疫力下降。中毒剂量为每天4～12克（4 000～30 000国际单位），症状包括生长速率降低、血小板数降低及减少甲状腺对碘的吸取、出血、神经症状、水肿与维生素K颉颃。

(4) 维生素K　维生素K又叫凝血维生素和抗出血维生素。维生素K有多种形式存在，来源于植物的维生素K为维生素K_1（叶绿醌），微生物合成的为维生素K_2，人工合成的为维生素K_3。天然维生素K是脂溶性的，并对热稳定，但在强酸、碱及光照辐射及氧化等环境中极易被破坏。维生素K_3是水溶性的。在活性方面，维生素K_3∶维生素K_1∶维生素K_2＝4∶2∶1。维生素K的作用主要是催化合成凝血酶原，并促进骨骼钙化，缺乏时皮下出血形成紫斑，而且受伤后血液不易凝固，流血不止而死亡。过多的维生素K_3会导致贫血，卟啉紫质血症。

2. 水溶性维生素

（1）维生素 B_1　也叫硫胺素，广布于自然界，以游离态存在于植物界，而以焦磷酸硫胺的酯态存在于动物界。维生素 B_1 在碱性溶液中易被破坏。维生素 B_1 参与碳水化合物的代谢，并参与乙酰胆碱的合成，抑制胆碱酯酶的活性，减少乙酰胆碱的水解。乙酰胆碱有促进胃肠道蠕动和腺体分泌的功能，乙酰胆碱还是神经递质。当维生素 B_1 缺乏时，初期表现为食欲下降，生长不良，体温下降，继而体重减轻，羽毛松乱、无光泽，腿无力，步态不稳，贫血，下痢，成鸡冠髯呈蓝色，肌肉明显麻痹，开始发生于趾和屈肌，然后向上蔓延到腿、翅，颈的肌肉发生痉挛，头向背后极度弯曲，表现“观星”姿势，失去直立的能力而瘫痪。

（2）维生素 B_2　维生素 B_2 也叫核黄素，对热稳定，遇光易分解。它构成黄素酶的辅基，参与生理氧化还原反应，影响碳水化合物和蛋白质的代谢。维生素 B_2 缺乏时，雏鸡生长缓慢，腹泻，低头，垂羽，垂翅，跗关节着地，爪内蜷（蜷爪麻痹症）。

（3）维生素 B_3　也叫泛酸，泛酸吸湿性很强，易被酸、碱和热破坏。它是辅酶 A 的组成成分，以乙酰辅酶 A 为载体参与碳水化合物、脂肪和蛋白质的代谢。肉鸡缺乏泛酸时，表现为厌食、生长受阻，羽毛粗糙、卷曲，喙、眼及肛门边、爪间及爪底的皮肤裂口发炎，眼睑出现颗粒状的细小结痂，胫骨短粗，肝肿大。

（4）维生素 B_4　也叫胆碱，碱性和吸湿性都很强。胆碱为磷脂质的组成成分，有助于乳糜微粒的形成和分泌，可促进肝脏脂肪的输送及脂肪酸在肝内的氧化，防止脂肪肝。胆碱还是肉鸡体内甲基的提供者，以乙酰胆碱的形式参与神经活动。以谷物为主或饲粮中甲硫胺酸的含量不足时，肉鸡易缺乏胆碱，表现为生长受阻，肝脏和肾脏出现脂肪浸润、坏死，胫骨短粗，出现滑腱症。

（5）维生素 B_5　又名烟酸、尼克酸，不易被酸、碱、热、光、金属离子及氧化剂破坏。维生素 B_5 作为一些酶的辅酶参与碳水化合物、脂肪、蛋白质的代谢，肉鸡缺乏维生素 B_5 表现为骨短粗症、皮肤炎、生长差及羽毛不全，跗关节肿大，滑腱症。

（6）维生素 B_6　维生素 B_6 包括吡多醇、吡多胺、吡多醛，三者生物活性相同。维生素 B_6 对热、酸、碱稳定，对光敏感而易被破坏。维生素 B_6 主要参与氨基酸的运输和代谢，也参与脂肪的转运及神经递质的合成。肉鸡缺乏维生素 B_6 时食欲丧失，生长迟缓，癫痫，抽搐，肢痛，皮肤炎，毛囊坏死，产蛋量及孵化率降低，对抗体的反应降低。

（7）生物素　生物素有多种异构体，但只有 d-生物素才有活性。生物素在常规条件下很稳定，酸败的脂肪和胆碱能使其失去活性。此外，紫外线照射可使生物素缓慢破坏。生物素在肉鸡体内主要以辅酶形式参与碳水化合物、脂肪、蛋白质的代谢。肉鸡生物素缺乏时爪底、喙边及眼睑裂口变性发炎，胫骨短粗，滑腱症及脚部皮肤龟裂。

（8）叶酸　也叫维生素 B_{11}，对高压敏感，能被酸、碱和氧化还原剂破坏，遇光、热和辐射分解。主要参与嘌呤、嘧啶、胆碱的合成及某些氨基酸的代谢。肉鸡缺乏叶酸时生长受阻，巨红细胞性贫血，白细胞减少，滑腱症。

（9）维生素 B_{12}　是唯一含有金属元素的维生素，也叫钴胺素、氰钴胺素。在强酸、强碱和有氧化剂、还原剂存在的环境中不稳定、易破坏。维生素 B_{12} 参与蛋白质和核酸的合成，并能促进红细胞的发育和成熟。缺乏维生素 B_{12} 时肉鸡生长受阻，出现滑腱症。

（10）维生素 C　也叫抗坏血酸，维生素 C 在酸性条件下较稳定，在碱性条件或与金属离子接触容易被破坏。维生素 C 能促进肠道铁的吸收，增强肉鸡免疫力。维生素 C 还参与骨胶原的合成，是体内一种重要的还原剂，参与酪氨酸的代谢，促使多巴胺转变成正肾上腺素，与脂肪酶交互作用。维生素 E 促进维生素 C 在动物体内的合成，两者在抗应激和提高免疫力功能方面存在协同作用。肉鸡缺乏维生素 C 时易患坏血病，水肿，下痢，生长停滞，关节变软，肝出血，脂肪渗透及坏死，延长凝血时间。过量可降低血中维生素 B_{12} 的含量，促成肾结石的形成，下痢，降低铜的利用。

（六）矿物质营养

矿物质是肉鸡营养中的一大类无机营养素，是肉鸡骨骼、羽毛、血液等组织不可缺少的成分。虽然放牧肉鸡不易缺乏矿物质，但因其对肉鸡的生长发育、生理功能及繁殖系统的作用，其重要性不容忽视。如果地方性缺乏硒或钴，更需要在补料中特别添加。

肉鸡所需矿物质根据其在体内的含量分为常量矿物质元素和微量矿物质元素，前者是指体内含量大于或等于 0.01%的元素，又叫常量元素，包括钙、磷、镁、钠、钾、氯、硫等。后者是指体内含量小于 0.01%的元素，又叫微量元素，包括铁、铜、锰、锌、硒、碘、钴等。

1. 常量元素营养

（1）钙、磷　钙、磷是肉鸡体内含量最高的矿物质元素，主要构成骨骼。此外，钙还参与神经传导、肌肉收缩、血液凝固、调节膜的渗透性、蛋壳形成等生理过程；磷还参与体内能量代谢，脂肪的吸收转运，构成细胞膜结构及 DNA、RNA 和一些酶的成分等。肉鸡缺乏钙、磷会导致食欲减退，体消瘦，生长鸡易患佝偻病，成年鸡易患骨软症和骨质疏松症；缺磷还会出现异食癖，啃食破布、土、毛发等。但钙过量会导致肾脏病变、内脏痛风，输尿管结石，生长受阻，甚至死亡，磷过量影响钙的吸收。因此，除注意钙、磷的给量，还应注意钙、磷比例，以 1.2～2∶1 为最好。

(2) 镁　肉鸡体内镁主要存在于骨骼和牙齿中，可强化骨骼及牙齿。此外，镁还参与DNA、RNA及蛋白质的合成，在酶系统中参与辅酶的形成，调节神经肌肉的兴奋性，保证神经肌肉的正常功能。饲料中要求镁的含量400～600毫克/千克。肉鸡缺镁生长发育不良，采食量下降，过度兴奋，痉挛抽搐，严重者死亡。但镁过多会扰乱钙、磷平衡，导致下痢。

(3) 钠、钾、氯　钠、钾、氯都是电解质，它们的主要作用是维持体内酸碱平衡、渗透压平衡、参与水代谢。钠对神经冲动的传导及营养物质的吸收起着重要作用。钾能促进细胞对中性氨基酸的吸收，促进蛋白质的合成。氯为肌胃分泌盐酸的组成成分，还具有杀菌作用。缺乏其中任何一种都能导致食欲减退，饲料利用率降低，生长迟缓或脱水失重，严重时导致死亡。生态放养肉鸡日粮中食盐的添加量为0.2%～0.4%，缺钠、氯还易形成啄肛食羽癖。钠、氯过量（饲料含盐量长期超过2%）会引起中毒死亡。钾在植物性饲料中含量较多，生态放养肉鸡一般不会发生钾的缺乏症，而钾又很容易从粪便排出体外，也不会出现钾中毒。

(4) 硫　硫存在于肉鸡体蛋白、羽毛中，是蛋氨酸、胱氨酸、半胱氨酸等含硫氨基酸的主要成分，以巯基参与体内氢的转换及为辅酶A的前体，同时也参与某些维生素（维生素B_{12}、生物素）和碳水化合物的代谢。缺乏时肉鸡虚弱，脱羽，食欲不振，生长缓慢。

2. 微量元素营养

(1) 铁　肉鸡体内铁多为有机化合物的形式，主要存在于血红素中，其余存在于肝、脾和骨髓及细胞色素和多种氧化酶中。主要营养作用是参与氧和二氧化碳的转运，激活碳水化合物代谢过程中各种酶的活性，作为一些酶的成分，催化体内生化反应。此外，铁还参与机体免疫。肉鸡缺铁时出现低色素小红细胞性贫血。慢性中毒会引起下痢，生长差及磷缺乏症。急性中毒症状为

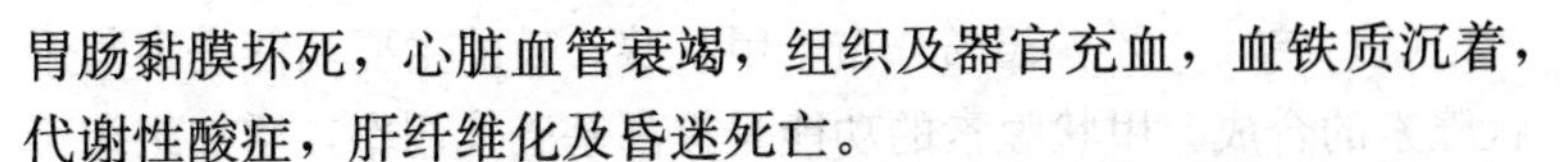

胃肠黏膜坏死，心脏血管衰竭，组织及器官充血，血铁质沉着，代谢性酸症，肝纤维化及昏迷死亡。

（2）铜　以肝、脑、肾、心、胰、眼睛色素部分和毛发的含量最高，血浆的铜浓度为0.3～2毫克/千克，90%与球蛋白结合。铜主要作为酶的成分参与体内代谢，维持铁的正常代谢，有利于血红蛋白合成和红细胞成熟，参与骨的形成具有抗氧化作用，维持血管的弹性，并在维持中枢神经的正常功能及羽毛的颜色方面也有重要作用。缺铜会导致贫血，影响血管弹性及骨质机械性能，严重缺铜引起主动脉破裂，缺铜还会导致羽毛褪色，肉鸡运动失调和痉挛性瘫痪。一定高剂量的铜有抗菌促生长作用，可用于饲料防霉变、消化道杀菌、促进生长等作用。但长期饲喂可能造成铜在肝中的沉积，积累到一定程度时就会释放入血液，使红细胞溶解，造成黄疸、组织坏死等，从而导致生长抑制和死亡。

（3）锰　富含腺粒体的组织及骨骼的含量高，锰的生理功能是参与体内抗氧化作用，促进体内脂肪的利用，防止肝脏脂肪化，增强骨的强度。锰还是维持大脑正常代谢功能必不可少的。缺锰肉鸡生长受阻，饲料利用率降低。缺锰最典型的症状是滑腱症，表现为胫跖关节畸形与肿大，胫骨远端和跗跖骨末端弯曲，腿骨短粗，腓肠肌腱从骨髁里滑脱，严重时不能站立、走动，直至死亡，雏鸡缺锰还会产生神经症状，表现与维生素 B_1 缺乏类似的观星姿势。

（4）锌　广泛分布于体组织内，以肝、骨、肾、肌肉、胰、视网膜、前列腺和皮毛的含量最高。锌与体内许多酶的活性有关，其生理功能有：参与体内抗氧化作用及骨胶原的合成、骨的钙化，锌与胰岛素形成复合物，有利于胰岛素发挥作用。缺锌肉鸡表现为食欲不振，生长缓慢，腿骨短粗，跗关节或飞节肿大，皮炎尤其是脚上出现鳞片，羽被发育不良，有时表现啄羽、啄肛，免疫力下降，严重时死亡。

（5）碘　70%～80%分布于甲状腺。碘的主要功能是参与甲状腺素的合成。甲状腺素的功能是提高基础代谢率，增加组织细胞耗氧量，对繁殖、生长、发育、红细胞生成和血液循环等起调节作用。缺碘导致甲状腺素合成不足，基础代谢率降低，对低温的适应能力降低，脂肪沉积能力加强，严重时甲状腺肿大，生长受阻。渐进式摄取高量的碘，易感染疾病、脱毛、流泪及鼻分泌物过多，新生畜死亡率提高及甲状腺肿大。

（6）硒　体内含量少于1毫克/千克，分布于各细胞中，以肾、肝、肌肉的浓度最高。硒最主要的功能是作为谷胱甘肽过氧化物酶的成分，对体内氢或脂过氧化物有较强的还原作用，保护细胞膜结构完整和功能正常。硒对胰腺组成和功能有重要影响。硒还有促进脂类及其脂溶性物质吸收的作用。鸡缺乏硒表现为精神沉郁，食欲减退，生长迟缓，毛细血管破裂，体液渗出积于皮下，尤其是翅下和腹部可见蓝绿色液体蓄积，肌肉营养不良，肌肉表面表现明显的白色条纹，胰腺变性、纤维化、坏死，肌胃变性、坏死和钙化，免疫力降低。硒也是毒性元素，过量会引起中毒，表现为精神委靡，神经功能紊乱，消瘦，皮肤粗糙，羽毛脱落，长骨关节腐烂造成四肢跛行，心脏萎缩，肝硬化和贫血。

（7）钴　以维生素B_{12}或钴的形式存在，肝、肾、肾上腺及骨的含量最高。钴为维生素B_{12}的组成成分之一。其缺乏症与维生素B_{12}缺乏症相同，表现为厌食、生长差、失重、衰弱致死、贫血、脾脏血铁质沉着、受精率降低。缺乏症发生原因是饲粮中维生素B_{12}供应受限制或在缺钴地区的放牧。过量时毒性不常见，表现为厌食、贫血。

二、肉鸡的常用饲料

生态养殖肉鸡放牧的场地（草坪、山坡、果园等）必须按生态农业方式管理，不能施加任何化肥、农药，以保障天然饲料来源是有机饲料。用于生态鸡人工补料的饲料必须是天然有机饲

料，在种植生态鸡饲料时，必须按有机食品生产的要求操作。生产有机配合饲料必须按生产有机食品的标准执行，生产过程中严禁添加各种化学药品。购买商品饲料必须选用正规饲料厂家生产的不含任何化学药物、生长激素的全价饲料，以保证生态鸡的品质。在育雏和育成阶段，要按照鸡的生长阶段的营养需要，保证雏鸡、育成鸡和成年鸡的饲料供给和补充。

生态养殖肉鸡的饲料原料来源非常广泛，如谷物、糠麸、饼粕、鱼虾肉类下脚料、青饲料和昆虫等。根据其营养特性可分为四大类，即能量饲料、蛋白质饲料、矿物质饲料和饲料添加剂。

（一）能量饲料

按国际饲料分类的原则，饲料干物质中纤维含量小于18%、蛋白质含量小于20%的饲料为能量饲料。能量饲料主要指动植物油脂和谷物子实及其加工副产品。能量饲料是供给肉鸡能量的主要来源，在日粮中所占比例约50%～80%。

1. **玉米**　玉米含能量高，每千克玉米含代谢能平均为13.8兆焦，蛋白质含量少，为7.2%～9.3%，平均为8.6%，蛋白质的品质也较差，赖氨酸和色氨酸含量较低，赖氨酸平均含量为0.25%，蛋氨酸0.15%。含钙少、磷多，但磷的利用率低。玉米中脂肪含量高于其他籽实类饲料，且脂肪中不饱和脂肪酸含量高，因而玉米粉碎后，易酸败变质，不易长期保存。黄玉米中含有较高的胡萝卜素和叶黄素，有利于肉鸡皮肤和脚、喙着色。玉米中维生素E含量较高，B族维生素除维生素B_1丰富之外，其他维生素含量低，玉米中不含有维生素D和维生素B_{12}。

2. **高粱**　去皮高粱代谢能含量和玉米相近，蛋白质含量因品种不同差异比较大，为8%～16%，平均为10%。精氨酸、赖氨酸、蛋氨酸的含量略低于玉米，色氨酸和苏氨酸含量略高于玉米。含胡萝卜素少，B族维生素含量与玉米相似，烟酸含量较多但利用率低。高粱中含有单宁，使高粱味道发涩，适口性差，降低了能量和氨基酸的利用率。单宁一般在高粱种皮中含量较高，并因品种而异，颜色深的高粱单宁含量高。一般高粱在配合饲料中的用量为5%～15%，低单宁高粱的用量可多一些，高单宁高粱的用量可少些。

3. 小麦　小麦能量含量与玉米相近，蛋白质含量高于玉米，为13%，氨基酸组成比玉米好，B族维生素含量丰富。小麦主要用于人类食用，很少直接作饲料。

4. 大麦　大麦能量含量低于小麦，蛋白质含量为12%～13%，赖氨酸、蛋氨酸、色氨酸含量高于玉米，钙、磷含量与玉米相似，胡萝卜素和维生素很少，维生素 B_1、烟酸丰富，核黄素少。大麦有坚硬的外壳，粗纤维含量较高，肉鸡对大麦消化利用率较低。

5. 燕麦　燕麦蛋白质含量约为12%，蛋白质品质比玉米好，燕麦外壳占整个籽实的1/3，粗纤维含量高，约为9%，能量含量低于玉米。肉鸡对燕麦的消化利用率低，在肉鸡饲料中要控制其用量。

6. 小米　小米含能量与玉米相近，蛋白质含量高于玉米，适口性好。

7. 糙大米　稻谷去外壳后为糙大米，能量和消化率与玉米相似，蛋白质略高于玉米，适口性好。

8. 小麦麸　小麦麸又称麸皮，是加工面粉过程中的副产品，麸皮营养价值因加工工艺而不同，麸皮含粗纤维8.5%～12%，平均9%；无氮浸出物约为58%，每千克小麦麸含代谢能6.56～6.90兆焦。粗蛋白质含量为13%～15%，赖氨酸含量较高，约为0.67%，蛋氨酸含量低，约为0.11%。B族维生素含量丰富。麸皮中磷含量很高，约为1%。麸皮具有密度小、体积大的特点，且具有轻泻作用，所以一般肉鸡饲料中少用麸皮。

9. 米糠　是加工大米过程中的副产品，米糠中不含有稻壳，粗灰分含量为8%～10%，粗纤维为6%～7%，无氮浸出物小于

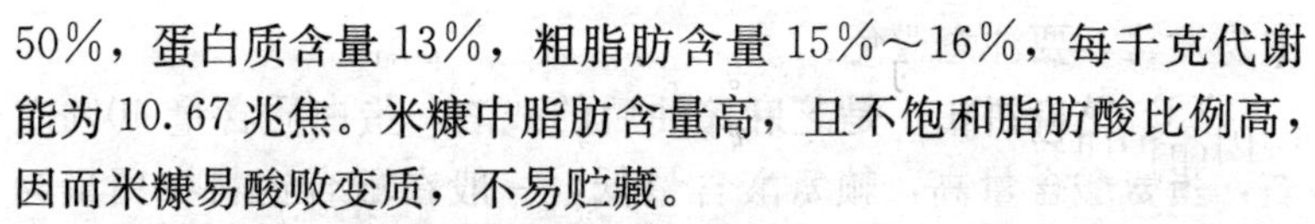

50%，蛋白质含量13%，粗脂肪含量15%～16%，每千克代谢能为10.67兆焦。米糠中脂肪含量高，且不饱和脂肪酸比例高，因而米糠易酸败变质，不易贮藏。

10. 脂肪　脂肪分为动物性脂肪和植物性脂肪两种，动物性脂肪用作饲料的有牛、羊、猪、禽脂肪，植物性脂肪包括玉米油、花生油、葵花油、豆油等。植物油的代谢能值为34.3～36.8兆焦/千克，动物脂为29.7～35.6兆焦/千克。油脂常添加到肉鸡饲料中，以提高饲料能量浓度。

（二）蛋白质饲料

蛋白质饲料是指蛋白质含量在20%以上，粗纤维含量少于18%的饲料。包括植物性蛋白质饲料和动物性蛋白质饲料。

1. 植物性蛋白质饲料

（1）大豆饼粕　是大豆籽实提取油后的残渣，一般油料籽实通过冷榨和螺旋压榨法提取油后的残渣呈圆形，这样的残渣叫“饼”。通过溶剂浸提或先压榨后浸提油后的残渣呈瓦棱状的小块称为“粕”。饼中含油量高，约为5%～8%，粕中含油量低，一般小于1%，而饼中蛋白质低于粕中蛋白质含量。大豆饼粕是肉鸡最好和最主要的植物性蛋白质饲料，其内含蛋白质40%～45%，蛋白质品质较好，赖氨酸含量高，约为2.5%，蛋氨酸含量相对较低。应注意补充蛋氨酸。大豆饼粕适口性好，加热处理的大豆饼粕氨基酸利用率高于其他饼粕饲料。大豆饼粕中含有抗营养因子如抗胰蛋白酶等，抗胰蛋白酶抑制胰蛋白酶活性，直接影响蛋白质的消化利用。抗胰蛋白酶可被热破坏，因而要注意大豆饼粕的生熟度。

（2）花生饼粕　是花生仁榨油后的残渣。蛋白质含量为42%～48%，蛋白质品质差，赖氨酸和蛋氨酸含量低，精氨酸和组氨酸含量高。花生饼粕适口性好，肉鸡喜食，但花生饼粕氨基酸不平衡，不宜做肉鸡唯一的蛋白质饲料。花生饼粕在贮藏过程中易发霉，要注意避免。

（3）芝麻饼粕　是芝麻榨油后的残渣。蛋白质含量40%左右，蛋氨酸含量高，赖氨酸含量低，一般在配合饲料中用量为5%～10%。

（4）棉仁饼粕　棉子经脱壳之后压榨或浸提后的残渣叫棉仁饼粕，带壳压榨或浸提后的残渣叫棉子饼粕。棉子饼粕含粗蛋白质17%～28%，棉子饼粕含粗蛋白质为39%～42.5%，氨基酸组成差，利用率低。粗纤维含量为11%～20%。棉子中含有对肉鸡健康有害的物质——棉酚和环丙烯脂肪酸，应用时要进行脱毒处理并控制其在配合饲料中的使用量。一般用量为3%～7%。

（5）菜子饼粕　是菜子榨油后的残渣。其内蛋白质含量为33%～28%，氨基酸利用率低，适口性差，同时菜子饼粕中含有硫葡萄糖苷，这种物质水解产生异硫氰酸盐和噁唑烷硫酮，这两种物质对肉鸡有危害，饲喂时注意。一般用量为3%～10%。

（6）葵花仁饼粕　是葵花仁榨油后的残渣。优质葵花仁饼粕含粗蛋白质40%以上，粗脂肪5%以下，粗纤维小于10%，B族维生素含量较高。在配合饲料中的用量为10%～20%。

（7）玉米胚芽和玉米蛋白粉　是玉米提取淀粉后的副产品。蛋白质含量为30%～50%。在肉鸡饲料中应用有限。

2. 动物性蛋白质饲料

（1）鱼粉　鱼粉蛋白质含量高，优质鱼粉可达到55%以上，氨基酸组成好，消化率高，灰分含量高，富含钙、磷，B族维生素丰富，其中维生素B_{12}含量很高，微量元素硒含量也很高，使用鱼粉时要注意盐的含量和沙门氏菌污染。由于鱼粉可使鸡肉产生腥味，所以鱼粉用量不宜超过10%。

（2）昆虫　草丛中各种昆虫一般含蛋白质50%～70%，营养价值全面。是生态养殖肉鸡独特的饲料资源。

蚕蛹粉：是蚕蛹干燥粉碎后的产品。其内营养物质含量与脂肪含量有关，一般含蛋白质53%～68%，粗脂肪8%～22%，赖

氨酸、蛋氨酸含量高。含有丰富的维生素。在配合饲料中可占5%左右。

蝇蛆：含蛋白质59%～65%，粗脂肪2.6%～12%，无论是原物质还是干粉，蝇蛆的粗蛋白质含量都和鲜鱼、鱼粉及肉骨粉相近或略高，所含的每一种氨基酸都比鱼粉高，必需氨基酸是鱼粉的2.3倍，赖氨酸是鱼粉的2.6倍，蛋氨酸是鱼粉的2.7倍。油脂中不饱和脂肪酸占68.2%，必需脂肪酸占36%（主要为亚油酸）。同时，蝇蛆还含有大量的维生素A、维生素D、B族维生素以及丰富的矿物质如钾、钠、钙、镁、铁、锌、锰、钴、铬、镍、硼等。

黄粉虫：营养丰富。幼虫含蛋白质51%～60%，各种氨基酸齐全，其中，赖氨酸5.7%，蛋氨酸0.5%，含脂肪12.0%，碳水化合物7.4%，钙1.0%，磷1.0%。另外，还含有维生素、激素、酶及多种矿物质磷、铁、钾、钠等。

蚯蚓：富含蛋白质，干蚯蚓粉含蛋白质66.5%。蚯蚓用于饲喂生态肉鸡，具有提高生产性能、降低饲料消耗、促进换羽、防病治病的作用。

（3）肉粉和肉骨粉　肉粉是屠宰场不能供人食用的废弃胴体、内脏等加工后的产品。由于肉和骨的比例不同，营养物质含量不同，蛋白质含量在50%左右。肉骨粉是用动物杂骨、下脚料、废弃物经高温处理、干燥和粉碎加工后的粉状物，含蛋白质20%～26%，钙、磷含量高。在配合饲料中用量为5%左右。

（4）血粉　是屠宰牲畜所得血液经干燥后制成的产品。粗蛋白质含量为80%以上，赖氨酸含量高，缺乏蛋氨酸和异亮氨酸。血粉适口性差，消化率低，在配合饲料中用量为1%～3%。经膨化处理得到的血粉，其消化率比较高。

（5）羽毛粉　利用屠宰家禽所得清洁而未腐败的羽毛经加热、加压使羽毛水解转变为可利用的产品。粗蛋白质含量为83%以上，蛋白质品质差，氨基酸利用率低，胱氨酸含量高。羽毛粉适口性差，在配合饲料中要控制使用，一般用量为1%～3%。

（三）矿物质饲料

矿物质饲料是为了补充植物性和动物性饲料中某种矿物质不足而利用的一类饲料。肉鸡所需各种矿物质元素在各种天然饲料内均存在，但肉鸡常用饲料中钙、磷、钠、氯等不能满足肉鸡的需要，需要在饲料中补加。

1. 钙源饲料

（1）石灰石粉　或称石粉，是由天然石灰石矿石经过粉碎制成的，含钙量为34%～38%。在鸡饲料中，应根据鸡体格大小选择不同粒度的石粉。肉鸡配合料中石粉最好是粒状的，这样有利于减少配合饲料中的细粉比例。

（2）贝壳粉　贝壳粉是牡蛎等贝壳经粉碎后制成的产品，为灰白色片状或粉末。含钙量30%～37%。优质的贝壳粉钙含量与石灰石相似，用一部分贝壳粉代替石粉，有利于降低石粉中毒性物质的浓度，生产的配合料更安全。

2. 磷源饲料　常用的磷源矿物质饲料，除含有丰富的磷外，多数还含有大量的钙。

（1）骨粉　是由家畜骨骼加工而成的。因制法不同而成分各异。蒸制骨粉是在高压下用蒸汽加热，除去大部分蛋白质及脂肪后，压榨干燥而成。一般含钙24%，磷10%，粗蛋白质10%。脱胶骨粉是在高压处理下，骨髓和脂肪几乎都被除去，故无异臭。一般为白色粉末，含磷量可达12%以上。骨粉的含氟量低，只要杀菌消毒彻底，便可以安全使用。但因成分变化大，来源不稳定，且常有异臭，在国外使用量已逐渐减少。我国配合饲料中常用骨粉做磷源，品质好的含磷量可达16%。在含动物性饲料较少的肉鸡配合料中，骨粉的用量为2%～3%。

（2）磷酸氢钙、磷酸钙、过磷酸钙　磷酸氢钙经脱氟处理后

氟含量<0.2%，磷含量>16%，钙含量在23%左右，其钙、磷比例为3∶2，接近于动物需要的平衡比例。在饲料中补充磷酸氢钙，应注意其含氟量。磷酸氢钙在肉鸡配合料中用量一般为1.5%～2.0%。磷酸钙含磷20%、含钙38.7%，过磷酸钙含磷24.6%、含钙15.9%，这类饲料既补充磷又补充钙。使用磷酸盐矿物质饲料一般要注意氟含量，以不超过0.2%为宜，否则容易引起肉鸡氟中毒。同时注意重金属含量不要超标，砷不超过10毫克/千克，铅不超过30毫克/千克。

3. 食盐　一般植物性饲料含钠和氯较少，常以食盐的形式补充。另外，食盐还可以提高饲料的适口性，增加鸡的食欲。食盐中钠含量为38%，氯为59%左右。在肉鸡配合饲料中的添加量为0.3%～0.4%。

三、饲料污染危害及其控制

饲料在生长与生产、加工、贮存、运输等过程中都可能被感染上某些有毒有害物质，比如沙门氏菌、大肠杆菌、黄曲霉毒素、农药、兽药、各种添加剂、激素、放射性元素等。它们对肉鸡带来多种危害和不良影响，轻者降低饲料的营养价值，影响肉鸡的生长和生产性能，重者引起肉鸡中毒，甚至死亡。饲料中的有毒物质有相当一部分会在鸡肉中残留，这一方面对人体有害，另一方面引起微生物耐药性而影响对疾病的控制。因此，饲料的安全关系到人类的健康，同时也影响出口创汇。我国加入世贸组织后，食品的安全性对我国一直是一个严重的挑战，仅依靠低成本、低价格是不够的，如果鸡肉产品达不到质量要求，参与国际市场竞争的资格就会失去。我国鸡肉外销占鸡肉总产量的3%，近几年不但没有增加反而减少，原因是没有优质的鸡肉产品，特别是鸡肉药物残留严重超标。许多药物、有害物质是伴随饲料摄入鸡体内的，控制饲料中这些有害物质的含量是保证鸡肉品质的最重要措施之一。因此，对饲料中的有毒有害物质应当加以研究和重视。

造成饲料和饲料添加剂安全性问题的原因有：饲料原料本身含有有毒有害物质，饲料在储存、加工和运输过程中可能造成的霉变和污染，饲料添加剂和药物的不合理使用。

（一）饲料原料本身含有的有毒有害物质及其控制

1. *胰蛋白酶抑制因子* 胰蛋白酶抑制因子广泛存在于豆类、谷类、油料作物等植物中，通常以大豆中胰蛋白酶抑制因子活性最高。大豆饼粕是大豆制油过程中的副产品，其内含有胰蛋白酶抑制因子。胰蛋白酶抑制因子能抑制胰蛋白酶和糜蛋白酶活性，使蛋白质的消化率降低，大量氮排出体外。胰蛋白酶抑制因子可引起胰腺分泌活动增强，导致胰蛋白酶和糜蛋白酶的过度分泌。由于这些蛋白酶含有丰富的含硫氨基酸，所以使用于合成体组织蛋白的含硫氨基酸转而用于合成蛋白酶，并与胰蛋白酶抑制因子形成复合物通过粪便排出体外，从而导致内源氮和含硫氨基酸的大量损失，导致体内氨基酸代谢不平衡，阻碍动物生长，同时引起动物胰腺肥大。

胰蛋白酶抑制因子是不耐热物质，通过加热可降低或失去有害作用。胰蛋白酶抑制因子受加热处理而失活的程度与加热的温度、时间、饲料粒度大小和水分含量等因素有关。用预压浸出法、压榨法生产的大豆饼粕，由于在加工过程中有较充分的加热，可使胰蛋白酶抑制因子失活，从而消除有害作用。溶剂浸提法或一些土法、冷榨法生产的大豆饼粕，由于加热不充分，其中仍含有相当量的胰蛋白酶抑制因子，需加热处理。大豆及生豆粕的加热处理方法有煮、蒸汽处理（常压或高压蒸汽）、烘烤、红外辐射处理、微波辐射处理、挤压膨化（干法或湿法挤压膨化）等，湿法加热（蒸汽、煮等）的效果一般优于干法加热（烘烤、红外辐射等），通常采用常压蒸汽加热 30 分钟或 190 千帕压力的蒸汽处理 15～20 分钟，可使胰蛋白酶抑制因子失活。此外，挤

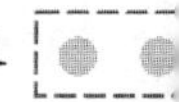

压膨化的效果也比较好。

大豆及大豆饼粕的加热程度对其营养品质影响很大。加热不足，胰蛋白酶抑制因子破坏不充分，降低蛋白质的消化率，但加热过度，虽然胰蛋白酶抑制因子失活，但又会引使蛋白质变性，溶解度降低，特别是赖氨酸、精氨酸、胱氨酸等严重变性，使它们的消化率降低。因此，对大豆及大豆饼粕要适当加热。为了评价大豆及大豆饼粕加热程度，从而判断大豆与大豆饼粕中胰蛋白酶抑制因子的破坏程度及其营养价值，可采用多种评价方法与指标，如胰蛋白酶抑制因子活性、尿素酶活性、蛋白质溶解度等。这几项指标之间存在着明显的正相关关系，因此，测定其中任何一项均可。由于胰蛋白酶抑制因子活性的测定方法较为复杂，故一般不常用。通常多测定尿素酶活性和蛋白质溶解度。大豆及大豆饼粕中存在的尿素酶和胰蛋白酶抑制因子都是水溶性蛋白质，尿素酶加热而失活的速率与胰蛋白酶抑制因子大致相同，且尿素酶活性测定方法简便，其活性高低可反映大豆及大豆饼粕受热程度，因此，生产实践中常以尿素酶活性评价大豆及大豆饼粕受热程度及营养价值，一般要求在 0.05～0.20（pH 增值法检测值）之间。蛋白质溶解度（PS）一般作为判定大豆及大豆饼粕是否加热过度的指标，即当尿素酶活性因过度加热而降为 0 时，用蛋白质溶解度仍可评价过度加热的大豆及大豆饼粕的品质。大豆加热时或豆粕在榨油加工的热处理过程中，随着加热温度的升高和时间的延长，大豆蛋白会不同程度地发生变性，其溶解度降低。因此，通过测定大豆及豆粕的蛋白质溶解度，可反映出热处理过程中大豆蛋白的变性程度。如果加工过程中热处理温度太高或时间延长，大部分蛋白质发生变性，溶解度降低，表明大豆及大豆饼粕的营养价值下降。一般要求蛋白质溶解度（0.2％氢氧化钾溶液）应在 70％～85％之间。PS＞85％时，表示加热不足，PS＜70％时则表示加热过度。

除上述方法外，也有用化学处理法和酶处理法破坏胰蛋白酶抑制因子的。化学处理法是利用化学物质破坏胰蛋白酶抑制因子的二硫键，从而改变胰蛋白酶抑制因子的分子结构而达到灭活的目的。已采用的化学物质有亚硫酸钠、偏重亚硫酸钠、硫酸铜、硫酸亚铁、硫代硫酸钠、戊二醛以及一些带硫醇基的化合物等。酶处理法是用酶类来抑制胰蛋白酶抑制因子活性，国外有人用某些真菌和细菌的菌株产生的特异性酶来灭活胰蛋白酶抑制因子，有一定效果。国内有人用枯草杆菌蛋白酶对脱脂大豆粉进行水解，可水解去除胰蛋白酶抑制因子，但大豆中其他蛋白质也发生水解。目前用酶制剂灭活胰蛋白酶抑制因子的方法仍处于研究阶段，但是一个有前途的方法。

2. 棉酚　作为饲料的棉子饼粕中含有棉酚。进入肉鸡体内的棉酚主要集中在肝脏，棉酚进入体内后排泄缓慢，在体内有明显的蓄积作用，长期采食含有棉酚的棉子饼粕会引起中毒。大量棉酚进入消化道后，可刺激胃肠黏膜，引起胃肠炎，吸收进入血后损害肝、心、肾等器官，引起肺水肿和全身缺氧性变化。棉酚能使神经系统的机能紊乱。棉酚与体内蛋白质结合使酶失活，和铁结合干扰血红蛋白的合成，引起缺铁性贫血。棉酚可影响公鸡的生殖机能。棉酚还可降低棉子饼粕中赖氨酸的利用率。中国卫生标准规定：肉用仔鸡配合饲料允许量≤100毫克/千克。

3. 硫葡萄糖苷及其降解产物　菜子饼粕是油菜子榨油后的产品。油菜子中含有硫葡萄糖苷及硫葡萄糖苷酶或称为芥子苷酶，当油菜子在制油过程中被粉碎后，硫葡萄糖苷酶就会对硫葡萄糖苷产生酶促水解作用，产生异硫氰酸酯、噁唑烷酮、硫氰酸酯、腈。硫葡萄糖苷本身无毒，只有其水解产物才有毒性。

异硫氰酸酯有辛辣味，影响菜子饼粕的适口性。高浓度的异硫氰酸酯对黏膜有强烈的刺激作用，长期或大量饲喂菜子饼粕时可引起胃肠炎、肾炎及支气管炎，甚至肺水肿。异硫氰酸酯和硫氰酸酯可抑制甲状腺滤泡细胞浓集碘的能力，从而导致甲状腺肿

大，并使动物生长速度降低。

噁唑烷酮主要毒害作用是阻碍甲状腺素的合成而导致甲状腺肿大。腈可引起细胞内窒息，抑制动物生长。

菜子饼粕的去毒处理有水浸法、醇类水溶液处理法、热处理法、化学物质处理法、微生物降解法、坑埋法等。

中国饲料卫生标准规定：肉用仔鸡配合饲料硫代葡萄糖苷及其降解产物允许量≤1 000毫克/千克。

4. 植酸与植酸盐　植酸即肌醇六磷酸。主要存在于植物性饲料中，常以植酸盐形式存在，是植物种子及营养器官中磷的主要储存方式。肉鸡日粮的主要成分来源于植物饲料，而植酸磷在植物性饲料中平均约占总磷量的70%左右。植酸磷难以被肉鸡消化利用，必须在消化道内被植酸酶水解成无机磷酸盐才能被肉鸡利用。肉鸡胃肠道的植酸酶包括来自摄取的植物性饲料的外源性植酸酶和肠道微生物区系与肠黏膜分泌的内源性植酸酶。但肉鸡消化道黏膜分泌的植酸酶和盲结肠里的微生物可产生的植酸酶活性相当弱，因此靠肉鸡消化道的植酸酶来分解植酸磷，对于肉鸡来说这种分解利用是有限的。而植物性饲料本身所含有的植酸酶的活性因饲料而差异很大，并且其适宜的pH为5～7.5，不耐热，易失活。由于植酸磷几乎不能被肉鸡利用，必须在日粮中添加足够的无机磷以满足肉鸡对磷的需要，这样导致日粮成本的提高，同时肉鸡随粪便排放出大量的磷，造成对环境的污染。植酸不仅自身难以被肉鸡消化利用，而且作为配位体植酸具有很大的螯合能力，能与二价和三价金属离子如钙、锌、镁、铜、锰、钴和铁等形成不溶性螯合物，影响这些金属离子的吸收利用。这些矿物质经由消化道排出体外，造成养殖业对环境的污染。同时植酸还能络合蛋白质分子，使大量的氮通过粪便排出体外而造成污染。为了提高植物性饲料中植酸磷的可利用性，并降低或消除植酸对钙、锌等元素的利用率的不良影响及对环境的污染，人们对微生物植酸酶的研究兴趣与日俱增。研究证明，在肉鸡日粮中添加植酸酶可提高磷的利用率，促进肉鸡生长和提高饲料利用率，提高其他金属离子的利用率。

5. 非淀粉多糖　谷物及其副产品中的多糖可分为贮存多糖和结构多糖。贮存多糖主要为淀粉，结构多糖又称为非淀粉多糖，是细胞壁的构成物质，包括纤维素、半纤维素、果胶及木质素。纤维素构成细胞壁的骨架，是葡萄糖以β-1，4糖苷键连接的葡萄糖聚合物。植物中的纤维素由7 000～10 000个葡萄糖分子组成。半纤维素为细胞壁间质的组成成分，包括阿拉伯木聚糖、β-葡聚糖、甘露聚糖、半乳聚糖、木聚糖。谷物及其副产品中的非淀粉多糖主要是阿拉伯木聚糖和β-葡聚糖。阿拉伯木聚糖主要由阿拉伯糖和木聚糖以β-1，4聚合而成，细胞壁中阿拉伯木聚糖大多数不溶于水，但非细胞成分的阿拉伯木聚糖可形成高黏性水溶物。β-葡聚糖在大麦和燕麦中含量高，常见结构由葡萄糖以β-1，4和β-1，3聚合而成，溶解度较高。果胶又称为半乳糖醛酸，主要由半乳糖醛酸以α-1，4聚合而成。

一般认为非淀粉多糖的抗营养作用与其黏性及对消化道生理形态和肠道微生物区系的影响有关。非淀粉多糖的黏性与其溶解度和分子量有关，黏性大会使消化道食糜黏度增加，影响消化道的运动，降低内源性消化酶和养分的扩散及其相互作用。对仔鸡而言，食糜通过消化道的时间增加，会破坏肠道内环境，胆酸盐降解，影响脂肪的消化利用。肉鸡采食含非淀粉多糖的谷物，如大麦、燕麦、黑麦、小麦等会提高食糜的黏度，降低日粮的营养价值。适宜的酶制剂可改善燕麦、大麦、黑麦、小麦的营养价值，如以大麦为基础日粮的鸡饲料中添加β-葡聚糖，能降低食糜黏度，有利于肉鸡对营养物质的吸收，提高日增重和饲料利用率。

（二）饲料霉变造成的危害及其控制

饲料发生霉变可使饲料营养物质被分解，适口性下降，并产生许多霉菌毒素，造成生态养殖肉鸡生长速度减慢，采食量下降，消化率降低，饲料报酬降低，甚至中毒。有的霉菌毒素还具有致癌、致突变和致畸等特殊毒性表现。黄曲霉毒素是目前发现的致癌性最强的化学致癌物，黄曲霉毒素 B_1 诱发肝癌的能力比二甲基亚硝胺大 75 倍，除肝癌外，在其他部位也可诱发癌瘤，如胃腺癌、肾癌、直肠癌等。实验证明，肉鸡摄入受污染的饲料后，在肝、肾、肌肉、血中可检出霉菌毒素及其代谢产物，因而可能造成动物性食品污染。饲料中含有霉菌生长繁殖所需的营养物质，除了营养外，霉菌生长繁殖还需要一定的条件：饲料中含水量高，环境温度和相对湿度高，贮存时间长。霉菌最适生长温度一般为 20～30℃，霉菌繁殖产毒最适温度为 25～30℃，最适相对湿度为 80%～90%。饲料原料含水量是霉菌能否生长的一个最重要因素。

霉菌易在花生、玉米、大麦、小麦、大米、棉子和大豆等中生长。防止饲料发霉的关键因素在于严格控制原料含水量，一般要求水分含量不超过 12%，南方地区不超过 14%。玉米在日粮中的添加比例大，日粮水分超标往往是玉米水分超标引起的。玉米由于产地不同，水分含量不同，季节不同，水分含量也不同。应注意检测玉米中水分含量，水分超标应进行烘干或晾晒后方可入库。动物性蛋白质饲料如果含水量较高或脱脂不完全，则易发霉变质。浸提工艺生产的粕类水分和油脂含量低，不易发霉，而机榨生产的饼类水分含量高，易霉变。饲料中添加了油脂也易霉变，所以不应贮存时间过长。饲料加工后如果散热不充分即装袋、贮存，会因温差凝结，易引起霉变。特别是生产颗粒饲料时，要注意保证蒸汽的质量，调整好冷却时间与所需空气量，使出机颗粒料的含水量和温度达到规定要求（含水量在 12%以下，温度一般可比室温高 3～5℃）。同时，要注意在冷却器中进入和流出的物料量一致，料流均匀，使颗粒料含水量均匀，否则因有潮湿点而造成发霉。另外，饲料产品包装袋要密封性能好，饲料生产设备内的灰尘要小，否则由于与空气接触而造成发霉或灰尘内窝藏霉菌孢子而污染新饲料。

在高温、高湿地区及饲料贮存时间比较长时，可使用防霉剂。饲料防霉剂种类很多，目前使用最广泛的是丙酸及其盐类。丙酸的防霉效果优于其盐类，被认为是抑菌性较广、毒性小、使用较为安全的一类防霉剂，但丙酸是具有腐蚀性和刺激性的气体。丙酸铵的防霉效果与丙酸相近，且克服了丙酸具有腐蚀性和刺激性的缺点。目前我国生产的饲料防霉剂产品如克霉灵、除霉净、霉敌101等，其主要成分均为丙酸及其盐类，但这类防霉剂只有在pH小于5的条件下才有抑菌作用。除丙酸及其盐类外，其他防霉剂还有山梨酸和山梨酸钾、山梨酸钠、山梨酸钙、苯甲酸和苯甲酸钠、富马酸和富马酸二甲酯、甲酸钙、脱氢乙酸和脱氢乙酸钠等。目前，国际上使用防霉剂的发展趋势是采用复合型的防霉剂，它们是多种有机酸防霉剂按一定比例配合而成。这种复合型防霉剂可以拓宽抗菌谱范围，增强防霉效果。饲料防霉剂有水剂和粉剂两种形式，对于粉剂防霉剂，最理想的是在微量元素搅拌机中添加，这样使它经过2～3道混合工序，保证达到均匀效果。水剂防霉剂在主搅拌机添加即可。

饲料如果发生霉变，应根据其霉变程度进行不同的处理。对于霉变严重的饲料必须丢弃，不能利用，而对于轻度霉变的饲料经加工处理后可利用，其处理方法有如下几种。

1. 利用手工、机械或电子的挑选技术将霉变颗粒挑选除去，可使饲料原料中毒素大大降低。

2. 通常情况下，霉变毒素在糠麸中含量高，所以通过碾轧加工后，去掉糠麸，也可大大降低毒素。

3. 将霉变饲料与未霉变饲料混合稀释，使整个配合饲料中的霉菌毒素含量不超过饲料卫生标准规定的允许量。我国饲料卫生标准（GB13078—2001）中规定，肉用仔鸡配合饲料中黄曲霉毒素 B_1 的允许量为小于等于0.01毫克/千克。

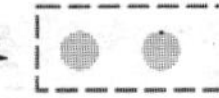

4. 对于霉变的谷实子粒，由于毒素多存在于表皮层，反复加水搓洗也可除去部分毒素。对于霉变的饲料及玉米、小麦等谷物，可用5%的石灰水浸泡3～5小时，再用清水淘洗干净，其去毒率90%以上。大多数霉菌毒素如黄曲霉毒素、玉米赤霉烯酮、单端孢霉毒素对热稳定，在通常的加热处理条件下，对毒素的破坏很少，只有在加热加压或在延长加热时间的情况下才能使一部分霉菌毒素失活。紫外线不仅可以杀死霉菌的菌体，而且可使某些霉菌毒素分解破坏。因此，可采用高压汞灯紫外线大剂量照射处理发霉饲料，也可晾晒发霉饲料。霉菌毒素遇碱分解而失活，可采用氨、氢氧化钠、碳酸氢钠、氢氧化钙等处理发霉饲料，也可用过氧化氢、次氯酸钠、氯气等氧化剂处理而降低霉菌活性。但经过化学试剂处理后，往往会降低饲料的营养价值和适口性。筛选某些微生物，利用其生物转化作用，对霉变饲料进行发酵处理，可使霉菌毒素破坏或转变为低毒物质，与化学方法相比，微生物发酵处理法对饲料营养成分的损失和影响较小，此法目前仍处于研究阶段，尚未应用于生产。

5. 某些矿物质如活性炭、白陶土、膨润土、氟石、蛭石、硅藻土等，它们具有很强的吸附作用，而且性质稳定，一般不溶于水，不被动物吸收，将它们作为吸附剂添加到饲料中，可以吸附饲料中的霉菌毒素，减少动物消化道对霉菌毒素的吸收。

（三）药物残留及其控制

药物性添加剂曾在预防肉鸡疾病、保障畜牧业发展方面起过重要作用。但随着药物性添加剂的应用，随之而来的是鸡肉中外源性化学物的残留问题，这个问题是肉鸡生产中一项难以解决的问题，近几年我国的肉鸡出口受阻，其根本原因是药物残留不符合进口国标准。自2006年起，欧盟禁止了肉鸡养殖中添加任何抗生素，我国鸡肉的出口遇到了更大的限制。

“药物残留”泛指兽药（抗菌药、抗球虫药等）、农药（杀虫剂、灭鼠药等）以及其他化学物质残留。肉鸡饲养者对所使用药物及化学物质在肉鸡体内产生的药物残留知之甚少，有的出于经济利益的考虑，不按标准添加药物或没有停药期。肉鸡使用药物性添加剂预防或治疗疾病后，药物的原形或其代谢产物可能蓄积、贮存在肉鸡的细胞、组织、器官等中，有的药物以游离的形式残留于组织、器官，也有部分以结合形式存留于组织、器官，这种与组织蛋白结合的残留可能更长。目前非法使用违禁药物、滥用抗菌药和药物性添加剂、不遵守停药期的规定等是造成肉鸡药物残留超标的主要原因。

药物残留直接危害人的健康，现已发现许多药物具有致畸、致突变或致癌作用，如雌激素、硝基呋喃类、喹噁啉类的卡巴氧、砷制剂等都已证明具有致癌作用。许多抗菌药会引起人的过敏反应，如四环素类、青霉素、磺胺类等均具有抗原性，可引起人的过敏反应。有抗菌药残留的鸡肉，可以对人类胃肠道的正常菌群产生不良的影响，部分敏感菌受抑制或杀死，致使平衡破坏。有些致病菌可能大量繁殖，损害人类健康。

药物性添加剂随着粪尿排出，又成了环境的污染物，给生态环境带来许多不良影响。为了控制鸡肉中药物残留，我国规定在饲料及饲料添加剂内不得含有禁止使用的药物，如β-兴奋剂、己烯雌酚、氯丙嗪、利血平、敌百虫等。对于生态养殖肉鸡，禁止使用任何药物添加剂，对于必须进行治疗的肉鸡，要尽量采用中兽药，并保证有适当的停药期。另外，不要将饲料与消毒药、灭鼠药、灭蝇药或其他化学药物堆放在一起。严格按规定用药。

（四）重金属和氟及其危害

1. 铅及其危害　铅在自然环境中分布很广，植物可从土壤中吸收铅而蓄积。工业污染是造成饲料原料中铅含量高的主要原因。由于铅及含铅制剂在工农业中的广泛应用，使环境中铅含量增加。土壤中主要是硫酸铅。动物食入含铅量高的饲料后蓄积在

骨骼中，铅在骨骼中以不活泼的形式沉积，以后会慢慢释放出来而引起动物的慢性中毒，表现为胃肠炎、神经系统损伤、肝脏变性、小红细胞低血红素贫血、肾脏受损等症状。防止动物铅中毒需要从两方面做工作，一是注意环境保护，因工业污染是造成饲料中铅含量过高的主要原因。二是注意对饲料原料的检测，铅含量高的饲料原料严禁饲喂动物，中国饲料卫生标准规定鸡配合饲料铅含量不得高于5毫克/千克，肉用仔鸡微量元素预混料、维生素预混料、复合预混料中铅含量不得高于30毫克/千克。对于生态养殖肉鸡，应分析当地青草或土壤中铅的含量，并依次适当降低肉鸡补充料中铅的含量。

2. *砷及其危害*　砷广泛存在于环境中，植物根系具有富集砷的作用。元素形式的砷无毒，但其化合物有毒，其中三氧化二砷是最常见的化合物，俗称砒霜。微量的砷为动物营养所必需，能促进组织和细胞的生长和对造血产生刺激作用，但过量食入砷对动物有毒害作用。砷广泛用于农药、医学及冶炼矿石、除锈剂、毛皮加工和颜料工业，因而土壤、水源和植物中的砷含量也有增加趋势。动物吸收砷后，主要分布在骨骼、肝脏、肾脏、心、淋巴、脾和脑等组织器官中。慢性砷中毒一般表现为增重降低、眼睑水肿、口腔溃疡、皮肤过度角质化、腹泻和步态蹒跚等，急性中毒症状为腹痛、呕吐、赤痢、烦渴、心力衰竭、食欲废绝、精神抑郁等。因此，要注意检测砷的含量，中国饲料卫生标准规定：鸡用配合饲料中砷含量不高于2毫克/千克，肉鸡微量元素预混料、维生素预混料及复合预混料不高于10毫克/千克。

3. *汞及其危害*　随着工业的发展，汞的用量也在增加。由于汞可自然挥发，可造成对环境的污染。汞以金属汞、无机汞和有机汞的形式存在于自然界，有机汞如甲基汞对动物的毒性比无机汞大。当水源被污染后，水中微生物能把汞甲基化，鱼最能富集汞。因此，要注意鱼粉中汞的含量。汞化合物可以通过消化道、呼吸道和皮肤接触而被动物机体吸收，而且吸收率很高。吸收进入体内的汞与蛋白质等中的巯基结合而分布到各组织器官，汞可通过粪、尿、汗等排出体外。过量的汞可引起动物中毒，主要表现为：消化道黏膜炎症和肾脏损伤。慢性中毒表现为食欲减退、消瘦及行动不协调、肌肉颤动等神经症状。严重中毒时，表现为血性呕吐或者腹泻，可在数小时死亡。维生素 E 和硒可以缓解汞的毒性。

4. 氟及其危害　氟是肉鸡所必需的营养素。氟能促进骨骼的钙化，提高骨骼的硬度，对牙齿有保护作用。但过量的氟对肉鸡有毒害作用。生产中常常是饲料中氟含量过高。肉鸡食入过量的氟会和血浆中的钙离子结合，形成大量的氟化钙沉淀，一方面引起血钙降低，另一方面引起骨密度增加，骨质变硬，骨质增生，韧带钙化，椎间管变窄。随着氟化钙在骨骼中的大量沉积，血钙的降低，影响磷的沉积，血磷增加，磷随尿排出增多，低血钙引起甲状旁腺分泌加强，同时氟化物可刺激成骨细胞的造骨作用，引起氟化物脱钙，骨质疏松易折。氟还可以与锌、铁、镁、铜等金属离子形成氟化物而影响这些离子的正常营养功能。肉鸡氟中毒表现为采食量下降，呼吸困难，呕吐、腹泻，精神沉郁，两脚分开、无力站立、伏于地面等症状。防止氟中毒的方法，一是要注意检测饲料中氟的含量，对于氟含量高的饲料要控制使用，二是如果使用氟含量高的饲料，可加入钙制剂或铝盐，因钙离子和铝离子能和氟形成难溶的氟化物，降低氟的吸收。

（五）农药及其危害

1. 杀虫剂及其危害　肉鸡长期采食被杀虫剂污染的饲料会引起中毒，如果人类食入这样的鸡肉就会对人产生危害。

（1）有机磷杀虫剂　有机磷是目前使用量最大的杀虫剂，这类杀虫剂包括敌敌畏、久效磷、三甲苯磷、对硫磷、二嗪农、敌百虫、甲胺磷等。这类农药化学性质不稳定，易于降解而失去毒

性，在肉鸡体内残留量小。在低温下有机磷杀虫剂分解缓慢，早期生产出的有机磷杀虫剂如内吸磷、对硫磷等对农作物的穿透性强，易于残留在作物中，当动物食入这样的饲料就会发生有机磷中毒。有机磷杀虫剂容易与动物体内的胆碱酯酶结合，形成不易水解的磷酰化胆碱酯酶，使胆碱酯酶活性降低，乙酰胆碱分解减少而大量在体内蓄积，出现中毒症状，主要是神经系统、血液系统和视觉受损伤。

（2）拟除虫菊酯类杀虫剂　这类杀虫剂包括丙烯菊酯、联苯菊酯、胺菊酯、氯菊酯、氰戊菊酯、氯氰菊酯、溴氰菊酯、氟氯氰菊酯等。多属于中等毒性或低毒性的杀虫剂，生产发生中毒多为接触引起，中毒症状表现为：过度兴奋、呕吐、腹泻，严重者运动失调，血尿、血便，最后导致死亡。拟除虫菊酯类杀虫剂对农作物还有刺激生长的作用。

（3）氨基甲酸酯类杀虫剂　这类杀虫剂有西维因、速灭威、克百威等。氨基甲酸酯类杀虫剂药效快，选择性高，对动物毒性低。由于这类杀虫剂在环境中不稳定，其对环境的污染也是暂时的。动物中毒作用机制与有机磷杀虫剂相似。

2. 杀菌剂及其危害　杀菌剂主要有：铜杀菌剂、汞杀菌剂、无机硫杀菌剂、有机硫杀菌剂、三氯甲硫基杀菌剂、有机砷杀菌剂、内吸性杀菌剂等。铜杀菌剂喷洒于植物后，铜能被植物吸收并蓄积在植物体内，动物食入这样的饲料易引起铜中毒。汞类杀菌剂在植物中残留大，对动物和人的危害大，我国已禁止使用。无机硫杀菌剂对动物有毒性作用，使用时也要注意。有机硫具有低毒、高效的特点，但曾出现过动物慢性中毒。三氯甲硫基杀菌剂主要品种有灭菌丹、克菌丹等，这类杀菌剂对动物均有毒性，使用这类杀菌剂杀过菌的饲料使用时要注意。内吸性杀菌剂包括有机磷杀菌剂、苯并咪唑杀菌剂、硫脲基甲酸酯类杀菌剂等，这类杀菌剂有的具有抗药性，有的过量使用具有毒性。有机砷杀菌剂在动物体内可转变为毒性很大的三价砷，可导致动物中毒。

（六）病原菌及其危害

生态养殖肉鸡如果食入被病原菌污染的饲料，就会发生中毒。常见的病原菌有沙门氏菌、大肠杆菌等。

1. 沙门氏菌及其危害　沙门氏菌属革兰氏阴性菌，其生长繁殖的最适温度是20～30℃，饲料被沙门氏菌污染后，不影响适口性，所以易引起动物中毒。沙门氏菌广泛分布于自然界，许多动物是它的宿主。沙门氏菌病是肉类食品沙门氏菌的主要来源，人类可能通过吃肉而感染沙门氏菌病。发病或带菌的各种动物通过粪便不断地排菌，又是饲料污染沙门氏菌的重要来源。发病动物和污染沙门氏菌的饲料是动物沙门氏菌病的主要传染源。沙门氏菌病的症状主要是腹泻。一般鱼粉、肉粉、肉骨粉等最易污染沙门氏菌，饲料厂购买这类动物性饲料时要注意检测是否被沙门氏菌污染。一旦发生沙门氏菌病要采取严格措施，如消毒、隔离带病动物等。

2. 大肠杆菌及其危害　大肠杆菌是一组革兰氏阴性菌。大肠杆菌是人和动物肠道的正常菌群，多不致病，且在肠道中能合成B族维生素和维生素K而被动物利用。当宿主免疫力低下或大肠杆菌侵入肠外组织和器官时，可引起肠外感染。有少数菌株可直接引起肠道感染，这些大肠杆菌称为致病性大肠杆菌。致病性大肠杆菌有四种，即肠产毒性大肠杆菌、肠侵袭性大肠杆菌、肠致病性大肠杆菌、肠出血性大肠杆菌。肠产毒性大肠杆菌主要在小肠内繁殖，致病物质是不耐热肠毒素和耐热肠毒素两种毒素，这种毒素可引起腹泻。肠侵袭性大肠杆菌是国际公认的食物中毒病原菌，主要黏附结肠黏膜上皮细胞并生长繁殖，死亡后产生内毒素，引起肠黏膜细胞的炎性反应和溃疡，出现血性腹泻。肠致病性大肠杆菌在十二指肠、空肠和回肠上段大量繁殖，一般不产生肠毒素，可引起水样腹泻，粪便中带有黏液。肠出血性大肠杆菌可产生志贺样毒素，可导致出血性结肠炎，严重腹泻和便

血。大肠杆菌主要来自人和动物的粪便。因此，对生态养殖肉鸡，要加强饲养管理，严格清除传染源，对环境进行消毒，以防止大肠杆菌的感染。

（七）微量元素过量危害

微量元素铁、锌、铜、锰、硒是动物必需的营养素，一般以玉米-豆粕为主的肉鸡日粮，缺乏这些微量元素，都要以添加剂的形式补充，但有时由于环境中微量元素含量高，添加高剂量微量元素作为生长促进剂等原因会造成日粮一些微量元素过量，过量的微量元素会引起动物中毒。

肉鸡因铁过量的中毒比较少见，过量的铁可毒害造血组织细胞，严重时能引起再生障碍性贫血，死亡。一般慢性中毒表现为腹泻、腹痛、生长停止。铁过量还会降低铜和磷的利用率，减少维生素 A 在肝中的沉积。

铜对蛋白质有较强的凝固作用，高剂量的铜可防止饲料发霉变质及对消化道杀菌，同时也杀灭肠道中的有益菌，破坏消化道微生态平衡，引起鸡下痢。高剂量的铜作为生长促进剂应用于鸡的报道也有，但要注意长期饲喂高剂量铜，会造成鸡中毒，表现为精神抑郁、羽毛蓬乱，肌胃、腺胃糜烂，呕吐、腹泻、便血、厌食、黏膜黄疸，严重时死亡。长期饲喂高铜日粮还会引起锌的缺乏和铁的缺乏。

鸡的日粮中都要补加锌，否则引起锌缺乏，但锌过量添加会引起鸡中毒，表现为生长缓慢，饲料转化率降低，精神沉郁，羽毛蓬乱，肝、肾、脾脏肿大，肌胃糜烂。

硒是鸡必需的营养素，一般鸡的日粮都要添加，但硒又是毒性很强的元素，鸡硒中毒剂量只有最低需要量的 10～20 倍。因此，添加硒时一定要注意不能过量。鸡硒中毒有两种情况，一是急性中毒，表现为腹泻、体温升高，脉搏加快，衰竭，死亡。二是慢性中毒，表现为生产性能下降、羽毛脱落、精神委靡，长骨关节腐烂造成四肢跛行、心脏萎缩、肝硬化和贫血。

四、生态肉鸡饲料的绿色认证

绿色的概念源于食品，是指在特定的技术标准下生长、生产加工出来的产品，其标准涵盖了产地环境质量标准、生产过程标准、产品标准、包装标准及其他相关标准，是一个“从土壤到餐桌”严格的全程质量控制标准体系。绿色饲料是遵循可持续发展原则，按照特定的产品标准，由绿色生产体系生产的无污染的安全、优质、营养型饲料。要生产绿色饲料，首先必须使用经批准使用的具有绿色产品标志的饲料原料和饲料添加剂。第二，要对生产全过程实施监控，整个生产体系要经过认证达到绿色饲料产品的生产要求。第三，产品经国家指定的认证机构检测认证达到绿色饲料标准要求，并允许在产品上使用绿色饲料产品标志。所以，只有具备上述条件或达到上述要求的饲料才能称为绿色饲料，否则就不是绿色饲料。

目前，我国对生态肉鸡饲料的绿色认证执行的是 NY/T 471—2001《绿色食品　饲料及饲料添加剂使用准则》，正在修订的标准与 NY/T 471—2001 相比，主要增加了生产 AA 级绿色畜禽产品中对饲料及饲料添加剂的要求，对饲料及饲料添加剂的卫生要求，对绿色畜禽产品的生产、贮存、运输的要求以及对绿色畜禽产品生产中使用的维生素、常量元素、微量元素、氨基酸、非蛋白氮的要求，同时修订了生产绿色食品不应使用的饲料添加剂品种目录。修订后标准对生态肉鸡饲料及饲料添加剂的基本要求和使用原则如下。

（一）基本要求

1. 质量要求

（1）饲料和饲料添加剂应符合单一饲料、饲料添加剂、配合饲料、浓缩饲料和添加剂预混合产品质量标准的规定。其中单一

饲料应符合《单一饲料产品目录》的要求。

（2）饲料添加剂和添加剂预混合饲料应来源于有生产许可证的企业，并且具有产品标准及其文号。进口饲料和饲料添加剂应具有进口产品许可证及配套的质量检验手段，并应为经进出口检验检疫部门鉴定合格的产品。

（3）感官要求 具有该饲料应有的色泽、气味及组织形态特征，质地均匀，无发霉、变质、结块、虫蛀及异味、异物。

（4）配合饲料应营养全面，各营养素间相互平衡。

2. 卫生要求

（1）饲料和饲料添加剂的卫生指标应符合 GB13078—2001《饲料卫生标准》的规定，且使用中符合 NY/T 393—2000《绿色食品农药使用准则》的要求。

（2）饲料用水解羽毛粉应符合 NY/T 915—2004《饲料用水解羽毛粉》的要求。

（二）使用原则

1. 饲料原料

（1）饲料原料可以是已经通过认定的绿色食品，也可以是来源于绿色食品标准化生产基地的产品，或经绿色食品工作机构认定、按照绿色食品生产方式生产、达到绿色食品标准的自建基地生产的产品。

（2）不应使用转基因方法生产饲料原料。

（3）不应使用以哺乳类动物为原料的动物性饲料产品（不包括乳及乳制品）饲喂反刍动物。

（4）遵循不使用同源动物源性饲料的原则。

（5）不应使用工业合成的油脂。

（6）不应使用畜禽粪便。

（7）生产 AA 级绿色畜禽产品的饲料原料，除须满足上述要求外，还应满足：不应使用化学合成的生产资料作为饲料原料，原料生产过程应使用有机肥、种植绿肥、作物轮作、生物或物理方法等技术培肥土壤、控制病虫草害、保护或提高产品品质。

2. 饲料添加剂

(1) 饲料添加剂品种应是《饲料添加剂品种目录》中所列的饲料添加剂和允许进口的饲料添加剂品种，或是农业部公布批准使用的饲料添加剂品种。

(2) 饲料添加剂的性质、成分和使用量应符合产品标签。

(3) 矿物质饲料添加剂的使用按照营养需要量添加，尽量减少对环境的污染。

(4) 不应使用任何药物饲料添加剂。

(5) 天然植物饲料添加剂应符合 GB/T 19424—2003《天然植物饲料添加剂通则》的要求。

(6) 化学合成维生素、常量元素、微量元素和氨基酸在饲料中的推荐量以及限量参考《饲料添加剂安全使用规范》的规定。

(7) 生产 AA 级绿色畜禽产品的饲料添加剂，除须满足上述要求外，还不应使用化学合成的饲料添加剂。

3. 加工、贮存和运输

(1) 饲料企业的工厂设计与设施卫生、工厂卫生管理和生产过程的卫生应符合 GB/T 16764—2006《配合饲料企业卫生规范》的要求。

(2) 在配料和混合生产过程中，严格控制其他物质的污染。

(3) 生产绿色食品的饲料和饲料添加剂的加工、贮存、运输全过程都应与非绿色食品饲料严格区分管理。

(4) 贮存中不应使用任何化学合成的药物毒害虫、鼠。

第二节　环保型平衡饲粮的调制及其配套技术

一、肉鸡的饲养标准

饲料配合是根据肉鸡营养需要及饲料原料等状况，将若干种

饲料按一定比例配制的均匀混合物。一般按营养成分可将配合饲料分为下述几类：

1. 添加剂预混料　是由一种或多种饲料添加剂与载体或稀释剂配制成的均匀混合物。所谓载体是指能够接受和承载粉状活性成分的可饲饲料。稀释剂是指掺入到一种或多种微量添加剂中起稀释作用的物料。目前市售的添加剂预混料有维生素预混料、微量元素预混料、复合预混料。添加剂预混料是全价饲料的组成成分，一般占全价饲料的1%～5%。

2. 浓缩饲料　是指以蛋白质饲料为主，由蛋白质饲料、矿物质饲料和添加剂预混料，按一定比例配制而成的均匀混合物。一般占全价饲料的20%～30%。

3. 人工补充料　是指可直接饲喂肉鸡，不需添加任何其他饲料，即能够补充生态放养肉鸡所需营养，并能取得好的生产效益的饲料。

目前，由于生态养殖肉鸡品种、所处环境和采食种类差异较大，还没有专门的生态养殖肉鸡饲养标准，多参考肉鸡饲养标准。后者规定了肉鸡在正常生理状态下，应供给的各种营养物质的需要量，即营养指标。饲养标准是营养学家通过科学试验并结合生产实践得出的，只要按饲养标准设计出的配方，就会产生较好的生产效果，但由于肉鸡营养需要受品种、年龄、性别、环境条件、饲料结构等影响，因而不能将饲养标准看成是一成不变的，应该把它作为指南来参考，灵活应用。我国生态养殖肉鸡精料补充料的不同饲料原料的大致比例和饲养标准参见表3-1。

表3-1　生态肉鸡饲料配制时不同原料的大致比例关系和饲养标准（%）

项　目	育雏期	放养期	营养成分	育雏期	放养期
能量饲料	69～71	70～72	代谢能（兆焦/千克）	12.13	12.55
植物性蛋白饲料	23～25	12～13	粗蛋白质	21.00	19.00
动物性蛋白饲料	1～2	0～2	钙	1.00	0.90

（续）

项　目	育雏期	放养期	营养成分	育雏期	放养期
矿物质	2.5～3.0	2～3	总磷	0.65	0.65
植物油	0～1	0～1	有效磷	0.45	0.40
限制性氨基酸	0.1～0.2	0.1～0.2	赖氨酸	1.09	0.94
食盐	0.3	0.3	蛋氨酸	0.46	0.36
营养性添加剂	适量	适量	色氨酸	0.21	0.17
			精氨酸	1.31	1.13

每千克饲料中营养成分还应包括：维生素A 2 700国际单位，维生素D 400国际单位，维生素E 10国际单位，维生素K 0.5国际单位，硫胺素1.8毫克，核黄素7.2毫克（育雏期）或3.6毫克（放养期），泛酸10毫克，烟酸27毫克，吡哆醇3毫克，生物素0.15毫克，胆碱1 300毫克（育雏期）或850毫克（放养期），叶酸0.55毫克，维生素B_{12} 9微克，铜8毫克，铁80毫克，锰60毫克，锌40毫克，碘0.35毫克，硒0.15毫克。

二、肉鸡的环保型平衡饲粮

（一）设计生态养殖肉鸡饲料配方所需的资料

1. 饲料营养成分表　营养成分表记录了各种饲料的营养成分及其含量，是我们设计肉鸡饲料配方时选择饲料原料的依据，一般配方时常参考中国农业科学院公布的“中国常用饲料成分及营养价值表”。由于饲料因品种、产地、加工工艺、质量等级等不同营养成分含量不同，配合出的饲料，其营养成分含量可能有出入。最好的办法是对每一批饲料原料进行化验分析，根据分析结果设计饲料配方。如果没有条件，则参考饲料营养成分表，以最低的营养成分含量设计饲料配方。

2. 价格　设计肉鸡饲料配方时，必须知道目前肉鸡饲料的市场价格。因为设计饲料配方的目的不仅要满足肉鸡营养需要，而且要求是一个低成本的饲料配方，这样才能做到以最低的投入达到最大的产出。因此，要了解饲料原料的购入价格及其加工成本。在饲料原料价格一定的条件下，尽量少用价格高的饲料。另外，尽量用当地饲料，这样可减少运输成本。采用多种原料合理搭配，一方面使各种饲料原料的营养物质互补，提高饲料的利用效率；另一方面可扩大饲料资源，使一些适口性差、利用率低的饲料得以利用，这样可大大降低饲料成本。

3. 肉鸡的消化生理特点　肉鸡主要靠消化道内分泌的消化酶来消化饲料中营养成分，其大肠不发达，消化粗纤维的能力有限。因此，含粗纤维高的饲料原料不宜添加过高。此外，肉鸡生长快，需要的营养多，即肉鸡饲料属于高能高蛋白质饲料，要注意使用能量和蛋白质含量高的饲料，一般要添加油脂。肉鸡为能而食，能通过调整采食量来满足自己的能量需要。因此，要注意随着日粮能量的变化而调整其他营养成分的含量。

（二）肉鸡全价饲料配方的设计

在设计饲料配方时，要严格按饲料卫生标准执行，严格控制有害药物和添加剂的使用，作为防止疾病的添加剂，要注意使用无毒副作用和药残的微生态制剂或植物添加剂。

设计肉鸡饲料配方以肉鸡饲养标准或品种专用标准为依据，根据当地的饲料资源及饲养管理条件进行调整。肉鸡饲养标准都是按阶段给出营养水平，我国肉鸡饲养标准将肉鸡划分为两个阶段：即0～4周龄为前期，5～8周龄为后期。美国的NRC饲养标准划分为三个阶段：即0～3周龄，3～6周龄，6～8周龄。生产中一般采用三阶段饲养。

目前饲料配方的设计主要利用计算机软件进行设计，利用肉鸡饲养标准或品种专用标准与生态养殖肉鸡所能采食到的天然食物营养成分的差异计算出补充饲料应该具有的营养成分，参照饲料原料的营养价值表配制适宜的补充料，注意在进行设计配方时一定要根据肉鸡的生长发育特点、消化生理、肉鸡的营养特点、饲料营养特性及利用率，选择合适的饲料原料进行设计。

（三）生态养殖肉鸡环保型日粮配方示例

常用生态养殖肉鸡的饲料配方参见表 3－2 和表 3－3。

表 3－2　0～4 周龄的配方

（魏刚才，2009）

饲料成分	配方 1	配方 2	配方 3
玉米（%）	60.0	58.0	64.0
豆粕（%）	22.4	22.0	15.0
菜子粕（%）	2.0	3.0	3.0
棉子粕（%）	1.0	2.0	5.0
花生粕（%）	6.0	6.0	6.0
肉骨粉（%）	2.0	0	0
鱼粉（%）	2.0	3.0	1.0
油脂（%）	0	1.0	1.0
石粉（%）	1.2	1.2	1.2
磷酸氢钙（%）	1.1	1.5	1.5
食盐（%）	0.3	0.3	0.3
复合预混料（%）	2.0	2.0	2.0
代谢能（兆焦/千克）	12.20	12.00	12.30
粗蛋白（%）	20.80	21.20	21.50
钙（%）	1.10	1.10	1.10
有效磷（%）	0.46	0.46	0.46

表 3－3　0～4 周龄的配方

（魏刚才，2009）

饲料成分	配方 1	配方 2	配方 3	配方 4	配方 5	配方 6
玉米（%）	63.2	64.4	70.0	69.5	64.0	64.5
麸皮（%）	3.0	3.0	0	0	5.0	7.0
豆粕（%）	17.0	20.0	12.0	13.5	20.0	18.0
菜子粕（%）	0	1.2	0	0	0	0
棉子粕（%）	0	0	0	10	0	0
花生粕（%）	5.0	0	0	0	0	0

（续）

饲料成分	配方 1	配方 2	配方 3	配方 4	配方 5	配方 6
蚕蛹（%）	0	0	0	2.0	0	0
鱼粉（%）	6.0	3.0	14.0	2.0	8.0	8.0
油脂（%）	3.0	3.0	0	0	0	0
石粉（%）	0.5	2.0	1.5	0.65	0.33	0.13
磷酸氢钙（%）	1.0	2.0	1.2	1.0	1.3	1.0
食盐（%）	0.3	0.4	0.3	0.35	0.37	0.37
复合预混料（%）	1.0	1.0	1.0	1.0	1.0	1.0

三、饲料添加剂分类及作用

饲料添加剂是为了满足生态养殖肉鸡的某种特殊需要，完善日粮的全价性，采用多种不同方法添加到饲料中的某些少量或微量的营养性和非营养性物质，它作为配合饲料的重要组成部分，具有提高饲料利用率，增强日粮的适口性，促进肉鸡生长发育，防治某些疾病，减少饲料贮藏期间营养物质的损失或改进产品品质等作用，这类物质称为饲料添加剂。饲料添加剂是配合饲料的核心，常见饲料添加剂主要包括四个方向，即一是营养平衡添加剂，二是消化吸收促进添加剂，三是生理机能调节改善添加剂，四是饲料工艺添加剂。

（一）微量元素添加剂

肉鸡日粮中必须添加微量元素，在饲料中添加微量元素时，不仅要考虑肉鸡的需要量及各元素之间的协同和颉颃作用，还要了解各地区元素分布特点和所用饲料中各种微量元素的含量，以防中毒。组成微量元素添加剂的原料是含有微量元素的化合物。常用的微量元素添加剂原料有硫酸盐类、碳酸盐类、氧化物、氯化物等，还有微量元素的有机化合物。在使用微量元素添加剂原料时，应首先了解常用的微量元素化合物及其活性成分含量，微量元素化合物的可利用性以及微量元素化合物的规格要求。

（二）维生素添加剂

1. 维生素A　维生素A的纯化合物是视黄醇，由于其不稳定、易氧化，为增加其稳定性，市场上销售的维生素A添加剂是维生素A酯化后经微型胶囊包被的产品。

2. 维生素D　维生素D有维生素D_2和维生素D_3两种。维生素D_3适用于肉鸡，为胆钙化醇，不稳定，易被破坏。维生素D_3酯化后，经明胶、糖、淀粉包被后，稳定性增加。

3. 维生素E　维生素E添加剂多为DL-a-生育酚醋酸酯，商品纯度为50%或25%。

4. 维生素K　商品用维生素K是维生素K_3的衍生物，维生素K_3添加剂的活性成分为甲萘醌，市场上销售的维生素K_3添加剂有：亚硫酸氢钠甲萘醌，含有效成分50%；亚硫酸氢钠甲萘醌复合物，有效成分含量为25%；亚硫酸二甲嘧啶甲萘醌，有效成分含量50%。

5. 维生素B_1　用作维生素B_1添加剂的有硫胺素盐酸盐和硫胺素硝酸盐，硫胺素硝酸盐更稳定一些，活性成分含量为96%～98%。

6. 维生素B_2　维生素B_2添加剂的活性成分含量为96%、80%、55%和50%。

7. 维生素B_3　又名泛酸。商品制剂为d-泛酸钙，纯度为98%，也有稀释至66%或50%的。

8. 胆碱　用作添加剂的是氯化胆碱。氯化胆碱有液体和固体两种，液体氯化胆碱含氯化胆碱70%或75%，固体氯化胆碱含氯化胆碱50%。1.15毫克氯化胆碱相当于1毫克胆碱。

9. 烟酸　又名维生素B_5、尼克酸、维生素PP。商品添加剂有烟酸和烟酰胺，二者活性相同，纯度为98%～99.5%。

10. 维生素B_6　又名吡哆醇，商品添加剂为盐酸吡哆醇，活性成分含量为82.3%。

11. 生物素 商品添加剂有效成分含量为1%和2%两种。

12. 叶酸 商品添加剂活性成分含量为1%、3%或4%。

13. 维生素 B_{12} 商品添加剂活性成分含量为1%。

14. 维生素C 商品添加剂活性成分含量为99%。

（三）氨基酸添加剂

蛋白质营养的实质是氨基酸营养，而氨基酸营养的核心是氨基酸之间的平衡，用合成的氨基酸添加剂来平衡或补充饲料氨基酸的不足是提高饲料蛋白质利用率和充分利用蛋白质资源及降低日粮蛋白质水平的最好途径之一。

1. 蛋氨酸 由于L-型蛋氨酸和D型蛋氨酸活性相同，商品蛋氨酸添加剂为DL-蛋氨酸。DL-蛋氨酸的纯度为98%，含氮量为9.4%，粗蛋白质含量为58.6%，代谢能为21兆焦/千克。

蛋氨酸羟基类似物，其化学结构中没有氨基，但具有转化为蛋氨酸所特有的碳架，因此有蛋氨酸的活性，为70%～80%。

2. 赖氨酸 商品添加剂为L-赖氨酸盐酸盐，纯度为98%，其中含赖氨酸78%。L-赖氨酸盐酸盐含氮量为15.3%，粗蛋白质95.8%，代谢能16.7兆焦/千克。

（四）药物性添加剂

为了维护肉鸡的健康，发挥肉鸡的最大生产潜力，在肉鸡饲料中要添加各种药物性添加剂，这是保证肉鸡生产效益的措施。药物性添加剂对肉鸡生长和健康有良好的效果，但同时会带来一些安全问题，这在后面叙述。这类添加剂包括抗生素、合成抗菌药、驱蠕虫类药物等。使用药物性添加剂要注意抗药性和药物残留。

（五）饲料保存剂

包括抗氧化剂和防霉剂。饲料粉碎后，其内营养物质易受到氧化和霉菌污染，使饲料利用率降低，在氧化和霉变过程中还会产生有害于肉鸡的物质。因此，要在饲料中添加抗氧化剂和防霉剂。常用的抗氧化剂有：乙氧基喹啉、二丁基羟基甲苯、丁羟基茴香醚。防霉剂有丙酸钙、丙酸钠、丙酸。

（六）其他添加剂

包括增色剂、调味剂等。增色剂一是为了使饲料着色，刺激肉鸡增加采食量；二是为了改善肉鸡的皮肤颜色，提高鸡肉的商品价值。调味剂是为了改善饲料的适口性，增加采食量，刺激和促进唾液、胃腺和胰腺等的分泌而添加到饲料中去的。

四、中草药添加剂的正确使用及药残控制

我国中草药添加剂的使用种类繁多、源远流长。中药有效部分或称有效部位，是指从中药中提取的非单一化学成分，如总黄酮、总生物碱等，是相近化学性质（分子量、极性、酸碱性大小）的一类（或几类）混合物。按化学药物的研究思路，有效部位可以看成是一个“天然的复方化学药物”。受标准品的限制，常用其中一个已知成分进行含量测定，作为控制生产工艺的参数。按照我国新兽药注册管理办法，有效部位制剂属国标二类新药，要求有效部位含量一般不低于50%。

根据农业部新兽药注册442号公告，申报中药添加剂必须完成药品的工艺研究、质量标准研究、药理及安全毒理研究、临床研究等。除对中药复方的各味药物进行定性鉴别外，还要求有高效液相色谱法（HPLC）检测的定量要求，审核通过后在具有GMP资质的兽药生产企业生产。

中草药属于纯天然物质，具有药食同源、同体、同用的特

点，应用于畜牧饲料行业，是一种理想的绿色饲料添加剂。具有以下特点：天然性，多功能性，无毒副作用，无抗药性。“是药三分毒”，中药也不例外，但与西药比，中药毒性低，相对安全。此外，中草药还能自然炮制去毒，用组方佐使相配、相杀、相畏配合而去毒。新型中草药饲料添加剂的研究根据中国传统中医药理论和中兽医诊疗经验，结合动物生理、动物免疫和动物微生态等现代科学，采用先进的技术和工艺设备进行一系列的提取和精制化处理。新型中草药抗菌促生长剂和促瘦肉生长剂的主要特点为：①采用现代科学技术进行有效成分的筛选、配伍并用先进的生产工艺设备等进行一系列精制化处理，所生产的产品是深加工的精制品，有效成分集中、配伍合理、添加量小、更有利于被动物机体合理有效地利用；②采用现代科学技术对其中有效成分进行深入的研究、分析，建立液相色谱等现代化的检测方法，监控产品中各类有效成分的比例和最低含量范围，确保了产品的可控性和稳定性，保证了产品的质量。

五、环保型饲粮的饲料添加剂配套技术

（一）酶类添加剂

酶是一种具有特殊性能的蛋白质，作为饲料的酶类添加剂有20多种，目前生产的酶制剂有单一酶制剂和复合酶制剂两类。单一酶制剂主要有纤维素酶、β-葡聚糖酶、果胶酶、植酸酶、淀粉酶、脂肪酶、蛋白酶、非淀粉多糖酶等，这些酶制剂的作用为：

1. *淀粉酶*　主要的淀粉分解酶包括α和β淀粉酶、糖化酶以及支链淀粉酶和异淀粉酶，α-淀粉酶作用于α-1，4-糖苷键，将淀粉水解为双糖、寡糖和糊精，只能分解直链淀粉和支链淀粉的直链部分。β-淀粉酶作用于淀粉的β-1，6-糖苷键（支链淀粉分支处），将支链淀粉水解为双糖、寡糖和糊精。糖化酶水解由淀粉水解而来的寡糖、双糖和糊精，生成葡萄糖和果糖，并从

淀粉的非还原末端，依次水解 α-1，4-糖苷键生成葡萄糖。

2. 蛋白酶　蛋白酶有酸性、中性和碱性之分。由于动物胃液呈酸性，小肠液多为中性，所以饲料中大多添加酸性和中性蛋白酶，其主要作用是水解饲料蛋白质为氨基酸。

3. β-葡聚糖酶　β-葡聚糖是由 β-葡萄糖与 β-1，3-葡萄糖苷键及 β-1，4 糖苷键连接而成的多糖，在大麦、燕麦等谷物中含有较多，而且大部分可溶于水形成黏性凝胶，成为一种抗营养因子，阻碍动物对营养物质的利用，使其生长下降。β-葡聚糖酶可水解 β-葡聚糖，降低肠道内容物的黏度，促进消化吸收。

4. 纤维素酶　纤维素酶是一种复合酶系，由三种功能不同但又互补的酶组成：内切-β-葡聚糖酶，简称 EG 或称 Cx 纤维素酶，所有纤维素分解菌均能产生此酶；外切-β-葡聚糖酶，简称 CBH 或称 C1 纤维素酶（或纤维二糖水解酶），此酶存在于丝状真菌；β-葡萄糖苷酶，简称 BG 或称纤维二糖酶。纤维素酶中 C1 酶是对纤维素最初作用的酶，它破坏纤维素链的结晶结构，起水化作用，即 C1 酶作用于不溶性纤维素表面，使结晶结构的纤维素长链断开，长链分子的末端部分游离，从而使纤维素链易水化。Cx 酶是作用于经 C1 酶活化的纤维素，是分解 β-1，4 键的纤维素酶，包括内切 1，4-β 葡萄糖酶和外切 1，4-β 葡萄糖酶，前者是从高分子聚合物内部任意位置切开 1，4 键，主要形成的产物有纤维二糖和纤维三糖等多糖；后者作用于低分子多糖，从非还原性末端游离出葡萄糖。β-葡萄糖苷酶可将纤维二糖、纤维三糖等短链低聚糖类分解生成葡萄糖。C1 酶、Cx 酶、β-葡萄糖苷酶分解纤维素时，任何单独一种酶都不能裂解晶体纤维素，只有三种酶共同存在并协同作用时方可彻底降解纤维素，生成可消化的还原糖。

5. 半纤维素酶　包括木聚糖酶、甘露聚糖酶、阿拉伯聚糖酶和聚半乳糖酶等，主要作用是将植物细胞壁中的半纤维素水解为五碳糖，并可降低半纤维素溶于水后的黏性。

6. 果胶酶　果胶是高等植物细胞壁的一种结构多糖，主要成

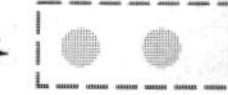

分是半乳糖醛酸（果胶酸），并含有鼠李糖、阿拉伯糖、半乳糖和木糖，果胶酶可裂解单糖之间的糖苷键，并脱去水分子，分解包裹在植物表皮的果胶，降低肠道内容物的黏度，并促使植物组织的分解。

7. 植酸梅　磷是肉鸡生长发育和生产中不可缺少的矿物质元素，肉鸡饲料一般以植物性饲料为主，植物性饲料中的磷大部分以植酸磷形式存在，这种植酸磷只有在植酸酶的作用下分解成无机磷，才能被肉鸡利用。但肉鸡体内消化腺不分泌植酸酶，只能靠盲肠内的微生物分泌的植酸酶分解利用，这种利用是有限的，所以肉鸡饲料中都要补充磷酸氢钙、骨粉等含磷饲料。大量研究证明，肉鸡饲料中添加外源性植酸酶可以减少磷的补充。植酸酶属于磷酸单酯水解酶，在水解植物中的植酸磷为正磷酸和肌醇衍生物的同时，可将胃肠道内被植酸螯合的大量锌、钙等矿物质被释放出来为肉鸡所用。

8. 脂肪酶　脂肪酶是水解饲料脂肪分子中甘油酯键的一类酶的总称。复合酶制剂有如下几种。

（1）以蛋白酶、淀粉酶为主的饲用复合酶，此类酶制剂主要用于补充动物内源酶的不足。

（2）以纤维素酶、果胶酶为主的饲用复合酶，这类酶主要由木霉、曲霉和青霉直接发酵而成，主要作用为破坏植物细胞壁，降解纤维素为还原糖，同时使细胞内营养物质释放出来，易于被消化酶作用，促进营养物质消化，并能消除饲料中的抗营养因子，降低胃肠道内容物的黏稠度，促进营养物质吸收。

（3）以β-葡聚糖酶为主的饲用复合酶，此类酶制剂主要用于以大麦、燕麦为主的饲料。

（4）以纤维素酶、蛋白酶、淀粉酶、糖化酶、葡聚糖酶、果胶酶为主的饲用复合酶。

（二）糖萜素

糖萜素是从山茶科饼粕中提取的三萜皂苷类与糖类的混合

物，是棕黄色的无灰微细状结晶，不溶于乙醚、氯仿、丙酮、苯、石油醚等有机溶剂，可溶于温水、二硫化碳、醋酸乙酯，易溶于含水甲醇、含水乙醇、正丁醇以及冰醋酸。味微苦而辣，能刺激鼻黏膜引起喷嚏。糖萜素的作用有以下几种。

1. 可提高动物机体神经内分泌免疫功能，这已在肉鸡试验中被证明。

2. 能提高动物抗病原微生物、抗应激和抗诱变作用。通过试验证明，糖萜素对大肠杆菌、沙门氏菌、柔嫩艾美耳球虫和传染性法氏囊病毒都有很好的抑制作用。

3. 具有清除机体内自由基和抗氧化的作用。

4. 糖萜素具有明显调节 cAMP/cGMP 系统功能，促进蛋白质合成和消化酶活性。

糖萜素是纯天然植物的提取物，不含化学物质。肉鸡食入后，无药残的问题，同时排到环境中也不会造成环境污染，是一种绿色添加剂。

（三）寡聚糖

寡聚糖又称低聚糖或寡糖，是指 2～10 个单糖通过糖苷键连接形成直链或支链的一类糖。目前，动物营养中研究的寡聚糖主要指不能被人和单胃动物消化腺分泌的酶分解，但对机体微生物区系、免疫功能有影响的特殊糖类。主要包括以下几种。

1. 甘露寡糖（MOS） 是由几个甘露糖分子或甘露糖与葡萄糖通过 α-1，2、α-1，3、α-1，6 糖苷键连结而组成的寡聚糖。

2. 果寡糖（FOS） 是在蔗糖分子上以 β-1，2 糖苷键结合几个 D-果糖所形成的寡聚糖。

3. α-葡萄糖（α-GOS） 也称异麦芽寡糖，其中至少含有一个通过 α-1，6 糖苷键连接的异麦芽糖，其他的葡萄糖分子可以通过 α-1，2、α-1，3、α-1，4 糖苷键组成寡聚糖。

4. 寡乳糖（GAS） 是由几个半乳糖通过 α-1，6 糖苷键结合在蔗糖的葡萄糖上形成的寡聚糖。

5. **寡木糖（XOS）** 是几个 D-木糖或其他五碳糖或六碳糖与木糖 4 位羟基生成的寡聚糖。

6. **β-寡葡萄糖（β-GOS）** 是葡萄糖通过 β-1，6 或 β-1，4 糖苷键组成的寡糖。

7. **低聚焦糖（STOC）** 是用蔗糖合成的。

8. **反式半乳寡糖（TOS）** 是由半乳糖-（半乳糖）n-半乳糖构成（n=1～4），通过 β-1，6、β-1，4、β-1，3 糖苷键连接。

9. **大豆寡糖** 主要由 α-半乳糖组成。

研究表明，动物肠道存在有微生物，根据其对动物的影响可分为有益的微生物和有害的微生物两类。这些微生物中大多数对动物是有益的，这类微生物如双歧杆菌、乳酸菌等。这些有益的生理作用是：阻止致病菌的入侵，促进其随粪便排出，激活机体的吞噬活性，提高抗感染能力，同时这些有益微生物还可以合成 B 族维生素、挥发性脂肪酸、蛋白质等营养物质，这些营养物质可被动物吸收利用。研究证明，双歧杆菌能清除部分致病菌产生的致癌因子，具有抗肿瘤作用。而寡聚糖的作用是：

（1）促进有益菌的增殖　大部分寡聚糖作为肠道有益微生物如双歧杆菌、乳酸杆菌的碳源，而肠道中的有害微生物不能利用寡聚糖或对寡聚糖的利用率很低。

（2）阻止致病微生物对动物机体的侵害　寡聚糖是一种非消化性低聚糖，动物体内分泌的消化酶不能消化寡聚糖，因而食入的寡聚糖不经任何分解而排出体外，如胃肠道内存在有致病微生物时，此时食入寡聚糖，胃肠道的有害微生物就与寡聚糖结合在一起而排出体外，这样保护了动物免遭病原微生物的侵害。

（3）可提高营养物质的吸收利用率　动物长期食入寡聚糖不会产生任何不良影响，而且也不会在畜产品中残留，是一种安全的饲料添加剂。

（四）微生态制剂

微生态制剂又称为益生素，益生素是有益微生物及其培养基质的混合物，内含有有益微生物，如乳酸杆菌、芽孢杆菌等，并且含有微生物代谢过程中产生的一些生理活性物质等。肉鸡通过直接或间接的途径从母体那里获得微生物，但在现代饲养方式下，肉鸡很难从母体那里获得有益的微生物。因为在现代饲养方式下，母鸡不孵化小鸡，直接由孵化器孵化，雏鸡无法直接接触母鸡，也就得不到有益的微生物，使有害微生物增加，从而改变了肠道微生物的组成，不利于鸡的健康。益生素可以维持肉鸡体内正常的微生物区系的平衡，它们与肉鸡肠道内有益菌一起形成强有力的优势种群，大量增殖，通过竞争机制抑制有害的病原微生物。并且许多菌体本身就含有大量的营养物质，这些微生物被添加到饲料中，可作为营养物质被肉鸡利用，同时许多微生物可产生淀粉酶、脂肪酶和蛋白酶等消化酶，通过酵解淀粉、蛋白质等营养物质，使其变成肉鸡易吸收的单糖和氨基酸，从而促进肉鸡生长。益生素以天然、无毒副作用、安全可靠、无残留、不污染环境等引起人们关注。

（五）天然植物饲料添加剂

我国天然植物饲料添加剂和中草药同出一源，也有着悠久的历史。近年来由于很多国家对饲用抗生素的相继废除，意大利、法国、德国、美国、加拿大、新加坡、韩国等国家都加强了对天然植物饲料添加剂的研究和利用。目前，天然植物饲料添加剂可分为如下几类：免疫增强剂、动物产品品质改良剂、抗氧化剂、营养增强剂、防腐剂、调味剂和促生长剂。由于生态养殖对多种药物使用的限制，天然植物饲料添加剂对生态养殖肉鸡尤为重要。国内很多中草药也可被利用作为饲料添加剂，国际上除丝兰提取物在美国应用较多外，栗木提取物在欧洲和南美多国得到了广泛的研究和应用。

第四章 肉鸡的品种与高效繁育技术

第一节 引　种

在对有关养禽从业者的调查中发现，许多从业者对家禽的引进、选择缺乏必要的知识，追求标新立异，增加了不确定因素。为了促进品种引进更好地服务畜牧业发展，现将家禽品种的引进和选择要求介绍如下。

一、引种原则

（一）适应当地生产环境

引种时要对该品种产地饲养方式、气候和环境条件进行分析并与引入饲养地进行比较，同时考察该品种在不同环境条件下的适应能力，从中选出生活力强、成活率高、适于当地饲养的优良品种。在引种过程中既要考虑品种的生产性能，又要考虑环境条件与原产地是否有很大差异，或能否为引入品种提供适宜的环境条件。如南方从北方引种是否适应湿热气候，北方从南方引种则是否能安全过冬等。

（二）与生产目的相符

根据市场需求确定在当地养禽的生产目的，引入品种的生产性能特性需要与生产目的相符，与生产地的家禽产品消费习惯相符。

（三）生产性能高而稳定

根据不同的生产目的，有选择性地引入生产性能高而稳定的品种，对各品种的生产性能进行正确比较。如从肉禽生产角度出发，既要考虑其生长速度，提高出栏日龄和体重，尽可能高地增加肉禽生产效益，又要考虑其产蛋量，降低雏禽的单位生产成本。有时还应考虑肉质，同时要求各种性状能保持稳定和统一。

二、引种的技术要点

（一）了解品种特性

引种前必须有引入品种的技术资料，绝对不能盲目引种。对引入品种的生产性能、饲料营养要求有足够的了解，掌握其外貌特征、遗传稳定性、饲养管理特点和抗病力等资料，以便引种后参考。一般要求引入良种符合品种标准，并有当地畜禽品种生产许可证书，否则易造成引入品种纯度不够，甚至鱼龙混杂，导致引种损失或失败。

（二）实行批次引种

首次引入数量少些，待引入后观察1～2个生产周期后，确证其适应性强、引种效果良好时，再增加引种数量，并扩大繁殖。

（三）做好引种准备

引种前要根据引入地饲养条件和引入品种生产要求准备圈舍

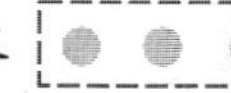

和饲养设备，做好清洗、消毒，备足饲料和常用药物，培训饲养人员和技术人员。

（四）选择好引种季节

最好在两地气候差异较小的季节进行引种，使引入品种能逐渐适应气候的变化。一般从寒冷地区向温热地区引种以秋季为好，而从温热地区向寒冷地区引种则以春末夏初为宜。

（五）严格检疫制度

引种时必须符合国家法规规定的检疫要求，认真检疫，办齐一切检疫手续。严禁进入疫区引种，引入品种必须单独隔离饲养，经观察确认无病后方可入场。有条件的可对引入品种及时进行重要疫病的检测，发现问题，及时处理，减少引种损失。

（六）保证引入种群健康

引种时应引进体质健康、发育正常、无遗传疾病、未成年的种群，以适应当地环境，确保引种成功。

（七）注意引种过程安全

搞好引种运输组织安排，选择合理的运输途径、运输工具和装载物品，夏季引种尽量选择在傍晚或清晨凉爽时运输，冬春季节尽量安排在中午风和日丽时运输。缩短运输时间，减少途中损失。长途运输时应加强途中检查，尤其注意过热或过冷和通风等环节。

第二节　肉鸡品种及选择

我国地域辽阔，养禽历史悠久，是世界上鸡品种资源最丰富的国家之一。根据 20 世纪 70 年代末和 80 年代初开展的全国性畜禽遗传资源普查结果，我国拥有100多个优良的地方鸡品种，其中收入《中国家禽品种志》的就有27个。

一、肉鸡分类

按照育种情况、肉质品种和生长速度可将肉鸡分为两大类。

（一）快大型肉鸡

这一类型的肉鸡突出特点就是早期生长速度快，体重大，一般商品肉鸡6周龄平均体重在2千克以上，每千克增重的饲料消耗在2千克左右。快大型肉鸡都是采用四系配套杂交进行制种生产的，大部分鸡种为白色羽毛，少数鸡种为黄（或红）色羽毛。这类肉鸡在西方和中东较受消费者喜爱。因为较容易加工烹调，是主要的快餐食品之一。

（二）优质型肉鸡

这一类型肉鸡一般都是我国地方良种鸡（黄羽或麻羽）进行品种选育或品系选育和配套杂交进行生产的，也有不少是用我国地方良种与引进的鸡种（如红布罗、阿纳克、海佩克等）进行配套杂交育成的。生产中应用的多数是两系杂交和三系杂交。

二、我国肉鸡品种

（一）肉用型

1. 武定鸡　产地（或分布）：云南楚雄彝族自治州。主要特性：体形高大。公鸡羽毛多呈赤红色，有光泽。母鸡的翼羽、尾羽全黑，体躯、其他部分则披有新月形条纹的花白羽毛。单冠，红色、直立、前小后大。喙黑色。胫与喙的颜色一致。多数有胫羽和趾羽。皮肤白色。鸡羽毛生长缓慢，属慢羽型。4～5月龄左右才出现尾羽，在之前，胸、背和腹部常无羽。有“光秃秃

鸡”之称。成年体重，公鸡为3 050克，母鸡为2 100克。

2. 桃源鸡　又称桃源大种鸡。产地（或分布）：主产于湖南省桃源县中部。主要特性：体形高大，体质结实，羽毛蓬松，体躯稍长、呈长方形。公鸡头颈高昂，尾羽上翘，侧视呈U字形。母鸡体稍高，背较长而平直，后躯深圆，近似方形。公鸡体羽呈金黄色或红色，主翼羽和尾羽呈黑色，梳羽金黄色或兼有黑斑。母鸡羽色有黄色和麻色两个类型。黄羽型的背羽呈黄色，胫羽呈麻黄色，喙、胫呈青灰色，皮肤白色。单冠，公鸡冠直立，母鸡冠倒向一侧。成年体重，公鸡为3342克，母鸡为2 940克。

3. 惠阳胡须鸡　又名三黄胡须鸡、龙岗鸡、龙门鸡、惠州鸡。产地（或分布）：广东惠州市。主要特性：体躯呈葫芦瓜形。慢羽。该品种的标准特征为额下发达而张开的胡须状髯羽，无肉垂或仅有一些痕迹。雏鸡全身浅黄色，喙黄，脚黄（三黄）。无胫羽，额下已有明显的胡须。单冠直立。公鸡背部羽毛枣红色，分有主尾羽和无主尾羽两种。主尾羽多呈黄色，但也有些内侧呈黑色，腹部羽色比背部稍淡。母鸡喙黄，全身羽毛黄色，主翼羽和尾羽有些呈黑色。尾羽不发达。脚黄色。成年体重，公鸡为（2 228.40±38.78）克，母鸡为（1 601.00±31.20）克。

4. 清远麻鸡　产地（或分布）：产于广东清远市。主要特性：体形特征可概括为“一楔”、“二细”、“三麻身”。“一楔”指母鸡体形像楔形，前躯紧凑，后躯圆大；“二细”指头细、脚细；“三麻身”指母鸡背羽面主要有麻黄、麻棕、麻褐三种颜色。公鸡颈部长短适中，头颈、背部的羽金黄色，胸羽、腹羽、尾羽及主翼羽黑色，肩羽、蓑羽枣红色。母鸡颈长短适中，头部和颈前1/3的羽毛呈深黄色。背部羽毛分黄、棕、褐三色，有黑色斑点，形成麻黄、麻棕、麻褐三种。单冠直立。胫趾短细、呈黄色。成年体重，公鸡为2 180克，母鸡为1 750克。

5. 霞烟鸡　原名下烟鸡，又名肥种鸡。产地（或分布）：产于广西容县石寨乡下烟村。主要特性：霞烟鸡体躯短圆，腹部丰满，胸宽、胸深与骨盆宽三者长度相近，整个外形呈方形。雏鸡的绒羽以深黄色为主，喙黄色，胫黄色或白色。公鸡羽毛黄红色，梳羽颜色较胸背羽为深，主、副翼羽带黑斑或白斑。性成熟的公鸡腹部皮肤多呈红色，母鸡羽毛黄色。单冠。肉垂、耳叶均鲜红色。虹彩橘红色。喙基部深褐色，喙尖浅黄色。皮肤白色或黄色。成年体重，公鸡为 2 178 克，母鸡为 1 915 克。

6. 河田鸡　产地（或分布）：产于福建省长汀、上杭两县。主要特性：河田鸡体近方形。有“大架子”（大型）与“小架子”（小型）之分。雏鸡的绒羽均呈深黄色，喙、胫均呈黄色。成年鸡外貌较一致，单冠直立，冠叶后部分裂成叉状冠尾。皮肤、肉白色或黄色，胫黄色。公鸡喙尖呈浅黄色。头部梳羽呈浅褐色，背、胸、腹羽呈浅黄色，蓑羽呈鲜艳的浅黄色，尾羽、镰羽黑色、有光泽，但镰羽不发达。主翼羽黑色，有浅黄色镶边。母鸡羽毛以黄色为主，颈羽的边缘呈黑色，似颈圈。成年体重，公鸡为（1 725.0±103.26）克，母鸡为（1 207.0±35.82）克。

7. 略阳鸡　产地（或分布）：中心产区在陕西省汉中市略阳县的观音寺乡、仙台坝乡、两河口镇、黑河坝乡大黄院村和勉县的张家河乡、武侯镇方家坝村、茶店镇等地。分布于秦岭以南的汉中市略阳、勉县、宁强、城固、洋县、西乡诸县的山区和丘陵区。主要特性：体躯略偏长，胸部较宽，羽毛较松；多为单冠，玫瑰冠少，冠色有黑色、紫红色和红色，肉垂颜色与冠色一致。虹彩多为栗色和黑色，喙黑色稍弯曲；胫、趾乌色，少数有胫毛。皮肤有白和乌两种。公鸡羽毛有黑、红、白三种。母鸡羽毛颜色复杂，以黑色、麻色、白色为主。成年体重，公鸡为 2 800 克，母鸡为 2 500 克。

8. 阳山鸡　产地（或分布）：产于广东省阳山县而得名。主要特性：体形呈长方形。头稍大，脚高，四趾、喙黄，皮肤黄，脚黄，公鸡单冠直立，冠、肉垂、耳略大，色深红，虹彩金黄色。按体形、羽毛分为大、中、小三型，小型现为矮脚。成年体

重，公鸡为 2 255 克，母鸡为1 855克。

9. 怀乡鸡 产地（或分布）：广东省信宜县。主要特性：分大、小两型。大型体大骨粗、脚高。小型鸡体小、骨细、脚矮。单冠直立，喙呈黄褐色，耳垂、肉髯鲜红色。公鸡羽色鲜艳，头颈羽毛，金黄色，尾羽有短尾羽和长尾羽两种类型。母鸡羽毛多为全身黄色，胫、趾呈黄色。初生重 25～30 克。成年体重，公鸡为 1 770 克，母鸡为 1 720 克。

10. 中山沙栏鸡 又称石岐鸡或三角鸡。产地（或分布）：主产于广东省中山。主要特性：属中、小型肉用鸡种。该鸡多为单冠直立，体躯丰满。公鸡多为黄色和枣红色，母鸡多为黄色和麻色。胫部颜色有黄色、白玉色，以黄色居多，皮肤有黄、白玉色，以白玉色居多。初生重为 32.20 克，成年公鸡，体重为 2 150 克，母鸡为 1 550 克。

11. 广西三黄鸡 又叫信都鸡、糯垌鸡、大安鸡、麻垌鸡、江口鸡。产地（或分布）：广西东南部。主要特性：属小型鸡种，基本具“三黄”特征。公鸡羽毛酱红，颈羽颜色比体羽较浅。翼羽常带黑边。尾羽多呈黑色。单冠，耳叶红色，虹彩橘黄色。喙与脚胫黄色，也有脚胫肉色。皮肤白色居多，也有黄色。初生重为 28.8～30 克。成年体重，公鸡为 1 980～2 320 克，母鸡为 1 390～1 850 克。

（二）蛋肉兼用型

1. 狼山鸡 产地（或分布）：产于江苏省如东境内。主要特性：体形分重型和轻型两种，体格健壮。狼山鸡羽色分为纯黑、黄色和白色，现主要保存了黑色鸡种，该鸡头部短圆，脸部、耳叶及肉垂均呈鲜红色，白皮肤，黑色胫。部分鸡有凤头和毛脚。500 日龄成年体重，公鸡为 2 840 克，母鸡为 2 283 克。年产蛋 135～175 枚，最高达 252 枚，平均蛋重 58.7 克。

2. 大骨鸡 又名庄河鸡。产地（或分布）：主产辽宁省庄河市，吉林、黑龙江、山东、河南、河北、内蒙古等省、区也有分布。主要特性：属蛋肉兼用型品种。大骨鸡体形大，胸深且广，背宽而长，腿高粗壮，腹部丰满，墩实有力，以体大、蛋大、口味鲜美著称。觅食力强。公鸡羽毛棕红色，尾羽黑色并带金属光泽。母鸡多呈麻黄色，头颈粗壮，眼大明亮，单冠，冠、耳叶、肉垂均呈红色。喙、胫、趾均呈黄色。成年体重，公鸡为 2 900～3 750 克，母鸡为 2 300 克。开产日龄平均 213 天，年平均产蛋 164 枚左右，高的可达 180 枚以上。平均蛋重为 62～64 克，蛋壳深褐色。

3. 萧山鸡　又名越鸡。产地（或分布）：产于浙江萧山。分布于杭嘉湖及绍兴地区。主要特性：萧山鸡体形较大，外形近似方而浑圆，公鸡羽毛紧凑，头昂尾翘。红色单冠、直立。全身羽毛有红、黄两种，母鸡全身羽毛基本黄色，尾羽多呈黑色。单冠红色，冠齿大小不一。喙、胫黄色。成年体重，公鸡为 2 759 克，母鸡为 1 940 克。开产日龄 185 天左右，年平均产蛋 132.5 枚，平均蛋重为 56 克，蛋壳褐色。

4. 固始鸡　产地（或分布）：河南省固始县。主要特性：个体中等，羽毛丰满。雏鸡绒羽呈黄色，公鸡羽色呈深红色和黄色，母鸡羽色以麻黄色和黄色为主，白、黑色很少，尾型分为佛手状尾和直尾两种。成年鸡冠型分为单冠与豆冠两种，以单冠居多。冠直立，胫色呈靛青色，四趾，无胫羽。皮肤呈暗白色。成年体重，公鸡为 2 470 克，母鸡为 1 780 克。开产日龄 205 天，年平均产蛋量 142 枚，平均蛋重为 51.4 克，蛋壳褐色。

5. 边鸡　山西称右玉鸡。产地（或分布）：产于内蒙古与山西相连接一带。主要特性：体形中等，呈元宝形。胫长且粗壮。冠型以单冠为主，间有少量的草莓冠、豌豆冠与个别的冠羽。公鸡冠形直立，母鸡冠形较小，有明显的 S 状弯曲，冠色鲜红。公鸡的羽毛主要为红黑色或黄黑色，个别为黄色和灰白色；母鸡为白、灰、黑、浅黄、麻黄、红灰和杂色。成年体重，公鸡为

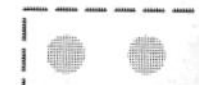

1 800克，母鸡为 1 500 克。一般 8 月龄开产，年产蛋 101.7 枚，最高 150～160 枚，平均蛋重为 66 克左右，有的达到 70～80 克，蛋形指数 1.33，蛋壳深褐色占 70%。

6. 彭县黄鸡　产地（或分布）：分布于四川平原和丘陵地区。主要特性：体形浑圆，体格中等大小。单冠红色，极少数豆冠。喙肉色或浅褐色。皮肤、胫肉色或者白色，少数黑色，极少数有胫羽。公鸡除主翼羽有部分黑羽或者羽片半边黑色、镰羽黑色或黑羽兼有黄羽、斑羽外，全身羽毛黄红色。母鸡羽毛黄色，分深黄、浅黄和麻黄三种。开产日龄为 216 天（按产蛋率 50% 计），年产蛋 140～150 枚，蛋壳浅褐色，平均蛋重为 53.52 克，蛋壳厚度为 0.33 毫米，蛋形指数 1.35。

7. 林甸鸡　产地（或分布）：主产于黑龙江省林甸县及其邻近县。主要特性：属偏肉用型的兼用型鸡种。体形中等大小，全身羽毛较厚，羽毛颜色以深黄、浅黄及黑色为主，公鸡多呈金黄色，尾羽较长、呈黑色。头部、肉垂、冠均较小，主要为单冠，少数鸡为玫瑰冠。眼大，虹彩呈红色。喙、胫、趾为黑色或褐色，胫较细，少数鸡有胫羽。皮肤白色。成年体重，公鸡为 1 740克，母鸡为 1 270 克。开产日龄为 240～270 天，年产蛋量 70～90 枚，多者 120 枚。蛋重为 60 克，蛋壳浅褐色或褐色。

8. 峨眉黑鸡　产地（或分布）：分布于四川盆地周围山区。主要特性：体形较大，全身羽毛黑色，具金属光泽。大多呈红色单冠，少数有红色豆冠或紫色单冠或豆冠。喙角黑色。部分有胫羽，胫趾黑色，极少数颌下有胡须（髯羽）。皮肤白色，偶有乌皮肤个体。6 月龄公鸡体重为 2 643 克，母鸡为 1 880 克。年平均产蛋 120 枚，蛋重 53.84 克，蛋壳褐色或浅褐色。

9. 静原鸡　又称静宁鸡、固原鸡。产地（或分布）：产于甘肃省静宁县及宁夏固原市。主要特性：体形中等，成年公鸡羽色不一致，主要有红公鸡和黑红公鸡。成年母鸡羽色较杂，有黄鸡、黑鸡、白鸡、花鸡等，以黄鸡和麻鸡最多。冠型多为玫瑰冠，少数为单冠。喙多呈灰色。虹彩以橘红色为主。胫灰色，少数个体有胫羽。皮肤白色。成年体重，公鸡为 1 888～2 250 克，母鸡为 1 630～1 670 克。一般 8～9 月龄开产，年产蛋 117～124 枚，蛋重为 56.7～58 克，蛋壳褐色或深褐色。

10. 灵昆鸡　产地（或分布）：产于浙江温州市灵昆岛，因而得名。主要特性：体躯呈长方形，一般均具“三黄”的特点。按外貌可分平头与蓬头（后者头顶有一小撮突起的绒毛）两种类型，脚上多数有毛。公鸡全身羽毛红黄或栗黄色，有光彩，颈、翼、背颜色较深，主翼羽间有几片黑羽。单冠，冠齿 6～8 个。喙、腿、皮肤亦呈黄色。母鸡淡黄或栗黄色，单冠直立，有的倒向一侧。冠、髯、脸均呈红色。喙、胫、皮肤黄色。成年体重，公鸡为 2 330 克，母鸡为 1 950～2 020 克。150～180 日龄开产，年产蛋 130～160 枚，高的可达 200 枚以上，平均蛋重为 56.74 克，壳红褐色。

11. 淮南三黄鸡　产地（或分布）：产于安徽省淮河以南丘陵地区。主要特性：体形较大，体质结实，耐粗、抗病力强，但未经系统选育，目前种质不纯，体形不一。4 月龄公鸡为 1 200 克，母鸡为 950 克。成年体重，公鸡为 2 060 克，母鸡为 1 890 克。母鸡 180 天后开产，年产蛋 120～130 枚，蛋重为 53.6 克，蛋壳呈粉红色，少数米黄色。

12. 黄郎鸡（湘黄鸡）　产地（或分布）：湖南省湘江流域。主要特性：体形矮小，体质结实，体躯稍短、呈椭圆形。单冠直立，冠齿多为 5～7 个，虹彩呈橘黄色。公鸡羽毛为金黄色和淡黄色，母鸡全身羽毛为淡黄色。喙、胫、皮肤多为黄色，少数喙、胫为青色。成年体重，公鸡为 1 460 克，母鸡 1 280 克。170 日龄开产，最早 120 天，年产蛋 160.80 枚，蛋重为 41.43 克，蛋壳颜色大部分为浅褐色。

13. 江汉鸡　又称土鸡、麻鸡。产地（或分布）：湖北省江汉平原，故得名江汉鸡。主要特性：属蛋肉兼用型鸡种，体形矮小、身长胫短，后躯发育良好，尾羽多斜立，公鸡头大，呈长方形，多为单冠，直立，呈鲜红色，母鸡头小，单冠，有时倒向一侧，羽毛多为黄麻色或褐麻色。喙、胫颜色有青色和黄色两种，四趾。生长慢，成年体重，公鸡为 1 272～1 750 克，母鸡 1 249～1 330 克。180～270 天开产，年产蛋 153～162 枚，最高个体达 197 枚。平均蛋重为 42.92～45.13 克，壳多为褐色，少数白色。

14. 太白鸡　产地（或分布）：陕西省太白县。主要特性：属肉蛋兼用型鸡种。公鸡体形大，胫高而粗，体呈长方形，单冠直立，冠、髯、耳垂粗糙，呈红色或紫红色，皮肤白色或青紫色。羽毛颜色较杂，可分为赤红、黑红、白羽三种。母鸡羽毛颜色复杂，有麻羽、黄羽、黑羽、白羽、灰羽等，皮肤有白色和乌色两种。成年体重，公鸡为 2 450 克，母鸡为 1 880 克；180 日龄平均活重公鸡为 2 018.5 克，母鸡为 1 138.2 克。产蛋率达到 50%的日龄为 288 天，500 日龄平均产蛋 60.89 枚，最高可达 150 枚左右。平均蛋重为 54.5 克，蛋壳多呈浅褐色、白色，还有部分青色。

15. 正阳三黄鸡　产地（或分布）：河南驻马店市。主要特性：体形较小，结构紧凑，具有黄喙、黄羽、黄趾的三黄特征。公鸡虹彩橘红色，单冠、复冠两种，单冠直立，全身羽毛金黄色，母鸡胫羽黄色，带金光。胸圆，肌肉丰满。初生重为 33 克。成年体重，公鸡为 2 000 克，母鸡 1 500 克。开产日龄 194 天，年产蛋 140～160 枚，平均蛋重为 52 克，蛋壳颜色棕褐色。

16. 卢氏鸡　产地（或分布）：主产于河南省卢氏县。主要特性：体形结实紧凑，后躯发育良好，腿较长。毛色复杂，以麻色为多。冠型以单冠居多，胫多为青色。公鸡以红黑色为主。成年体重，公鸡为 1 700 克，母鸡为 1 110 克。开产日龄 170 天左右，年产蛋 110～150 枚，高的可达 180～200 枚。蛋重平均为 46.75 克，壳色粉红和青色，粉红色占 96.4%。

17. 竹乡鸡　产地（或分布）：贵州省北部。主要特性：体形稍大，单冠平头，胸宽体深，羽毛疏松。喙、胫以黑色为主，爪多灰色，虹彩橘黄色。羽毛多为黑色，麻黄色次之，少数有黄、黑麻及灰色。部分鸡的皮、肉为乌黑色，耳垂紫黑，虹彩褐色或黑色。初生重为35克。成年体重，公鸡为2 300克，母鸡为2 100克。6～7月龄开始产蛋，年产蛋100～150枚，蛋重为53.5克，蛋壳呈浅褐色居多。

18. 洪山鸡　产地（或分布）：主产于湖北省洪山县。主要特性：有“三黄一翘”与“三黄一垂”两个类型。“三黄一翘”为黄羽、黄喙、黄胫，尾羽上翘；“三黄一垂”为黄羽、黄喙、黄颈，尾羽下垂。头部宽而较短，颈部长短适中，以单冠居多。初生重26.15克，生长较慢。成年体重，公鸡为1 746克，母鸡1 355克。210～225天开产，年产蛋137.30枚，最高可达185枚。平均蛋重为48克，蛋壳白色较多。

19. 威宁鸡　产地（或分布）：产于贵州威宁。主要特性：体质结实，结构匀称，羽毛紧密。公鸡为红黄色羽毛，颈、胸、背、翅羽为棕红色，主副翼羽和腹、尾羽为黑色。母鸡以黄麻色居多，黑麻色次之，公鸡单冠直立，母鸡单冠间有凤头，少数为玫瑰冠。胫、爪黑色。胫部间有距毛。成年体重，公鸡为2 400克，母鸡为1 900克。开产日龄240天左右。年产蛋75～120枚，蛋重为54.6克，蛋壳多为白色。

20. 汶上芦花鸡　产地（或分布）：山东省汶上县及附近地区，故得名。主要特性：该鸡体表羽毛呈黑白相间的横斑羽，群众俗称“芦花鸡”。体形一致，呈“元宝”状。横斑羽，全身大部分羽毛呈黑白相间、宽窄一致的斑纹状。母鸡头部和颈羽边缘镶嵌橘红色或土黄色，羽毛紧密。公鸡颈羽和鞍羽多呈红色，尾羽呈黑色带有绿色光泽。单冠最多，双重冠、玫瑰冠、豌豆冠和草莓冠较少。喙基部为黑色，边缘及尖端呈白色。虹彩以橘红色最多，土黄色次之。胫色以白色为主。爪部颜色以白色最多。皮

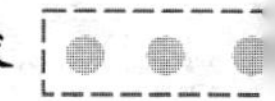

肤白色。成年体重，公鸡为（1 400±130）克，母鸡（1 260±180）克。开产日龄 150～180 天。年产蛋 130～150 枚，较好的饲养条件下产蛋180～200 个，高的可达 250 个以上。平均蛋重为 45 克，蛋壳颜色多为粉红色，少数为白色。汶上芦花鸡适应强，具有良好的蛋用性能，且肉质皮下脂肪较少，属瘦肉型。

21. **烟台糁糠鸡**　产地（或分布）：山东省蓬莱、龙口、莱州三市。主要特性：体形中等，体躯紧凑，公鸡体重较大，母鸡体质结实，多呈尖尾形。母鸡，虹彩橘黄色，皮肤白玉色者居多，有深麻、浅麻、麻、栗麻等不同羽型。公鸡毛色有火红和黑红之分，火红公鸡的颈羽、披肩羽为黑褐色镶边，主、副尾羽黑色闪绿光。单冠，冠、肉髯、脸、耳叶呈红色，喙、胫、趾多为青灰色。冠皮肤以白玉色为主，羽毛有黑色斑点。成年体重，公鸡为（2 130±410）克，母鸡为（1 590±390）克。一般为 8～10 月龄开产，年产蛋 163.3 枚，最高可达 260 枚，平均蛋重为 54.3 克，蛋壳颜色有红褐色和粉红色两种。

三、国外肉鸡品种

从 20 世纪 80 年代开始，中国大量引进祖代种鸡。至今已从 9 个国家的 25 个育种公司，共引进了 34 个蛋鸡和肉鸡品种。以下只介绍一些世界有名的，在我国引进鸡种数量中占到绝大多数肉鸡品种。

1. **科尼什鸡**　产于英格兰，肉用型，常用做肉鸡生产的父系。冠型有豆冠、单冠，冠、肉垂红色，喙、颈、趾、皮肤均为黄色，白羽，颈短粗，体躯近似球形。7 周龄体重 2 500～3 000 克。成年体重，公鸡 4 500～5 000 克，母鸡 3 500～4 000 克。180 日龄开产，年产蛋 120 个，蛋重 56 克，蛋壳浅褐色。

2. **白洛克**　原产于美国，20 世纪 70 年代引入中国。单冠，冠、髯、耳叶为红色，喙、颈、皮肤为黄色，全身白羽，体躯似圆球形。成年体重，公鸡 4 000～4 500 克，母鸡 3 000～3 500

克，6月龄开产，年产蛋150～160个，蛋重60克，褐壳。常用做肉鸡生产的母系。

3. 罗曼肉鸡　德国罗曼公司育成，肉用型。全身白羽，颈短粗，体躯似圆球形。公鸡草莓冠，母鸡单冠；冠、髯红色，皮肤、喙、颈、趾均为黄色，颈短粗。42日龄体重1 850克，56日龄体重2 690克，成年体重，公鸡3 500～4 000克，母鸡3 100～3 300克。年产蛋120～130枚，蛋重60～65克，白壳。

4. 艾维茵肉鸡　由美国艾维茵公司育成，肉用型。20世纪80年代引入中国。全身白羽，体躯似圆球形，单冠；冠、髯红色，喙、颈橘黄色，颈短粗。艾维茵肉鸡早期生长快，7周龄体重2 450克，料肉比2.12∶1。成年体重，公鸡3 700～4 500克，母鸡3 000～3 500克。6月龄开产蛋，年产蛋150个左右。蛋重平均60克，褐壳。

5. AA肉鸡　美国AA公司培育，肉用型。20世纪80年代引入中国。全身白羽，体躯似圆球形，单冠；冠、髯红色，皮肤黄色，喙、颈短粗。7周龄体重2 000克，粒肉比2.09∶1。成年体重，公鸡3 500～4 000克，母鸡3 000～3 500克，6月龄开产，年产蛋150个，蛋重55克，褐壳。

四、生态养殖肉鸡品种选择

生态山场养殖肉鸡的特点是放牧，在品种选择上应当选择适宜放牧、抗病力强的本地品种鸡为宜。优良的地方品种由于体形小巧，反应灵敏，活泼好动，适应当地的气候与环境条件，耐粗饲，抗病力强，适宜放养，而且长期以来人们普遍认为本地鸡的蛋具有较高的营养价值，并且色、香、味俱佳，因而在市场上具有较好的价格。

适合生态放养的肉鸡品种除了前面已经介绍的固始鸡、桃源鸡、清远麻鸡、狼山鸡外，还有以下品种。

1. 鹿苑鸡　又名鹿苑大鸡。原产于江苏省张家港市鹿苑镇。

以鹿苑、塘桥、妙桥和乘航等乡为中心产区，属肉蛋兼用型地方品种。该地是鱼米之乡，主产区饲养量达15万余只。"贡品"供皇室享用，并作为常熟四大特产之一。常熟等地制作的"叫化鸡"以它做原料，保持了香酥、鲜嫩等特点。

鹿苑鸡体形高大、身躯结实、胸部较深、背部平直，全身羽毛黄色、紧贴身体，主翼羽、尾羽和颈羽有黑色斑纹。公鸡羽毛色彩较浓，梳羽、蓑羽和小镰羽呈金黄色，大镰羽呈黑色并富光泽，胫、趾为黄色。

鹿苑鸡生长速度中等，平均初生重37.6克，30日龄307.5克，120日龄公鸡1 880克、母鸡1 580克。成年体重，公鸡3 120克，母鸡2 370克。

母鸡开产日龄180天，开产体重2 000克，年平均产蛋量144枚左右，蛋重55克，平均蛋重为54.2克，蛋壳为褐色。公母鸡性别比例为1∶15，种蛋受精率94.3%，受精蛋孵化率87.23%，母鸡就巢性较强，就巢鸡占鸡群的18.7%。经选育后受精率略有下降。30日龄育雏成活率97%以上。半净膛屠宰率，公鸡81.3%、母鸡82.57%；全净膛屠宰率，公鸡72.6%，母鸡73%。屠体美观，色黄，皮下脂肪丰富，肉质良好。

2. 茶花鸡　原产于云南省西双版纳州，是热带、亚热带地区分布广、数量多的小型鸡种。茶花鸡雄性啼声似"茶花两朵"而得名。据测试，肌肉pH呈中性，胸肌蛋白质含量较高，达24.92%，必需氨基酸含量较高，相对值为43.43%，脂肪含量较低，为0.81%，正是当今人们理想中野味浓郁的"土"鸡型肉质。雄性啼声独特、习性好斗，还可供观赏、斗鸡。

茶花鸡体形外貌可分为高脚型和矮脚型2类，矮脚型胫长仅4厘米。无论高脚或矮脚型，均体形矮小细致，羽毛光滑紧凑，肌肉结实，体躯匀称，骨骼轻细，机灵胆小，活泼好动，能飞善跑。茶花鸡胸肌发达，胸部宽平。母鸡体躯近似卵圆形，公鸡体躯稍长，体轻，尾羽发达，这种体形适应在灌木丛中穿越。

该鸡头小而清秀，多为平头，亦有少数凤头。冠多为单冠，少数为豆冠，喙黑色，少数黑中带黄或瓦灰色。眼大有神，虹彩黄色居多，也有褐色及灰白色。耳垂、肉垂红色。脚以瓦灰色为多，少数粉色、浅黄色，多光脚、偶有毛脚。

茶花鸡羽毛鲜艳美丽，成年公鸡的羽毛以大红色居多，颈羽、肩羽、背羽为暗红色和栗红色，其上有金黄色或橙红色羽色。母鸡羽毛多为麻色，有黄麻、黑麻、酱麻，少数纯黑和杂色。无论公鸡或母鸡，其翅羽比一般家鸡略下垂。茶花鸡中少有反毛鸡、无尾鸡。该鸡30日龄大多数公鸡已开始下髯。最早开啼30日龄，90日龄左右性成熟，性欲旺盛，配种能力强。母鸡平均开产日龄145天，最早130天，最迟150天，产蛋高峰期在产蛋的2～3个月，初产蛋平均重（29.95±3.9）克，蛋壳颜色呈米黄色，壳色偏白的极少，壳细而光滑。24周龄产蛋率达到65%，高峰期维持较短，平均蛋重（34.55±3.2）克，蛋料比1∶4.22。种蛋平均受精率86%，受精蛋孵化率90%。

3. 藏鸡　产地（或分布）：分布于我国的青藏高原。主要特性：体形轻小、较长而低矮，呈船形，好斗性强。翼羽和尾羽发达，善于飞翔，公鸡大镰羽长达40～60厘米。冠多呈红色单冠，少数呈豆冠，有冠羽。公鸡的单冠大而直立，冠齿为4～6个；母鸡冠小，稍有扭曲。肉垂红色。喙多呈黑色，少数呈肉色或黄色。虹彩多呈橘色，黄栗色次之。耳叶多呈白色，少数红白相间，个别红色。胫黑色者居多，其次肉色，少数有胫羽。主、副翼羽，主尾羽和大镰羽呈黑色带金属光泽，胫羽、蓑羽呈红色或金黄色镶黑边羽，身体其他部位黑色羽多者称黑红公鸡，红色羽多者称大红公鸡。此外，还有少数白色公鸡和其他杂色公鸡。母鸡羽色较复杂，主要有黑麻、黄麻、褐麻等色，少数白色，纯黑较少。但云南尼西鸡则以黑色较多，白色、麻黄色次之，尚有少数其他杂花、灰色等。成年体重，公鸡为1 145克，母鸡为860.2克。开产期240天，年产蛋40～100枚，平均蛋重为33.92克。

4. 浦东鸡 又称九斤黄。产地（或分布）：产于上海市南汇、奉贤、川沙等地。由于产地在黄浦江以东的广大地区，故名浦东鸡。主要特性：体形较大，属慢羽型品种。公鸡羽色有黄胸黄背、红胸红背和黑胸红背三种。母鸡全身黄色，有深浅之分，羽片端部或边缘有黑色斑点，因而形成深麻色或浅麻色。公鸡单冠直立，母鸡冠较小，有时冠齿不清。成年体重，公鸡为 3 550 克，母鸡为 2 840 克。开产日龄平均 208 天，最早 150 天，最迟 294 天。年平均产蛋 130 枚，最高 216 枚，最低 86 枚。蛋重为 57.9 克，蛋壳褐色、浅褐色居多。

5. 仙居鸡 又名梅林鸡。产地（或分布）：浙江省仙居及邻近的临海、天台、黄岩等地。主要特性：仙居鸡分黄、花、白等毛色，目前育种场在培育的目标上，主要的力量是放在黄色鸡种的选育上。现以黄色鸡种的外貌特征简述如下：该品种体形结构紧凑，尾羽高翘，单冠直立，喙短而棕黄，趾黄色，少部胫部有小羽。180 日龄公鸡体重为 1 256 克，母鸡为 953 克。开产日龄为 180 天，年产蛋量 180～200 枚，高者可达 270～300 枚，蛋重为 42 克左右，壳色以浅褐色为主。

6. 杏花鸡 又称“米仔鸡”。原产于广东封开县一带。主要分布于广东省封开县内，年饲养量达 100 万只以上，属小型肉用鸡种。怀集、德庆、郁南、新兴、肇庆、佛山、广州等地都有饲养。

杏花鸡体质结实，结构匀称，胸肌发达，被毛紧凑，前躯窄，后躯宽。其体形特征可概括为“两细”（头细、脚细），“三黄”（羽黄、皮黄、胫黄）、“三短”（颈短、体躯短、脚短）。雏鸡以“三黄”为主，全身绒羽淡黄色。公鸡头大，冠大直立，冠、耳叶及肉垂鲜红色。虹彩橙黄色。羽毛黄色略带金红色，主翼羽和尾羽有黑色。脚黄色。母鸡头小，喙短而黄。单冠，冠、耳叶及肉垂红色。虹彩橙黄色。体羽黄色或浅黄色，颈基部羽多有黑斑点（称“芝麻点”），形似项链。主、副翼羽的内侧多呈黑色，尾羽多数有几根黑羽。

成年体重，公鸡为 1 950 克，母鸡为 1 590 克。半净膛屠宰率，公鸡为 79.0%、母鸡为 76.0%，全净膛屠宰率，公鸡为 74.7%、母鸡为 70%。因皮薄且有皮下脂肪，故细腻光滑，肌肉脂肪分布均匀，肉质特优，适宜做白条鸡。开产日龄 150 日龄时有 30%开产，年产蛋量为 60～90 枚，蛋重 45 克左右，蛋壳褐色。公母配比 1∶13～15，种蛋受精率为 90.8%，受精蛋孵化率为 74%。30 日龄的育雏率在 90%左右。

7. 溧阳鸡　当地又叫三黄鸡、九斤黄鸡。原产于江苏省溧阳市。为江苏省西南丘陵山区的著名鸡种，其中心产区位于溧阳县西南部，尤以茶亭、戴埠等地最多。属于大型肉用品种。

溧阳鸡体形较大，体躯呈方形，羽毛以及喙和脚的颜色多呈黄色，麻黄、麻栗色者亦甚多。公鸡单冠直立，冠齿一般为 5 个，齿刻深。母鸡单冠有直立与倒冠之分，虹彩呈橘红色。全身羽毛平贴体躯，绝大多数羽毛呈草黄色，少数黄麻色。

成年体重，公鸡为 3 850 克，母鸡为 2 600 克。屠宰测定，半净膛率，公鸡为 87.5%，母鸡为 85.4%；全净膛率，公鸡为 79.3%，母鸡为 72.9%。开产日龄为 243 天左右，年产蛋为 145 枚左右，平均蛋重为 57.2 克，蛋壳褐色。公母配种比例为 1∶13，种蛋受精率为 95.3%，受精蛋孵化率为 85.6%。溧阳鸡就巢性较强。5 周龄育雏率为 96%。

8. 寿光鸡　又叫慈伦鸡。原产于山东寿光县稻田乡一带，以慈家村、伦家村饲养的鸡最好，所以又称慈伦鸡，属肉蛋兼用的优良地方鸡种。据 1978 年山东省家禽研究所调查，产区邻近的益都、昌乐、潍县、临朐、诸城等县饲养数量较多，昌潍地区饲养总数约 100 万只，各寿光鸡重点繁育基地饲养近 20 万只。

寿光鸡有大型和中型两种，还有少数是小型。大型寿光鸡外貌雄伟，体躯高大，体形近似方形。成年鸡全身羽毛黑色，有的部位呈深黑色并闪绿色光泽。单冠，公鸡冠大而直立，母鸡冠型有大小之分，颈、趾灰黑色，皮肤白色。

成年体重，大型公鸡为 3 610 克，母鸡为 3 310 克；中型公鸡为 2 880 克，母鸡为 2 340 克。成年鸡屠宰，半净膛率，大型鸡公鸡为 83.7%、母鸡为 80.3%，中型鸡公鸡为 83.7%、母鸡为 77.2%。全净膛率，大型鸡公鸡为 72.3%，母鸡为 65.6%；中型鸡公鸡为 71.8%、母鸡为 63.2%。开产日龄大型鸡 240～270 天，中型鸡 190～210 天。年产蛋量，大型鸡 90～100 枚，中型鸡 120～150 枚。蛋重，大型鸡为 65～75 克，中型鸡为60～65 克。蛋壳褐色。公母配比，大型鸡为 1∶8～12；中型鸡为1∶10～12。种蛋受精率为 90.7%，受精蛋孵化率为 80.85%。

9. 北京油鸡　原产于北京城北侧安定门和德胜门外的近郊一带，以朝阳区所属的大屯和洼里两个乡最为集中，其邻近地区，如海淀、清河等也有一定数量的分布，为优良的肉蛋兼用型地方鸡种。据民间传说，北京油鸡这一品种在清朝中期即已出现，距今已有近 300 余年的历史。据 1980 年北京市农林科学院畜牧兽医研究所调查统计，产区约有 3 万余只。

北京油鸡以肉味鲜美、蛋质优良著称。其体躯中等，羽毛呈赤褐色（俗称紫红毛），体形较小；羽毛呈黄色（俗称素黄色）的鸡，体形略大。初生雏全身披着淡黄或土黄色绒羽，冠羽、胫羽、髯羽也很明显，体浑圆。成年鸡的羽毛厚密而蓬松，具有冠羽和胫羽，有些个体兼有趾羽和五趾，不少个体的颌下和颊部生有髯须。

北京油鸡初生重为 38.4 克，4 周龄体重为 220 克，8 周龄体重为 549.1 克，12 周龄体重为 959.7 克，16 周龄体重为 1 228.7 克，20 周龄公鸡体重为 1 500 克、母鸡为 1 200 克。成年体重，公鸡为 2 049 克，母鸡为 1730 克。开产日龄 7 月龄，开产体重为 1 600 克，年产蛋量为 110～125 枚，平均蛋重为 56 克。蛋壳褐色，个别呈淡紫色。公母配比为 1∶8～10，种蛋受精率在 80%以上，受精蛋孵化率可超过 90%。

10. 柴鸡　产地：河北。主要特性：柴鸡的头、脸较小，面容清秀；冠型多数为单冠（所谓的单冠也就是锯齿状的单片肉质冠），部分为豆冠（由三叶小的单冠组成，中间一页较高）和草莓冠（冠体自喙基到冠顶的中部，小而低矮，无冠尾，表面突起似草莓状），极少有冠羽；喙短细，多为青灰色和肉色，极少部分为黑色或者黄色；胫（即小腿）细长，多为青灰色或者肉色；耳叶红色或者白色，红色占多数；公鸡羽毛红褐色，尾羽和翅膀上的羽毛为黑色，色泽光亮，母鸡多数是麻色，黄麻和褐麻色为主，少部分为芦花色和杂色。在体形特征上，柴鸡的体形均较小而细长，身体结构匀称，羽毛紧凑，骨骼细小，体质结实。成年鸡的体尺：公鸡体斜长 21.8 厘米，母鸡 18.1 厘米，公鸡体重 1 210～2 100 克，母鸡 950～1 600 克，平均开产日龄是 150 天，年平均产蛋量 150 枚左右，蛋重最高为 54 克。

第三节　肉鸡的高效繁育技术

一、地方品种鸡的选育

近年来肉用鸡生产迅速发展，生产量和消费量都成倍增加。随着经济的发展和生活水平的提高，人们对鸡肉品质的要求越来越高，肉鸡的生产已经开始从追求数量转向对品质的追求，优质肉鸡的需求量也越来越大。我国鸡种质资源丰富，许多地方鸡种鸡肉品质较高，若能够进行合理选育，将极大地促进我国优质肉鸡的生产，满足国人对于健康、美味鸡肉的需求。

（一）确定选育目标

1. 符合品种标准　一般来说地方鸡种要求胸肌丰满，肌肉纤细，体质结实，具有“两细（头细、脚细）”，“三黄（黄羽、黄爪、黄喙）”或“麻身”。对具体的品种来说，要按其品种标准区别对待（见本章第二节），群体中个体间的差异要小。

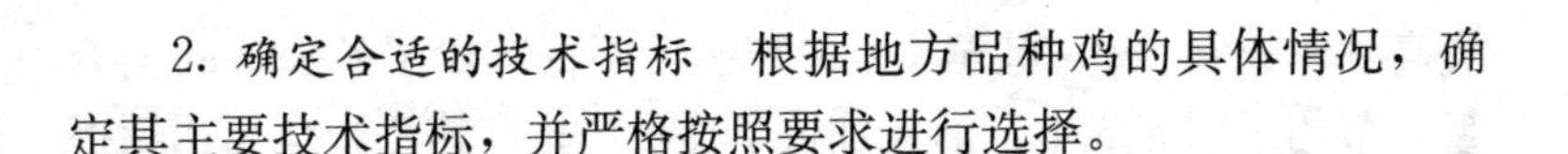

2. 确定合适的技术指标　根据地方品种鸡的具体情况，确定其主要技术指标，并严格按照要求进行选择。

（二）选育方法

首先观察并选择可选育的优良素材。可通过调查和小批量的试养观察，初步确定合适的鸡种，在此基础上拟定选育方案，有计划地进行选育。其次，对地方鸡种毛色、体形、体尺、体重及品种特征等进行观察、测定、淘劣留优，建立原种群。再次，采用“同质选配”的方法选育出一个纯种，使有益性状逐步巩固下来。其经济性状，如产蛋量、蛋重等的选育，要根据“提纯选优，去杂去劣”的原则进行。比较有效的办法是近交选育和闭锁群选育。近交选育纯化过程比较快，采用连续3～5代近亲配种，并辅以“近交—选择—近交—选择”的方式，有望得到主要性状较纯合的鸡种。

（三）性状的选择

对质量性状，选择上采用表型选择和基因型选择同时进行的方法。其中对鸡群进行有目的测交，有助于选择纯合基因型，并将经过测定基因纯合的公母鸡留种进行繁殖。

对数量性状，留种母鸡需要单笼饲养，并进行人工授精。测定母鸡的个体产蛋量、蛋重、蛋形指数等。对就巢性弱、产蛋量高的母鸡进行留种，与姐妹产蛋率高的公鸡交配繁殖后代。后备种母鸡选留率应为20%～60%，种公鸡选留率为5%～25%。

二、鸡的繁殖技术

目前在鸡上应用最成功的繁殖技术就是人工授精技术。采用人工授精避既免了因种公鸡配种行为和与配偶间的关系对受精率的影响，又可以通过对精液品质的鉴定，淘汰性机能差的公鸡，使优秀公鸡大量繁殖后代。人工授精可将公母比例从1∶10～15

提高到1∶20～30，甚至1∶50以上，不但减少了种公鸡的饲养量，节约了饲养成本，而且加快了良种的推广速度，从而达到提高效率、增加效益的目的。

（一）精液的收集

1. 采精前的准备

（1）剪光公鸡肛门附近的羽毛，以便于采精者操作和收集精液。

（2）固定好公鸡，采精者将左腿抬起交叉将鸡腿压住，使公鸡的胸部自然伏在采精者的右腿上，不让公鸡有挣扎的余地。

（3）固定采精杯，采精者用右手的食指与中指或者中指与无名指将采精杯夹住，使采精杯朝向手背。

2. 采精

（1）按摩　采精者用左手从背部靠翼基处向背腰部及尾根处，由轻至重来回按摩几次，刺激公鸡将尾羽翘起。同时持采精杯的右手大拇指与其余四指分开，由腹部向肛门方向紧贴鸡体同步按摩。当看到公鸡尾部向上翘起，肛门也向外翻出时，左手迅速转向尾下方，用拇指与食指跨捏在耻骨间肛门两侧挤压，此时右手也同步向腹部柔软部位作快捷的按压，使肛门更明显向外翻出。

（2）集精　公鸡开始有射精动作时，右手离开鸡体，将夹持的采精杯口朝上贴向外翻的肛门接收外流的精液。公鸡排精时，采精者左手一定要捏紧肛门两侧不能放松，否则精液排出不完全，影响采精量。精液排完后方可放开左手，将精液倒入集精杯内，接着换下一只公鸡。收集到足够半小时内输完的精液时，采精停止。

（二）精液的稀释与保持

1. 稀释液的配置　中国农业科学院畜牧研究所研制成的BJJX鸡精液稀释液适合我国国情，且配方简单，价格低廉，其配方如下：葡萄糖 1.4 克，柠檬酸钠 1.4 克，磷酸氢二钾 0.36 克，蒸馏水 100 毫升。

2. 精液稀释保存方法

（1）稀释　首先，将稀释液的温度升到 20～25℃；其次，将采集的鲜精液用带刻度的玻璃吸管吸入试管中，注意不能吸入污染物；最后，另用吸管吸入与精液等量或加倍的稀释液（按所需倍数）充分混匀；如现稀释现用，即可进行输精。

（2）保存　如需保存则将上述混匀的精液倒入称量瓶，然后将称量瓶放入小铁筒中，再转入 0～5℃的冰箱中或放入盛有 1/3 冰块的保温瓶中，盖上清洁的纱布，静止保存备用。此方法一般能将精子受精能力延长 7～24 小时，使用时轻微混匀。

（三）输精技术

要获得高受精率，输精技术是关键。输精时起码要有两人配合，一人抓鸡翻肛，一人输精，而两人抓鸡翻肛、一人输精是最省时的高效率的组合。输精技术操作如下：负责翻肛的人用一只手把母鸡双腿抓紧拉出笼门，另一只手的拇指与食指分开呈八字形紧贴母鸡肛门上下方，使劲向外张开肛门并用拇指挤压腹部，在这两种作用力下，母鸡产生腹压，肛门自然向外翻出。注意抓鸡腿的手一定要把鸡的双腿并拢且抓直抓紧，否则翻肛的手再使劲也难于使肛门外翻。当母鸡肛门外翻露出粉红色的阴道口时，用力使外翻的阴道位置固定不变，这时输精员将吸有定量精液的吸管插入阴道子宫口，插入的深度以看不见所吸精液为度（约 1.5 厘米），随即把精液轻轻输入。与此同时翻肛者把手离开肛门，阴道与肛门即向内收缩，输精者把吸管抽出，然后放母鸡回笼。翻肛时不要用大力挤压母鸡腹部，以防止粪便排出污染肛门，若轻压时发现有排粪迹象，可重复几次翻肛动作使粪便排出后再输精。每输完一只母鸡，输精吸管要用消毒棉擦拭消毒。

（四）输精时间、输精量及输精间隔时间

掌握最佳输精时间是获得高受精率的必要条件，在生产中母鸡人工授精应该在15点以后，19～20点以前。若用未稀释精液，每次输精量以0.025毫升较为适宜，若用1∶1的稀释精液，每次输精量为0.05毫升。同时，还要考虑品种和鸡龄的因素，采自轻型品种公鸡的精液，由于其浓度大，可适量减少输精量；采自大、中型公鸡的精液，由于其浓度小可适量增加精液量。随着鸡龄的增加，要适量增加输精量。

第四节 种蛋孵化

一、孵化的条件

鸡的胚胎发育是从体内开始而在体外完成的，体外发育主要依靠蛋里的营养物质和合适的外界条件。鸡的人工孵化就是为胚胎发育创造这样一个合适的外部环境条件。因此，孵化时应根据胚胎的发育严格掌握温度、湿度、通风等条件，以期得到高的种蛋孵化率。

（一）温度

温度是孵化的首要条件。

1. 胚胎发育的适温范围和孵化最适温度

鸡胚发育对环境温度有一定的适应能力，温度在36～40℃，都能有一些种蛋出雏。但是孵化的最适温度为37.8℃，出雏期间为37～37.5℃。高于适宜温度时，胚胎发育加快，孵化期缩短。温度偏低，则胚胎发育迟缓，孵化期延长。

2. 变温孵化与恒温孵化制度

（1）变温孵化法　在自然孵化和我国传统孵化法中，都是变温孵化，它将21天孵化期分成4个阶段，即：1～6胚龄，

38℃；7～12 天，37.8℃；13～18 天，37.3℃；19～21 天，37℃。4 个阶段逐渐降温，故又称降温孵化。变温孵化只能在整批孵化时采用。

(2) 恒温孵化法　将 21 天孵化期分成两个阶段，即：1～19 天，37.8℃；19～21 天，37～37.5℃。孵化室温度为 22～26℃，如果不在此范围内，则每上升（下降）5℃，孵化温度相应地下降（上升）0.2～0.3℃。

（二）相对湿度

1. 胚胎发育的湿度范围和最适湿度　鸡胚胎发育对环境相对湿度的适应范围较宽，一般为 40%～70%。不同的孵化阶段所需的最适湿度不同，分别为：1～7 天，60%～65%；8～18 天，55%～60%；19～21 天，70%。适当的湿度使孵化初期胚胎受热良好，后期有利于破壳出雏。在孵化过程中，特别要防止高温、高湿。

2. 不加水孵化　机器孵化都有加湿装置，但是自然孵化和我国传统的人工孵化，都不需加水，所以有人提出机器孵化时只要温度适合，不加水也能获得正常的孵化效果。若采用不加水孵化，需稍微降低孵化温度，提前加大通风量等。

（三）通风换气

1. 孵化器中氧气和二氧化碳最适含量　胚胎在发育过程中不断地与外界进行气体交换，而且随着胚龄增加而加强。换气主要是供给胚胎氧气，当氧气含量为 21%时，孵化率最高，每减少 1%，孵化率将下降 5%。二氧化碳含量应控制为 0.03%～0.04%，超过 0.5%时孵化率下降，超过 1%时孵化率大幅下降，且畸形比例增加。

2. 通风与温、湿度的关系　通风换气与温、湿度有密切的关系，通风量大，则温度和湿度降低；通风不良，则温度和湿度增加。良好的通风可保证胚胎受热均匀，有助于水分的蒸发和散热。

二、孵 化 厂

孵化厂是种蛋孵化的场所，为种蛋的孵化提供了必要的物质保证。孵化厂的选址、布局、孵化厅的设计以及孵化厂的卫生管理都影响着种蛋的孵化率和雏鸡的健康。一个合理的孵化厂至少应当做到以下几点。

（一）孵化厂的位置与布局

孵化厂应建在交通便利、水源、电力充足并易于排泄污水的地方，附近不应有村庄、鸡场、卫生院、屠宰场、饲料厂等。孵化厂必须单独布置，不能与鸡舍、办公室、食堂等设施放在一起。孵化厂的设计要求必须遵守“种蛋（收集）→种蛋消毒室→种蛋贮存室→孵化室→移盘室→出雏室→雏鸡处置室→雏鸡（出售）”的单向流程，不得有逆转或交叉。

（二）孵化厅的布置

孵化厅的布置应满足以下几方面的要求：①地面应保持平整，允许稍微向孵化器前面倾斜，以便清洗时污水排出；②地面与屋顶的距离高于4米；③有良好的通风设备，厅内温度保持在20～27℃，湿度保持在55%～65%，二氧化碳的含量小于0.1%；④孵化器前面与墙保持3米以上距离，以便于操作，后面与墙保持1米；⑤孵化器前0.3～0.5米处应开设排水沟，沟上铁箅要与地面齐平。

（三）孵化厂的卫生

孵化厂进出口应独立，孵化厂工作人员进场前需沐浴更衣，每人分配一个更衣柜并定期消毒，对外办公人员、供销部人员、

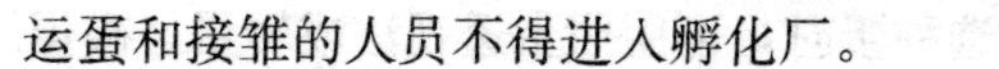

运蛋和接雏的人员不得进入孵化厂。

每次孵化前对种蛋及孵化器进行消毒，孵化后，应对设备、房间等进行冲洗和消毒。消毒可采用熏蒸法，即每立方米用福尔马林42毫升、高锰酸钾21克，在温度24℃、湿度75%以上的条件下密闭熏蒸1小时，或将用量增加1倍熏蒸30分钟，然后打开机门和进出气孔通风1小时左右，以驱除甲醛蒸气。

三、种蛋的管理

要保证种蛋的质量必须做好种蛋管理，种蛋管理得好坏直接关系着种蛋的孵化率，进而影响孵化厂的经济效益。种蛋管理主要从三方面进行，即种蛋的选择、种蛋的保存和种蛋的消毒。

（一）种蛋的选择

种蛋是指母鸡配种后所产的蛋，主要用于孵化雏鸡。

1. 种蛋应源于优质鸡群　种蛋应来源于健康高产的种鸡。健康高产的种鸡，其生产的种蛋孵化率较高，孵化出的幼雏更加健康。有研究表明，种鸡产蛋率越高，种蛋孵化率也越高。但是初产母鸡在前半个月内所产的蛋小，受精率较低，不宜作种用。

2. 种蛋的品质新鲜　用于孵化的种蛋要求越新鲜越好，因为随着保存期的延长，不但孵化率降低，孵化期将延长，而且雏鸡出壳后体质差。通常在室温下保存1周，受精蛋孵化率在80%以上；保存2周，孵化率下降到60%以下；保存3周，孵化率小于30%；保存4周以上，则几乎孵不出小鸡了。

3. 种蛋表面清洁卫生、无裂痕　种蛋要求清洁卫生、无裂痕。若种蛋被污染，不仅会堵塞气孔，而且易侵入细菌，引起种蛋腐败变质或死胎。挑选种蛋时，可用照蛋透视法或转蛋、碰蛋法，挑出裂纹蛋。

4. 种蛋的形状及大小合适　种蛋的形状以椭圆形、蛋形指数为1.30～1.35较好。对于影响孵化率的畸形蛋，如过长、过圆、腰凹、两头尖、扁形等都应剔除。蛋重应符合本品种要求，种蛋过大或过小都会影响孵化率。

5. 蛋壳的结构正常　通常种蛋壳厚0.22～0.34毫米为好。蛋壳过薄或表面粗糙的“沙皮蛋”，在孵化过程中易破，而且容易因缺钙而引起雏鸡死亡。蛋壳过厚的“钢皮蛋”，雏鸡在出雏时又容易因难以破壳而闷死。

（二）种蛋的保存

1. 温度　鸡胚发育的临界温度是23.9℃，超过此温度鸡胚就会开始发育，而温度过低则鸡胚因不能满足代谢需要而较快地死亡。因此，种蛋保存温度不能过低，若低于10℃，孵化率就会下降；低于0℃就会因受冻而失去孵化能力。种蛋保存的最适宜温度为13～18℃。保存时间较短时可取上限温度，保存时间较长时可取下限温度。

2. 湿度　为防止种蛋水分过分蒸发，必须提高种蛋蛋库的湿度。通常蛋库相对湿度应保持为70%～80%。种蛋保存期内每天需翻蛋1～2次，以防止胚胎和壳膜粘连。

3. 种蛋蛋库　为保证种蛋保存所需的温度、湿度，要求设立专门的种蛋储存库，其条件是：隔热性能好、清洁卫生、杜绝蚊蝇和老鼠、防止阳光直射和穿堂风吹到种蛋。

4. 保存时间　在良好的保存条件下，种蛋保存2周以内，孵化率下降很少，保存2周以上孵化率会明显下降，且弱雏率增加，所以种蛋的保存时间最好不要超过2周，参见表4-1。如没有能控温的蛋库，保存时间在夏季不宜超过5天，春、秋季不宜超过7天，冬季不宜超过10天。

表 4-1　种蛋保存参数

项　目	保存时间						
	1～4 天内	1 周内	2 周内		3 周内		
			第一周	第二周	第一周	第二周	第三周
温度（℃）	15～18	13～15	13	10	13	10	7.5
湿度（%）	75～80		80		80		
位置	钝端向上		锐端向上				
卫生	全过程要求保持清洁，防止鼠害、苍蝇						

（三）种蛋的消毒

种蛋从母体产出时容易被排泄物污染，进入产蛋箱时垫料又会进一步污染，所以种蛋在保存前和孵化前必须各进行一次消毒。常用的种蛋消毒方法有以下几种。

1. *福尔马林熏蒸消毒法*　按每立方米空间用高锰酸钾 15 克，加福尔马林溶液 30 毫升，熏蒸 20～30 分钟。容器应该用瓦质的，而且容量要大，以免激烈反应而溅出。先加少量温水，再加高锰酸钾，最后加福尔马林，也可单独用福尔马林加适量水后直接加热熏蒸。

2. *新洁尔灭消毒法*　将种蛋在 40～50℃、0.1%浓度的新洁尔灭水溶液中浸泡 3 分钟，或直接喷洒。

3. *氯消毒法*　将种蛋浸泡在含有活性氯 1.5%的漂白粉溶液中 3 分钟。

4. *紫外线消毒法*　在离地约 1 米高处安装 40 瓦紫外线灯管辐射 10～15 分钟即可达到消毒目的。

四、孵化管理技术

孵化过程的管理工作直接影响到种蛋的孵化率、健雏率和育雏早期雏鸡的健康。目前，在雏鸡孵化过程中，因孵化管理不善所造成的问题比较多见，给养鸡生产造成了不小的损失。掌握正确的孵化技术是养好鸡的一个重要条件。

（一）入孵位置

正确的入孵位置为蛋的钝端朝上放置。不同的入孵位置其孵化率是一样的，钝端朝上时，死胎率仅为7.4%，横放时为23.1%，倒置（锐端向上）时死胎率高达67.1%。

在出雏期就不再需要钝端向上放置，最好平放以利出壳。

（二）温、湿度的调节

1. 温度　孵化机必须经过试机、校正温度、预热，运转正常后才能入孵。入孵前先预热种蛋，减少孵化器内温度下降的幅度，除去蛋表凝水，以便入孵后能立刻消毒种蛋。种蛋预热的方法是将种蛋在22℃以上的环境下放置4～10小时即可。预热后码盘入孵，入孵时间在下午4～5点钟，如此可望在白天大量出雏。孵化过程中，每2小时记录1次门表温度，还应经常用手触摸胚蛋或将胚蛋放在眼皮上测温。

另外，若采用分批孵化，应将新蛋孵化盘与老蛋孵化盘交错插放，相互调温，使孵化器内温度均匀。

2. 湿度　孵化器观察窗内挂有干湿球温度计，在孵化过程中，每2小时记录1次湿度，并换算出相对湿度。相对湿度的调节，可通过调整水的蒸发面积和蒸发速度来实现。

（三）翻蛋

一般每天翻蛋6～8次即可。在生产中，常结合记录温、湿度，每2小时翻蛋一次。翻蛋角度以水平位置前后各倾斜45°为宜。机器孵化一般到第18天即停止翻蛋并进行移盘。孵化第14天以后停止翻蛋也可行，因为孵化第12天以后，鸡胚自身温度调节能力已较强，孵化第14天以后，胚胎全身已覆盖绒毛，不

翻蛋也不至于引起胚胎与壳膜粘连。

（四）照蛋

透过光源观察鸡胚发育情况和蛋的内部品质，称为照蛋。照蛋的主要目的是掌握鸡胚发育情况，以及剔除无精蛋和中死蛋，提高种蛋孵化率和蛋盘的利用率。孵化中一般照蛋2～3次。第一次照蛋称头照，在孵化后5～6天进行。这时正常发育的胚胎，血管网鲜红，扩散面积大，胚胎呈蜘蛛状。在孵化后的第10～11天进行第二次照蛋，第10天时，除气室外整个蛋布满血管，俗称“合拢”。第三次照蛋在孵化后的第18～19天进行。这时发育正常的胚胎除气室外全部被胎儿占据，尖端呈黑色。

不同胚龄的胚胎发育特征口诀如下：

一日起了珠，鱼眼黄中浮；二日樱桃珠，心脏开始动；
三日血管成，“蚊子”在黄中；四日定了位，样似小蜘蛛；
五日长软骨，黑眼显单珠；六日胎盘动，头躯成双珠；
七日离了壳，沉入卵黄中；八日边发硬，胎在黄中浮；
九日嘴爪分，头尾来回动；十日显毛管，血管合了拢；
十一见硬骨，头颈腹毛生；十二毛齐全，上下颌已分；
十三体躯长，气室更分明；十四蛋白少，胎雏活动慢；
十五体躯长，头朝大端伸；十六气室显，绒毛盖全身；
十七肺发育，小端已封门；十八口已斜，鸡雏待转身；
十九见起影，已行肺呼吸；二十闻雏叫，陆续破开壳；
二十一出壳，发育始结束。

（五）凉蛋

孵化到17天以后，胚胎的代谢加强，自身产热增加，容易出现超温现象，这时可以进行凉蛋。凉蛋的方法是从孵化器中把蛋架抽出，每天2～4次，每次15分钟。

控温与通风设备好的孵化机，只要不出现超温，可不进行凉蛋。

（六）移盘

在孵化到第18～19天进行第三次照蛋后，如果气室边界很弯曲，内有雏鸡的阴影，证明胚胎发育良好，即可将胚蛋移入出雏机准备出雏，称为移盘。移盘后出雏机内应保持黑暗和安静，用纸遮住观察窗，这样出壳的雏鸡安静。

（七）捡雏

孵化满20天后，开始有雏鸡破壳而出。一般出雏达30%～40%时捡第一批，出雏60%～70%时捡第二批，尚未出雏的进行并盘，出雏结束后捡第三批。

为缩短出雏时间，可采用“催慢压快”的控温方法，即出雏前和刚开始出雏时适当调低温度，以抑制发育快的，当出雏达到70%以上，经并盘后适当升高温度，以促进发育慢的出雏。在正常情况下，满21天全部出雏结束。少数不能自行破壳的雏鸡，可进行人工辅助破壳。

五、孵化效果的检查

孵化效果是孵化厂效益的直接影响因素，优良的孵化效果是孵化厂取得效益的保证。同时，要改进孵化技术，认真地记录孵化效果，针对其进行合理的分析和总结也必不可少。孵化效果可由种蛋孵化率和健雏率来度量。

（一）种蛋孵化率

反映种蛋的质量和孵化技术水平，其又有受精蛋孵化率和入孵蛋孵化率两种计算方法。

1. 受精蛋孵化率　出雏数占受精蛋的百分比。其计算公式为：

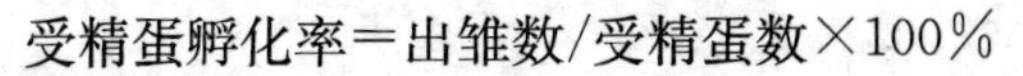

受精蛋孵化率＝出雏数/受精蛋数×100％

2. 入孵蛋孵化率　出雏数占入孵蛋数的百分比，其计算公式为：

入孵蛋孵化率＝出雏数/入孵蛋数×100％

入孵蛋孵化率能够反映种鸡品质、饲养水平、种蛋保存效果和孵化技术等综合水平。而受精蛋孵化率反映的是胚胎的生活力和孵化技术，不能反映出受精率。因此，在受精率很低的情况下，就会出现受精蛋孵化率很高、但入孵蛋孵化率却很低的现象。

（二）健雏率

指健康的雏鸡占出雏数的百分比。其计算公式为：

健雏率＝健雏数/出雏数×100％

健雏指适时清盘时绒毛蓬松光亮，脐部愈合良好、没有血迹，腹部大小适中、蛋黄吸收好，精神活泼，叫声响亮，反应灵敏，手握时有饱满和温暖感、有挣扎力，无畸形的雏鸡。健雏率反映孵化率、孵化技术和种鸡的品质，同时也预示将来育雏成活率的高低。有关报道表明，孵化率越高健雏率也越高。

参　考　文　献

黎寿丰．2009. 禽类的起源，演化及我国主要家禽品种类型与分布［J］．中国家禽（3）：7－10.

胡刚安，李海华．2009.“北繁南养”：南北资源的合理配置［J］．家禽科学（2）．

康相涛．2009. 优质土种蛋鸡产业发展的几个问题探讨［J］．河南畜牧兽医：市场版（10）：11－13.

彭文栋，张秀红，杨刚．2008. 6个鸡品种引进及效益对比试验［J］．现代农业科技（10）：145－146.

蔡泉，张贝，王长涛等．2008. 汶上芦花鸡品种调查报告［J］．中国家禽，

30（10）：57-58.
石素梅，刘冠民.2008.狼山鸡品种资源调查［J］.畜牧与兽医，40（11）：38-40.
郑长山，李英，魏忠华等.2008.规模化优质鸡生态放养技术［C］.首届中国黄羽肉鸡行业发展大会会刊.
松鼠鱼，单玉和.2007.广西优质三黄鸡品种介绍［J］.农家之友（3）.
彭文栋，张春珍，杨刚.2007.鸡品种引进及效益对比试验［J］.农产品加工（12）：70-74.
松鼠鱼，单玉和.2007.发展优良地方鸡养殖有利可图［J］.农家致富（6）.
李连任.2006.我国优质土鸡品种介绍［J］.北京农业（3）：29-30.
康丽，张春岭.2006.我国地方鸡品种资源及利用［J］.畜禽业（6）：41.
郑长山，李英，魏忠华等.2006.规模化生态放养鸡产业发展优势及方向［J］.中国禽业导刊，23（22）：16-17.
史继孔.2005.优质特种家禽品种介绍［J］.农业新技术（3）：42.
刘长青，张洪海，杨官品.2005.中国地方鸡种种质资源的开发利用及保护对策［J］.国土与自然资源研究（4）：82-83.
李英，魏忠华，郑长山等.2005.养鸡新技术——规模化生态放养［J］.农村养殖技术（11）：13-18.
陈贺亮，钱程.2005.规模化放养鸡的综合配套技术［J］.现代畜牧兽医（11）：13-14.
刘风婷.2004.优质土鸡品种介绍［J］.饲料世界（4）：35-36.
齐景发，贾幼陵，何新天.2004.中国畜禽遗传资源状况［M］.北京：中国农业出版社.
陈益.2003.家禽引种应严把五关［J］.畜牧市场（11）：24.
陆方善.2003.家禽引种应注意的事项［J］.中国家禽，25（19）：17.
牛岩.2001.家禽引种注意事项［J］.河南畜牧兽医，22（5）：20.
杨忠华.1995.中国引进家禽品种知多少［J］.当代畜禽养殖业（10）.
李英，谷子林.2005.规模化生态放养鸡［M］.北京：中国农业出版社.
肖智远，林敏.2003.加强地方品种鸡的保存选育，搞好杂交利用［J］.中国禽业导报，20（1）：22-23.
杨宁.2002.家禽生产学［M］.北京：中国农业出版.

第五章 肉鸡生态养殖的饲养管理

第一节 肉用型种鸡的饲养管理技术

肉用型种鸡育成期和产蛋期的饲养方法与蛋用种鸡有很大区别：一是在育成和产蛋阶段，肉用型种鸡容易过度肥胖而造成繁殖力下降，蛋用型鸡无论在育成期还是产蛋期通常不易过肥；二是要采取各种措施，控制和减少肉用种鸡腿病发生。肉用种鸡育成期死淘总数的50％～60％是因腿病造成的，这样的淘汰比例在蛋鸡上是少见的。

肉用种鸡开产较晚，一般24～25周龄产蛋率达到5％，它的繁殖期通常为40～43周。

肉种鸡具有肉用型鸡的特点，采食量大，生长速度快，容易肥胖，从而影响种鸡的产蛋性能和种鸡价值。这就要求在整个肉用种鸡饲养的过程中，除了育雏前期外，大部分时间都要严格而准确地控制体重。

为取得良好的饲养效果，须在进鸡之前，根据所养品种的《饲养管理手册》，结合本场的实际情况，制订好相应的饲养管理方案，并严格加以执行。

肉种鸡饲养过程一般分三个阶段：育雏期、育成期、产蛋期。由于在育成后期和产蛋前期之间4～5周生长发育具有特殊性，许多育种公司建议此阶段最好使用预产料。因此，如果用预产料，可再加一预产期，这样更利于饲养管理。

肉用型种鸡中饲养数量最多的是父母代肉种鸡，因此下面主要阐述父母代种鸡饲养管理技术。

一、饲养方式和饲养密度

（一）饲养方式

传统的肉种鸡饲养方式是采用落地散养。落地散养由于饲养密度小、舍内易潮湿、鸡发病和窝外蛋较多等原因，现很少采用。目前，规模化养鸡普遍采用的饲养方式有如下四种：

1. 离地网（栅）上平养　采用平铺塑料网、金属网或镀塑网等类型的漏缝地板，地板一般高于地面约60厘米。金属网或镀塑网地板有两个缺点，一是须用大量支撑材料，且地板仍难平整，因而影响受精率；二是种鸡长期生活在网上容易生脚垫。在木（竹）条地板上铺一层塑料网，这样地板平整，不易伤害鸡脚，也便于冲洗消毒，但成本较高，有时粪便不易漏下，出现堆积现象。采用木条或竹条的地板，造价低，但应注意刨光表面，以防有毛刺扎伤鸡爪，木条宽2.5～4厘米，间隙为2.5厘米，应沿鸡舍纵向铺设，不能横向铺设，否则鸡在食槽中采食就不能平稳支撑自己。这类地板在平养中饲养密度最大，每平方米可养种鸡4.8只，所以每单位空间能生产的蛋较多。

2. 混合地面饲养　这种方式是国内外使用最多的肉种鸡饲养方式。板条棚架结构床面与垫料地面之比通常为6∶4或2∶1，舍内布局有两种方法：

（1）两低一高　沿鸡舍中央铺设板条，把一半垫料地面靠在前墙，另一半垫料地面靠在后墙，而中央设置板条地面。这种设置对控制封闭型鸡舍环境有好处，装在板条上的食槽和饮水器可靠得比较近。但对开放式鸡舍来说，因为雨水会吹过窗户淋湿垫料，所以环境控制较难。另外，管理人员要跨过板条才能到达对侧垫料处作业，管理不方便。板条棚架的高度要求是离地面约70厘米，使板条下留有足够的空间，以积聚大量鸡粪。

（2）两高一低　沿墙边铺设板条，一半板条靠前墙铺设，另一半靠后墙铺设，中央设置垫料地面。产蛋箱在板条外缘，排向与舍的长轴垂直，一端架在板条的边缘，一端悬吊在垫料地面的上方，便于鸡只进出产蛋箱，也减少占地面积。这在开放式鸡舍中有一个好处，任何瓢泼大雨都将落在板条上而不会落在垫料上。此外，所有日常工作都可以在中央铺设垫料的地方处理。

在板条支撑物侧面应使用金属网，以便更多的空气流过鸡粪，从而使其保持干燥，并防止鸡钻到板条下面。开放式鸡舍在靠外墙处建板条地面时应建造一个活动帘子或覆盖物，以遮住板条下部分，在天冷时凉风不能由此吹入，天热时空气则可进入通风。

板条棚架垫料地面的优点是：种鸡交配大多在垫料上进行，比较自然；有时可在垫料地面上撒些谷粒，让鸡刨找，促其运动和配种；可在板面上均匀安放料槽或安装自动喂料设备和自流式饮水器；鸡每天排粪大部分在采食时进行，粪便可落到漏缝地板下面，使垫料上少积粪和少沾水。使用这种板条棚架垫料和地面混合饲养方式，每只鸡的产蛋量和种蛋受精率均比全板条型饲养方式高，但饲养密度稍低一些，每平方米可养种鸡4.3只。

3. 倾斜金属网地面　鸡舍内使用倾斜金属网地面，是对金属网或涂塑金属网床地面的一种改革。这种地面倾斜率为每30.5厘米长度倾斜3.9厘米。蛋会在具有这种倾斜率的金属网或塑料网面上滚动，这种地面可使产在金属网上的蛋滚到斜坡底部的集蛋处。另需设置产蛋箱作为主要的产蛋场所，倾斜金属网仅提供收集地面蛋之用。

金属网地面有2种形式：

(1) A形地面　地面的最高部是在鸡舍的中央，由中央向两侧斜至墙壁，或者倾斜至工作通道。产蛋箱靠墙放置或者靠在邻近每堵墙的工作通道处。

(2) V形地面　地面最高部分是在与前墙和后墙的交接处，地面向着放置产蛋箱的中央处倾斜。可以使用传送带收集产蛋箱中的蛋和滚入该处的地面蛋。

用作地面的金属网应有较强的支撑力；焊接金属网上部的金属丝应沿鸡舍横向铺设，从而使鸡蛋较容易滚动；网眼大小通常为2.5厘米×5厘米，当网眼较小时，种公鸡脚肿发病率会降低，但是容易积存粪便。

4. 笼养　肉种鸡笼养时通常采用人工授精的配种方式。其优点是：第一，减少种公鸡的饲养数量，节省饲料，降低饲养成本；第二，可保持较高而稳定的种蛋受精率，避免了因种公鸡日龄增大、肥胖笨重、交配困难的缺憾；第三，单位面积饲养密度大。现在多采用每笼养两只种母鸡的人工授精方式，因具有一定的优势，所以采用者日趋增多。肉用种母鸡每只占笼底面积720～800厘米^2，一般笼架上可装两层或三层鸡笼，抓鸡与输精、限制饲喂与捡蛋等各种操作均方便、容易做到。

人们往往将肉用种鸡笼养与胸囊肿和腿病联系在一起，事实上肉用种鸡是限制饲养的，其生长速度远比敞开饲喂的肉用仔鸡慢得多，其成年体重也有较多的控制。多年生产实践显示，肉种鸡采用笼养方式与垫料地面平养时胸囊肿和腿病的发生率差异不明显。另外，肉用种鸡的主要产品是种蛋，即使有胸囊肿和轻微的趾裂现象，对种蛋生产也无明显影响，仅仅影响淘汰鸡的价值，而淘汰肉种鸡本身的价值就比较低。

肉用种鸡全程笼养便于实行限制饲养，无论育雏、育成期或产蛋期都能很好地控制鸡的生长速度，有利于提高种鸡的均匀度。

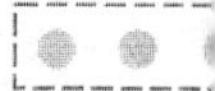

（二）饲养密度和设备

表 5-1 肉用种母鸡的饲养密度与设备参考表

项目	周龄	0～3	4～20	21～60
饲养密度	平养（只/米^2）	10	5.4	3.6～4.3
	2/3 漏缝地板（只/米^2）	12	5.6	4.8
	2/3 漏缝地板（只/米^2）附湿帘降温	14	6.7	5.8
保温伞		500 只/个，直径 1.5 米		
护围		护围高度约 45 厘米，距伞边缘 60～120 厘米		
喂料器	雏鸡料盘（只/个）	100	—	—
	料槽（厘米/只）	5	12	15
	料桶（个/100 只）	3	10	12
饮水器	真空饮水器（只/4 升）	50	—	—
	水槽（厘米/只）	1.5	2.5	2.5
	普拉松饮水器（只/个）	80～100	60	60
	乳头饮水器（只/个）	15	10	4～6
产蛋箱		木制或镀锌白铁板双层 12 格，4 只母鸡/格		
沙砾盘		每 250 只鸡一个圆筒食盘供应碎壳石粒		

二、育雏期、育成期的饲养管理技术

（一）育雏期（0～3 周龄）饲养管理技术

育雏前的准备、饲喂、温度、湿度、通风、光照等日常管理技术，请参阅本章第二节内容。

1. 断喙技术　在肉用种雏鸡的饲养管理上，如果育雏温度过高，饲养密度过大，鸡舍通风不良，室内光线过强，饲料中缺乏某种氨基酸或氨基酸比例不平衡，饲料中粗纤维含量过低等，都会引起雏鸡发生啄羽、啄肛、啄趾等恶癖。通常在肉用种雏鸡4周龄左右发生这种情况。恶癖一旦发生，鸡群则骚乱不安、淘汰率提高。如果不及时采取有效措施，将会造成严重损失。

发生恶癖后，解决的办法是先查明导致恶癖的原因，及时改善饲养管理条件，比如减弱光照强度、减少饲养密度、改善通风条件等。但在多数情况下，仍以断喙、防啄最为有效。因此，断喙成为育雏期和育成期管理的主要技术措施之一，在现代化养鸡业中已列为必要的操作规程。

雏鸡断喙可在1日龄或6～9日龄进行。由于1日龄出生雏鸡喙短而小，手术操作者如果没有经验，不易断得均匀。此外，还要对初生雏鸡进行雌雄鉴别、防疫注射等工作，若再实施断喙，对雏鸡影响太大。因此，一般不选择1日龄断喙，而是选择6～9日龄实行断喙手术。断喙通常用专用的电动断喙器，在断喙器上有一个0.44厘米直径的小孔，将鸡喙的切除部位插入孔内，由一块热刀片（815℃）从上向下割，接触3秒钟，手术即完毕。这块热刀片可使喙部组织被烧灼而不能继续生长。如果没有断喙器，可以借用电工使用的感应式电烙铁代替断喙器，用220伏、60瓦的电烙铁通电10秒钟后，烙铁尖温度可达700℃，操作者能见到烙铁尖发红，用它直接切断喙尖，并烧灼喙部组织，同样可达到断喙和止血的目的。断喙切除部位是上喙从喙尖至鼻孔的1/2处，下喙是从喙尖至鼻孔的1/3处。公鸡断喙的长度约为母鸡的一半，只切除喙尖锐利之处，以不出血为度。

断喙时应注意：①断喙应尽量找凉爽时间进行，如遇炎热气候，应推迟断喙；②断喙前后必须在日粮中增加维生素K，每千克饲料加2毫克，以防流血过多；③断喙期间食槽内尽量加满饲料，断喙后可立即给料和饮水，要提高日粮营养水平；④在免疫期间不断喙；⑤日龄不相同的雏鸡不能在同一天断喙，以免断喙尺度掌握不好，造成多切或少切。

2. 饲喂技术　雏鸡生长速度很快，在日粮配合上应尽量使

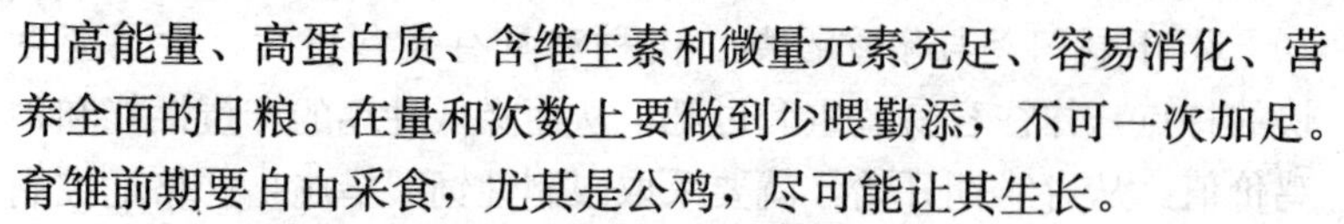

用高能量、高蛋白质、含维生素和微量元素充足、容易消化、营养全面的日粮。在量和次数上要做到少喂勤添，不可一次加足。育雏前期要自由采食，尤其是公鸡，尽可能让其生长。

此外，应经常对鸡群调整。对一些没有种用价值的病、残、弱鸡要毫不留情地淘汰，这样的鸡即使留下来，其本身及后代的生产性能也不会高。

（二）育成期（4～20周）的饲养管理技术

1. 育雏期至育成期的过渡　由于育成期与育雏期的饲养管理有很大的不同，所以必须从以下三方面做好这两个阶段的过渡，尽可能减少应激，保证鸡群正常生长，提高整齐度。

（1）转群　如果育雏和育成是在同一鸡舍内完成，则不存在转群问题，只需疏散鸡群，减少饲养密度。为了保持鸡群的健壮、整齐，应当把较小、较弱的鸡挑出单独饲养，使它们逐渐赶上全群的生产水平。如果育雏和育成不在同一鸡舍内，到3周龄末4周龄初则须把雏鸡转到育成舍中饲养。

（2）脱温　只要昼夜温度稳定在18℃以上，即可撤温，但如遇到突然大风降温天气，则应及时升温，以防意外。

（3）饲料　雏鸡料和育成鸡料在营养成分上有较大的区别。转至育成舍的头几天不能突然换料，应该是逐渐更换。

2. 营养与饲料　育成鸡的饲料营养水平要根据饲养品种而定。在日粮配合上，育成期饲料中粗蛋白质含量应低于育雏和产蛋期，具体标准应参考所饲养品种的《饲养管理手册》。高蛋白质饲料会加快鸡的性腺发育，使鸡早熟，开产时间提前，蛋重偏小，种蛋质量降低。

育成期矿物质含量要充足，钙、磷比例应适当，但不能喂以高钙饲料，否则会降低母鸡体内储存钙的能力，到产蛋时就不能对钙很好地利用，影响产蛋性能和种蛋合格率。

为改善育成鸡的消化机能，应按时加喂沙砾。

3. 限制饲养与体重控制　肉种鸡具有采食量大、生长速度快的特点，往往容易超重和过肥，从而降低种鸡的产蛋性能和种鸡价值。从育雏期开始，就要采取限制性饲喂措施，严格地控制鸡的体重增加。

（1）限制饲养的方法　限制饲养有限时、限量、限质等多种方法。

①限时　每天限时饲喂，在限定时间内让种鸡采食喂料，其他时间不喂料。

隔日限饲，第一天喂料，第二天不喂料，喂料日把2天的料放在一天中喂给，停料日只给饮水。

每周喂五天停二天，一般在周三（或周四）和周日2天不喂料。

每周喂六天停一天，一般在周日停料一天。

②限量　每天每只鸡的喂料量减少到充分采食量的70%～75%，采用这种方法必须先准确掌握鸡的正常采食量和鸡的数量。而且每天的喂料总量应该正确地称量。本法要求饲料质量较高，营养齐全，否则因质差量少而使鸡群生长受阻。

③限质　使日粮中的某种营养成分低于正常水平，达到限饲的目的。限质法由于饲料消耗增加，对饲料资源是一种浪费。还易使鸡患营养缺乏症和代谢病，影响鸡群健康，故不常用。限质法常采用低能量、低蛋白质或低赖氨酸饲料。

在实际生产中，多采用限量和限时相结合的方法进行限饲。具体的标准体重及限饲计划应参考相应品种的肉用种鸡饲养手册。

（2）体重控制方法　整个生长期内，体重是所有计划的关键，要谨慎调整饲料量，使种鸡的体重保持在标准体重水平。肉用种鸡通常从4周龄起限制饲养，每周称取2%的鸡只体重，并与育种公司提供的体重标准相比较而决定饲料量。当鸡只比标准体重略大时，不要采用减少饲喂量去减轻鸡只的体重。只要保持不变的饲喂量，就会使鸡只生长速度变慢，而且逐渐恢复到标准体重。如果鸡只过轻，稍微增加饲喂量使鸡只有较快的生长，直到恢复标准体重为止。千万不要过量增减饲喂量。当鸡群体重不均匀时，尽可能将鸡只分成2～3种重量类别，利用上述所提供的超重与体重较轻时的处理方法分栏饲养，并细心检查重量不一的原因，如鸡只的密度、供水和喂料器具的数量和空间、疾病和寄生虫等。

(3) 限制饲喂应注意事项

①投料时，要使所有的鸡同时采食，不管在什么周龄喂料时，都要做到80%以上的鸡在采食，否则会出现抢食而使采食量不均匀，影响限制饲喂的效果。如果机械送料，可采用高速送料法，以便鸡均匀采食。

②每周末，在固定时间，随机抽取鸡群的5%～10%进行空腹称重，如体重超过标准，则下周停止增加料；如体重低于标准，则加大给料量，增加幅度视具体情况而定，但不可过大。

③在限饲前，必须严格挑出病、弱鸡，给予淘汰或单独饲养，否则这些鸡会在限饲中死亡。

④限饲时，如鸡群发病或处于其他应激状态，应停止限饲，改为自由采食。

要想获得健康、高产的种鸡群，就必须下工夫提高其群体均匀度。鸡群的均匀度应在16周龄前得到控制，通常体重均匀度在75%～80%为最低标准，80%～85%以上为优秀鸡群。

4. 育成鸡的光照　生长期育成鸡光照的要点是：避免增加光照，光照时间只能缩短而不能增加。

密闭式鸡舍能有效地控制光照时间，育成期光照可采用8小时的恒定光照制度，17～20周龄每周增加1小时，到育成期末达12小时，直到进入产蛋鸡舍。也可在雏鸡第一周光照23～24小时的基础上，从第二周起每周减少50分钟，20周龄减到每日光照8小时。育成期光照强度以10勒克斯为宜，当出现啄癖时，可减弱到1～2瓦/米^2。

（三）预产期的饲养管理技术

1. 预产期的饲养管理技术　如果在整个饲养期不喂给预产料，则不必划分此期，不用预产料。从21周龄开始为产蛋期，20周龄以前为育成期。如果使用预产料，肉种鸡的预产期一般定为18～23周龄。从18～19周龄开始，种母鸡逐渐性成熟，肝脏和生殖器官迅速发育，钙的储备也增加，体重也继续生长。因此，此阶段也是关系肉种鸡产蛋率等生产性能的重要时期。

此阶段饲料营养水平要高于育成期和产蛋期。充足的营养是保证此时鸡群正常生长发育和为产蛋做好物质储备的必要条件。如果鸡群体重低于标准或偏瘦时，使用预产料则更能体现出优越性。如果不使用预产料，还可以通过增加育成或产蛋料的采食量来促进鸡只生长。

如果肉用种母鸡的整齐度较差，低于推荐标准的鸡要适当多增料，高于标准的鸡绝不可减料，可在原给料基础上少增料，因为此时的营养绝大部分用于生殖器官的发育，一旦减料就会影响其将来的生产性能。

在20周龄前，常采用限制饲喂。当鸡群产蛋率达1%时，改喂产蛋料并改为每日饲喂。在20周龄后每日饲料供给量必须很快增加。因为母鸡仍然在生长，而更重要的是其繁殖系统正处于发育阶段。

在转群前一天可给鸡群喂较多的饲料量，以保证鸡群的个体重不减少，转群后必须按饲喂制度进行饲喂。

2. 预产期的光照　适当地进行光照是控制肉用种鸡开产和达到最大量合格种蛋数和蛋重的基础。改变光照时间和强度对性成熟和产蛋量有非常大的影响。

开放式鸡舍中，顺季鸡群一般应于20周龄末开始光刺激，光照应在原自然光照的基础上增加2～2.5小时，以增加光照的刺激作用；逆季鸡群在18周龄末时应给予14小时的光照，光照应在原自然光照的基础上增加3小时左右。此后，再使光照逐渐增加至产蛋期的16小时。

在遮黑式鸡舍中，光刺激应在19～20周龄进行。光照由8小时增至14小时。以后，再使光照逐渐增加至产蛋期的16小时。不论在何种鸡舍，在20～21周龄光照时间应为14小时，达到16小时的最长光照应根据具体情况在22～24周龄进行。光照强度应为15～22勒克斯（3.5瓦/米^2）。

三、产蛋期的饲养管理技术

产蛋期是从22周龄至淘汰，肉种鸡一般在66周龄淘汰。如果不用预产料（也叫产前料），应在22周换成产蛋料；如果用预产料，可在24周换料。肉用种鸡的正常开产周龄通常为24～25周龄。从开产到高峰这段时期的营养供给和饲养管理尤为重要，一旦鸡群受到应激，产蛋率就会下降，且不论如何补救，也恢复不到预期的正常水平，致使整个饲养期效益降低。

（一）饲喂技术

一般24～25周龄开产鸡数可达5%，27～28周龄时产蛋率应达50%，这个阶段的喂料量要参考所养品种规定的标准进行，同时也要随着产蛋率上升快慢而适当地增加喂料量。

在一般情况下，产蛋率到10%以后，每天产蛋率会增加3%（遮黑式鸡舍中，产蛋率每天可上升4%～5%），直到产蛋率达到70%。在此期间如果产蛋率有3～4天不上升（若无其他原因），则应每只鸡按标准用量再增加8～9克饲料。产蛋高峰期为29～36周龄。

试探性喂饲法：此法对发挥产蛋潜力和防止产蛋母鸡的过肥颇为有效。方法是当产蛋率上升期间停滞和产蛋率下降过速时，采用每只鸡增加10克饲料，第4天观察产蛋是否上升或减慢下降速度，若有反应，则应考虑增加喂量；若无反应，应立即停止加料。在产蛋量下降阶段，当产蛋率下降时，可用减料方法来试控，每只鸡减料 0.25 克/天，到第 4 天若没有加速产蛋量下降反应，则可以适当减料；若有加速反应，则应立即停止减料。

此外，对种公鸡也应控制体重，否则影响配种能力。种母鸡产蛋率下降到 30%时就应进行淘汰，淘汰是以产蛋量下降为依据，为使产蛋量下降缓慢，也可在淘汰前 4 周增加光照 1 小时。

产蛋高峰后的减料：产蛋高峰过后，产蛋量逐渐下降，鸡只体重还会继续增长，但增长速度应大大降低，此时应酌情减料。在每周产蛋率下降不足 1%时，不要减料。如产蛋量在连续 2 周内下降 1%或 1%以上时，每周应减料 0.5～1 克/（只·天）。每次减料后的 3～4 天里，应仔细计算其产蛋量，如产蛋量下降正常（每周 1%），可继续减料。如产蛋量超过 1%，无论何种原因，都应立刻恢复原有的料量饲喂。

产蛋高峰后减料不仅可降低生产成本，而且还能防止因母鸡过肥而造成的产蛋率、受精率下降。

（二）提高种蛋受精率

肉用种鸡受精率通常比蛋用种鸡低，其主要原因是公鸡体重偏大和母鸡过肥，整齐度不好。倘若公鸡太小、体重相差悬殊，交配也很难成功，即使公母搭配比例合适，受精率也不会太高。如果公鸡没有断趾或断趾不当，在交配时就会抓伤母鸡脊背，引起母鸡疼痛而拒绝交配，也是造成受精率低的原因。

提高种鸡受精率的办法，除了正确的限制饲喂，严格控制体重和防止腿部的疾病发生之外，还可采取如下措施：

（1）地面厚垫料养鸡时，撒布谷粒于垫草上任其自由啄食；网上养鸡可悬吊青菜，以促进其活动，增强体质。

（2）没有断过趾的公鸡要进行断趾和断距，对于断过趾又重新长出的趾、距，要再次切断。

(3) 加大公鸡数量，使公母比例不低于1∶8。

(4) 产蛋5～6个月后更换年轻公鸡以代替老龄公鸡。

(5) 剪去母鸡的尾羽和肛门周围的羽毛，同时也剪去公鸡肛门周围的羽毛，以利于交配。

(6) 增加日粮中维生素A、维生素E的供给量。

四、肉用种公鸡的饲养管理技术

种用公鸡饲养的好坏不但直接影响到当批次的种蛋受精率，而且还影响到商品代肉鸡的生长性能，因为肉鸡的生长速度和饲料转化率60%左右来自于种鸡的遗传，环境、饲料质量、管理水平、水、光等因素的影响为40%左右。

(一) 育雏期的饲养管理技术

1. 公母分开饲养　种公鸡与种母鸡最好分开饲养，其管理方法与母鸡大致相同。育雏期让公鸡自由采食到4周龄末，使其获得健壮的骨架和体格，这对以后获得较高的受精率很重要。如果育雏期末体重达不到标准，可推迟换育成料。

2. 断喙、断趾、剪冠　人工授精的公鸡要断喙，以减少育雏、育成期的伤亡。因为人工授精的鸡在笼养环境下，易诱发啄癖。自然配种的公鸡虽可不断喙，但须断去内侧二趾。一些品种公鸡的冠大，遮挡视线，往往影响正常活动，如采食、饮水、交配、运动等，并且也容易被笼具等划伤。因此，要把鸡冠剪去。

3. 选留种公鸡　在6周龄末时，对公鸡进行称重，淘汰次劣鸡。决定选留或淘汰的第一标准是体重，达平均重上线的公鸡，要逐只选择，留种小公鸡平均体重应高于母鸡平均体重，留种公鸡数量视母鸡群体数量和配种方式而定。

(二) 育成期饲养管理技术

1. 种公鸡在育成期（7～26周）的管理相对简单，从第6周末开始抽样称重，并且每周末同一时间进行。饲料给量不要时多时少，否则容易引起啄癖。体重目标是达到饲养品种的标准体重，而且健康强壮，性成熟表现良好。

2. 限饲喂料方式与母鸡相同，即可以采用隔日限饲、喂 2 天停 1 天、每周喂 5 天停 2 天等限饲方式，目的是便于公、母鸡的饲养管理和提高公鸡的均匀度。

3. 20 周龄或最迟在 22 周龄时对公鸡进行第二次选留，选留标准是：①品种纯正，体质健壮；②性征明显、冠髯鲜红；③断喙或断趾整齐良好；④腿、脚趾直；⑤背不弯；⑥龙骨直。留种公鸡数量视母鸡群体数量和配种方式而定。

采用自然交配留种方式的，最迟 22 周龄进行公、母混群，按母鸡数的 10%配入。在混群饲养之前，每只公鸡都必须达到性成熟阶段，否则未成熟的公鸡会受到母鸡的攻击和恐吓，从而影响鸡群的受精率。也有采用 10 周龄前混群的，以便于鸡群建立起正常的秩序，减少啄伤和打斗现象。

（三）产蛋期的饲养管理技术

产蛋期的饲养管理，最好是采用公、母分饲法，即混养而公、母分开给料。当母鸡产蛋到第 4 产蛋周时，开始实行公、母分饲法，其效果是显著的。公、母分饲可控制公鸡体重。在繁殖期如果公、母种鸡混养、同槽采食，则对公鸡的喂料量和体重很难控制。特别是 27～28 周龄的母鸡开始使用了最大料量后，公鸡很快过肥而超重。超重笨拙的公鸡交配困难，并易发生脚趾瘤、腿病，受精率下降。

另外，在繁殖期种公鸡的营养需求也与母鸡有很大的不同。此期种公鸡不需要与母鸡一样的高蛋白高钙饲料。用母鸡料是一种浪费，并且其中的高钙对种公鸡正常生理代谢来说又是不小的负担。配种时的种公鸡日粮只要氨基酸平衡，粗蛋白质仅需 12%～14%，钙为 0.85%～0.9%。

现在普遍采用的公、母分饲方法是：在母鸡料线上安装限饲栅栏，栅栏格与格之间宽度为4.2厘米左右。这样在大约27周以后，公鸡因头大伸不进去而只好在专为公鸡设置的料盘（桶）中采食。公鸡料盘的高度一般距地面约45厘米，以母鸡够不到公鸡料盘为度。

第二节 商品代生态肉鸡的饲养管理

一、育雏期的饲养管理

雏鸡的饲养管理是养鸡业中的一个重要环节，也是一项细致的工作。培育雏鸡的成败，不仅影响雏鸡的生长发育，而且还影响以后的产肉性能和种用价值，与鸡场经济效益有密切的关系。因此，养鸡者应特别重视此项工作。

（一）雏鸡的选择与运输

1. 选择初生雏鸡　选择初生雏鸡的目的是为了将雏鸡按大小、强弱分群，单独培育，减少疾病的发生，提高成活率。一般是通过眼看、手摸、耳听进行选择，选择的同时记数、装箱，准备运往育雏的地点。

（1）眼看　是看雏鸡的精神状态。健康的雏鸡精神活泼，眼大有神，绒毛匀整、干净，两脚站立稳健，胫趾色素鲜浓，脐部收缩良好；弱雏一般表现缩头闭眼，绒毛蓬乱不洁，两脚站立不稳，腹大，脐带愈合不良或带血，喙、脚颜色淡白，有残疾。

（2）手摸　是摸雏鸡的膘情、体重、体温。手摸健康雏鸡时可感到温暖、挣扎有力，体态均匀，有弹性，有膘，体重正常；手摸弱雏时可感觉雏鸡身凉、轻飘、瘦小、挣扎无力。

（3）耳听　是听雏鸡的叫声。健康雏鸡叫声洪亮清脆，弱雏叫声微弱、嘶哑或鸣叫不休、有气无力。

此外，选择雏鸡还应结合种鸡群的健康状况、孵化率的高低和出壳时间的早晚来进行综合考虑。通常来源于高产健康种鸡群的、孵化率比较高的、正常破壳的雏鸡质量比较好，来源于患病鸡群的、孵化率较低的、过早或过晚出壳的雏鸡质量较差。

2. 初生雏鸡的运输　运输雏鸡是一项重要的技术工作，运输不当会给养鸡者带来较大的经济损失。因此，要求运输人员要有专业知识和运输经验，要有很强的责任心，最好由养鸡负责人亲自押运。运输雏鸡的基本原则是迅速及时、舒适安全、清洁卫生。

初生雏鸡最好在 8 小时以内运到育雏舍，如果是远途运输，最好在 24～36 小时内运至饲养单位。初生雏鸡体内有少量未被利用的蛋黄，可以作为初生阶段的营养来源，在破壳后的 48 小时内可以不饲喂而直接运输。为了保证雏鸡的健康和正常的生长发育，运输雏鸡应在雏鸡绒毛干燥后进行。如若在雏鸡出壳后 48 小时仍未运至饲养单位，将影响雏鸡的正常生长发育，故建议远途运输应使用飞机。

运输雏鸡应用专用的运雏箱，雏箱是由硬纸板或塑料制成，规格参见表 5-2。运雏箱的四周和顶盖上开有通风孔，孔径约 2 厘米，箱内有隔板分隔，可以防止雏鸡挤压。如果使用规格为长 60 厘米、宽 45 厘米、高 18 厘米的运雏箱，箱内通常用隔板分为四个小格，每个小格内放 25 只雏鸡，每箱共放 100 只雏鸡。为了减少震动，雏箱内也可铺放软垫料。没有专用雏鸡箱的，也可使用普通硬纸箱、木箱、柳条筐、草窝等代替，但要注意分隔，防止挤压，每箱（筐）的运雏数量不能超过 150 只鸡，并严格做到保温、通气。

运输雏鸡的车辆要事先做好消毒、加油等准备工作，防止中途停歇。装车时，每行雏箱之间、雏箱与车厢之间要留有空隙，使空气流通，否则雏鸡受闷、缺氧，会导致窒息死亡。为防止雏箱在车内滑动，可用木架固定运雏箱。装、卸雏箱时要小心平稳，避免倾斜。运雏途中押运人员要经常检查雏鸡状况，通常每

表 5-2　常用的运雏箱规格

规格（厘米）	容雏数（只）
60×45×18	100
50×35×18	80
45×30×18	50
30×23×18	25
15×13×18	12

隔0.5～1小时观察一次。如果发现雏鸡张嘴、仰头、喘粗气、绒毛潮湿，表明雏箱内温度过高，要掀盖通风，把温度降下来；如果发现雏鸡拥挤在一起，吱吱乱叫，表明雏箱内温度偏低，要加盖、保温；因温度低或受运雏车震动的影响，雏鸡会出现扎堆现象，要用手轻轻地把雏堆搂散。

早春季节运输雏鸡，要用棉毡或麻袋等清洁防寒用品遮盖雏箱，防止雏鸡受寒感冒，诱发其他疾病，影响成活率。在寒冷季节运输雏鸡，应在中午进行。夏季运输雏鸡，要注意防暑热，常在早晨和夜间凉爽时进行，同时要注意防止雨淋，携带雨具。总之，无论使用何种运输工具（如飞机、火车、汽车与船舶等），运输雏鸡时都要注意防寒、防热、防晒、防雨淋、防颠簸震动。

（二）育雏前的准备工作

为了获得理想的育雏效果，必须在育雏前做好各项准备工作，其工作内容主要包括以下几个方面。

1. 制定饲养计划、准备各种记录　饲养计划主要包括生产规划和育雏规划。

生产规划主要包括每年养几批鸡、每批养多少只鸡、育雏时间多长、育成期多长、鸡舍如何消毒、如何周转等。这些都应制定日程表，严格按照表中的规划安排各个生产环节，尽量使生产合理化，充分发挥最大的生产潜能，创造最大的经济效益。在制订生产规划时，要考虑得周密仔细，根据具体条件制订和落实计划，每批鸡的雏鸡数量应与育雏舍、育成舍和成年鸡舍的容量相适应，不能盲目进雏。否则，进雏的数量多了，饲养的密度大了，必然造成设备不足，饲养管理不善，从而影响鸡群的发育，死亡率上升，经济效益下降；进雏数量少了，会造成房舍、设备、人员的浪费，增加了成本，降低了经济效益。

鸡场购进雏鸡的数量是有一定规律的。在肉用仔鸡生产场，购进雏鸡的数量决定于放养肉鸡的数量，在放养肉鸡数量的基础上，再加上育雏期间的死亡、淘汰数，就是需要购进的雏鸡数。

育雏规划是在雏鸡进舍前制定育雏的具体规划，其内容主要包括饲养雏鸡的品种、数量、饲料营养水平、饲料配方、不同日龄雏鸡的用料量、如何测定生长发育情况，饲养肉用种雏鸡时还要考虑如何控制饲喂和光照，防止性早熟。此外，育雏规划还要制定出用何种育雏方法、保温（防暑）措施及免疫、消毒程序等。在育雏前要做好各项准备工作。育雏规划最好用日程表规定下来，以避免育雏工作发生紊乱，造成不必要的损失。

另外，育雏时应设立各种记录表，记录育雏期间的各种情况，以便加强饲养管理，常用的记录表应包括日期、雏鸡品种、雏鸡日龄、存栏数、死亡数、淘汰数、室温、耗料及免疫情况等。

2. 确定育雏人员，做到合格上岗　育雏人员要有很强的责任心，要掌握一定的育雏知识，最好经过专业技术培训或有育雏经验。育雏人员要多动脑筋，及时主动地克服养鸡过程中出现的困难，避免由于责任心不强或技术水平低导致的损失。由于雏鸡对陌生的人员和环境非常敏感，在育雏期间要求育雏场所和人员固定不变，严格按照育雏规章制度进行雏鸡培育。

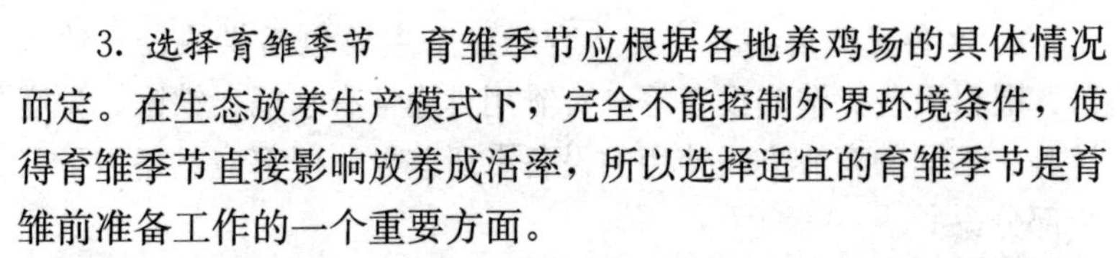

3. 选择育雏季节　育雏季节应根据各地养鸡场的具体情况而定。在生态放养生产模式下，完全不能控制外界环境条件，使得育雏季节直接影响放养成活率，所以选择适宜的育雏季节是育雏前准备工作的一个重要方面。

生态放养肉鸡，一般以春季育雏效果最佳。春季气温适中，气候干燥，阳光充足，雏鸡生长发育好，成活率高。30 天、45 天或 50～60 天后开始放养时，尽量选择温度适宜的天气条件。

无论选择哪个季节育雏，都应加强饲养管理，为雏鸡创造良好的环境条件，以提高育雏成活率、降低生产成本、提高经济效益。

4. 选择适当的育雏舍　育雏舍是专门养育雏鸡的鸡舍，育雏期要求供温，室内温度要高于 20℃，保温范围为 20～25℃，育雏舍除要求保温性能良好外，还要求能够通风换气，但气流速度不能过快，不能有贼风、过堂风，既保证空气流通，又不影响室温为宜。

育雏舍应地势高燥，周围环境安静。应位于其他鸡舍的上风向，并且与其他鸡舍保持一定的距离，以 100 米以上为宜。有条件的地方可单独设立育雏场，不与饲养其他品种、日龄的鸡舍混于一场，这样可减少雏鸡被感染疾病的机会。如果使用旧育雏舍或由其他房屋改造的育雏舍，要进行全面检查。照明设备要齐全、安全、不漏电。所有门窗、墙壁、顶棚应无破损，不漏风，不漏雨。适宜安装通风风斗，以便于通风、换气。窗户要严密，以防贼风。墙角、地面无鼠洞。地面是土地的，要更换一层新土。

育雏舍的建筑有开放式和密闭式两种，开放式鸡舍的门窗较大，采用自然光照；密闭式采用人工光照，应有保温和通风设备；选用哪种育雏舍应根据当地的条件、育雏季节和任务而定。总体要求育雏舍不要过于光亮，布局合理，方便饲养人员的操作和防疫工作。

5. 准备育雏设备和用具　育雏设备主要包括供热器、饮水器、喂料设备、清粪设备等，育雏用具通常有水桶、铁锹、温度计等。不同的育雏方式使用的设备有所差异，但都应具备以下几个部分。

（1）热器　育雏所需要的热能由各种不同热源提供，常用的热源有煤、电、天然气和煤油等。采用电热育雏的需要育雏电热伞或电热板，采用红外线育雏的需要红外线热源、育雏器护板等。农村养鸡专业户最常用的是煤炉、火炕、火墙和烟道等。

（2）照明用具　室内照明常用灯泡、灯管。照明灯应安装在热源附近，以便于训练雏鸡集中靠近热源处，也为雏鸡采食、饮水提供方便。采用开放式鸡舍育雏，当自然光照不足时，可用照明灯补充光照。

（3）食槽　食槽可用木板、镀锌薄铁板、铝板、塑料板等制成，种类有船型长槽、吊桶式干粉料槽和管道式机械给料槽等。

育雏期雏鸡1～7日龄用料盘喂料，料盘为圆形或方形托盘，也可用塑料布代替。一般常用的料盘直径30～40厘米、高4～5厘米，一个料盘可供40～50只雏鸡使用。8～21日龄的雏鸡可用食槽喂料，常用的料槽为船型，长约120厘米、宽10厘米、高6～7厘米，一个料槽可供50～80只雏鸡采食。22日龄以后的雏鸡可以用料桶喂料，随着鸡的生长，及时调整料桶的高度，通常食槽的上缘比鸡背约高2厘米。

养鸡场的饲料消耗约占总开支的70%，合理地设计、使用食槽，可减少饲料的浪费。对于不同日龄的鸡所采用的饲养方式不同，对食槽的要求也不同，但均要求食槽平整、光滑，结构合理，大小、高低适中，鸡采食方便，不浪费饲料，并便于洗刷消毒。

（4）饮水器　饮水器的形式根据鸡的日龄和饲养方式不同而有所差异，但都应具备清洁、不漏、便于洗刷、不易被污染的特点。饮水器种类很多，目前常用的有槽式饮水器、塔式真空饮水器、吊塔式饮水器和乳头式饮水器四种。饮水器多数由镀锌薄铁板、铝板或塑料制成。

饲养雏鸡最好采用真空式饮水器，它由水罐和托水盘组成。水罐为圆柱形，口部有一个圆形出水孔，出水孔直径为0.5厘米，高于水罐口部1.5厘米，用以控制水盘的水位高度。水罐的高度一般为30厘米，口部直径20厘米。托水盘为圆盘型，周边高3厘米，直径24厘米。水罐装满水后，倒扣在水盘内，水从出水孔中流出，水深控制在1.5厘米、水面宽度2厘米。养鸡专业户切忌用水盆代替雏鸡饮水器，可自制简易饮水器。雏鸡在进入育雏舍24小时之内，要学会饮水。饮水器和食槽要在鸡舍内分布均匀，可靠近热源，但不能影响鸡休息。

6. 准备饲料和垫料　雏鸡对饲料的基本要求是，养分浓度高、营养全面、容易消化。按照上述要求，饲养者可直接从饲料厂购进饲料，要在进雏前3天将雏鸡饲料购进场。如果养鸡专业户自己配制饲料，要严格按照鸡的饲养标准配制。

垫料是指育雏舍内各种地面铺垫物的总称。在地面平面育雏时，一般都采用垫料。垫料切忌霉烂，要求干燥、清洁、柔软、吸水性强、灰尘少。常用的垫料有稻草、麦秸、碎玉米芯、锯木屑等。优质的垫料对雏鸡腹部有保温作用。在采用垫料育雏时，最好采用厚垫料育雏法。垫料要在鸡舍熏蒸消毒前铺好，以便在消毒鸡舍的同时对垫料进行消毒。

7. 消毒鸡舍和设备　育雏前要对育雏舍和舍内所有设备、用具、物品进行消毒，包括饲料、垫料、设备、育雏用具和饲养人员的衣物、用具，育雏期间不准将任何未消毒的物品带入育雏舍。

消毒的方法有很多，但都要先将育雏舍及用具用清水彻底冲刷、清洗，保证用具干净，鸡舍无灰尘、粪便、垃圾。鸡舍内笼具、水槽、食槽、墙壁等可用0.3%～0.5%的次氯酸钠溶液、过氧乙酸溶液或1%的甲醛溶液喷洒消毒，也可用生石灰粉和

1%的热碱水消毒。鸡舍常用熏蒸法消毒，方法是将洗刷干净的用具、设备、饲料及垫料放入冲刷干净的育雏舍内，用福尔马林（甲醛溶液）熏蒸消毒。剂量为：每立方米空间用福尔马林15～40毫升、高锰酸钾7.5～20克。养鸡专业户为节省开支，也可以不使用高锰酸钾，只用猛火加热福尔马林，使之在短时间内迅速挥发，达到熏蒸消毒的目的。熏蒸消毒时，鸡舍门窗应紧闭，用纸条封住缝隙，地面上适当洒水，提高空气的湿度，以加强福尔马林的消毒作用。在鸡舍完全封闭的条件下，要熏蒸12小时以上，室温在10℃以上效果较好。熏蒸消毒后，要将鸡舍门窗打开，通风换气，以便烟雾散尽。

采用地面平养的育雏舍，可用2%的氢氧化钠（烧碱）溶液喷洒地面，或用新配制的8%～10%的生石灰水消毒地面，地面干燥后，铺上6～7毫米厚的垫料。垫料在使用前要在阳光下充分暴晒，反复翻动，禁用霉变垫料。

育雏舍地面为泥土地时，要铲去一层表土，换上新土，再洒上生石灰，起到消毒及吸湿的作用，过两天再把石灰扫去。鸡舍为水泥地面时，用1%～2%的氢氧化钠或10%～20%的石灰水溶液喷雾或浸泡地面，然后再熏蒸消毒。有条件的地方可用高压水枪冲刷鸡舍，用汽油喷枪火焰消毒，把地面和1米以下的墙壁用火烧一遍，各种病源微生物可基本被杀死。密闭性能好的鸡舍也可用食醋加热熏蒸消毒，每25米^{3}用0.5千克食醋，加水0.5千克，加热煮开，直到溶液全部蒸发，再密闭熏蒸3小时，然后打开门窗通气，消毒效果也较好。

育雏舍门口要设置脚踏消毒池，池内放入消毒液，最常用的消毒液为2%的火碱水。

8. 育雏舍提前加温　无论采取何种育雏方式，在雏鸡进入育雏舍前2～3天要做好育雏舍的供温、试温工作。有条件的育雏舍可以提前供暖气。用炉火取暖的要提前将火生着，饲养员应熟练掌握炉子的性能，防止夜间灭火。采用电力取暖的育雏舍，

要进行电热调试。将舍温预热到30～34℃，检查能否恒温，及时调整，避免进鸡后室温过低。电热育雏伞下应为35℃，地面温度高于18℃。做好安全检查，使用炉火者，应有烟囱、风斗，并注意防火。

9. 准备常用药品　育雏期间的消毒、免疫工作是必不可少的，应准备充足的消毒药品和免疫疫苗。常用的消毒药品有火碱、次氯酸钠、生石灰、过氧乙酸、福尔马林和高锰酸钾等。雏鸡常用的疫苗有鸡新城疫疫苗、鸡传染性法氏囊疫苗、鸡传染性支气管炎疫苗、鸡痘疫苗等。此外，还应准备一些抗鸡白痢药、抗球虫病药品，用以预防、治疗雏鸡常见病。

（三）育雏舍的供暖方式

1. 煤炉供暖　这是小型鸡场和农村养鸡户最常见的加热取暖方式，即在育雏舍内生煤炉。煤炉可用铁皮制成，也可用烤火炉改制而成，炉上安装烟筒，伸向舍外，用于排出煤气和烟。育雏舍内设置煤炉的数量依据育雏舍的面积而定，保温性能良好的鸡舍，一般每20～30米^{2}安装一个煤炉即可达到雏鸡所需温度。为了防止煤炉散热过快和暴热，炉内壁可抹一层4～5厘米厚的青灰。炉子应用砖垫高，四周15厘米左右加设防护网，防止小鸡、垫料靠近火炉或引起火灾。防护网常用铁丝网制成。育雏时用煤炉供暖经济实用，保温性能稳定，耗煤量不大，但应防止煤气中毒。

在面积较大的育雏舍使用煤炉供暖时，往往要考虑辅助升温设备。尤其在早春季节，室外温度较低，仅仅靠煤炉升温达到育雏所需要的温度很困难，而且要消耗较多的煤炭。在具体实践中，人们常常是用煤炉将室温升到15℃以上，再使用电热伞等设备辅助加温，在有效的饲养面积内提高室温，提供雏鸡所需要的环境温度，这样既节省燃料和能源成本，又能预防因煤炉意外熄灭而导致的室温下降。

2. 保温伞供暖　保温伞由热源和伞部组成，它的工作原理是热源散发的热量通过保温伞反射到地面或网面上，使伞内保持一定的温度。热源可用电热丝、天然气和煤炉等。最常用的是用电热丝制作的保温伞，方法是将电热丝包埋在瓷盘上，挂于保温伞内。保温伞伞部常用铁皮、铝皮制成，也可用木板、纤维板等制成，把伞内涂成白色，以增强热量的反射效果。保温伞可制成圆形、方形、多角形等多种形式。

保温伞的大小根据育雏舍的面积和雏鸡群的数量而设计，一般直径为1米的保温伞，用1.6千瓦的电热丝作热源，可供250～300只雏鸡使用。有些保温伞内还安装了由乙醚膨胀饼和微波开关组成的自动控制调温装置。使用时，可按照雏鸡的日龄、所需要的温度调整调节器旋钮，使其自动控温。采用保温伞供暖育雏，育雏量较大，雏鸡可在保温伞下自由活动，选择自身需要的环境温度，使用方便，节省人力，能保持育雏舍内清洁卫生，空气良好。

使用保温伞育雏要有相应的室温基础，室温在15℃以上，效果较好。如果室温过低，保温伞就要不间断地一直保持运行状态，将缩短保温伞的使用寿命，甚至烧坏保温伞。如果再遇到停电、停气等意外情况，育雏舍温度会急剧下降，影响育雏效果。在通常情况下，采用煤炉保持室温，利用保温伞供给雏鸡所需的温度，当煤炉温度高时，室温也高，保温伞可停止工作；当煤炉温度低时，室温相对降低，保温伞可自动开启工作。这样，在整个育雏期间，室温稳定，不会因室温过高或过低而影响雏鸡的生长发育，同时也可以获得较为理想的饲料利用率。

3. 红外线供暖　红外线发热元件主要表现为两种形式，一种为明发射体，一种为暗发射体，这两种发射体都可以安装在金属反射罩下。明发射体主要指的是红外线灯泡，在室温20℃以上育雏时，一盏250瓦的红外线灯可供100～250只雏鸡保温，同时还可照明。暗发射体采用红外线棒或红外线板，功率为

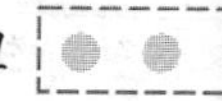

180～1 000 瓦不等，只发射红外线，不发射可见光，使用时配备照明灯。红外线发热源一般悬挂于地面或网面上方，高度视季节及雏鸡日龄而定。在早春离地面或网面约 35 厘米，在夏、秋季节距离为 40～50 厘米，根据具体情况可随时进行调整。饲料和饮水器不要放在发热体的正下方。使用红外线供暖育雏，室内温度稳定、清洁，育雏效果好，但耗电量较大，红外线灯泡易碎，成本较高。

（四）常用的育雏方式

1. 平面育雏　平面育雏是适用于中小规模鸡场和广大农户的一种育雏方式。它是把雏鸡饲养在铺有垫料的地平面上或饲养在具有一定高度的单层网平面上。养在地面上的简称地面育雏，养在网平面上的称网上育雏。

（1）地面育雏　育雏地面可以是水泥地面、砖地面、泥土地面或炕面，各种地面均需铺撒垫料，垫料可以时常更换，也可以在雏鸡脱温转群后一次清除，后者被称为厚垫料育雏。厚垫料育雏时，鸡粪和垫料发酵产热，可以提高室温，还可以在微生物作用下产生维生素 B_{12}，能被鸡采食利用。这种育雏方式不仅节省清运垫料的人力，还可以充分利用鸡粪作为高效有机肥料。厚垫料育雏的方式是：将雏鸡舍打扫干净、消毒后，按每平方米地面撒生石灰 1 千克，然后铺上 5～6 厘米厚的垫料，育雏两周后，加铺新垫料，育雏结束时垫料厚度可达 15～25 厘米。在育雏期间，发现垫料板结，及时用草叉将垫料松动，使之保持松软、干燥。垫料于育雏结束后一次性清除。使用这种方式育雏应注意保持室内通风良好，雏鸡密度在每平方米 16 只以下，防止垫料潮湿，可 3～5 天撒一次过磷酸钙，使用量为每平方米 100 克。

地面育雏的育雏舍内要设置料槽或料桶、雏鸡饮水器或水槽，以及加热、供暖设备等。育雏舍面积较大和饲养雏鸡数量较多时，要设置分栏，即用围席或挡板将地面围成几个小区，把雏鸡分成小群饲养，一般每个小区养50～60只，随着雏鸡日龄的增加，雏鸡逐渐会飞能跳，再将围席或挡板去掉，这样可以有效地防止因室温突然降低而造成雏鸡挤压、扎堆死亡。地面育雏要搞好环境卫生，保持育雏舍地面和垫料清洁、干燥。饮水器周围的垫料容易潮湿，要随时更换潮湿垫料，不让球虫卵囊有繁殖的环境条件，这是地面平养防止球虫病发生的根本措施。

地面育雏简单易行，管理方便，特别适用于农户养鸡。但是，由于雏鸡与地面鸡粪经常接触，容易感染球虫病，成活率低，而且占地面积大，房舍利用不够经济，还需耗费较多的垫料。

(2) 网上育雏　网上育雏是利用网面代替地面饲养雏鸡。网的材料有铁丝网和塑料网，也可以就地取材，用木板或毛竹片制成板条在地面上架高使用，通常网面比地面高50～60厘米，网眼大小不超过1.2厘米×1.2厘米。网上设置饮水及喂料装置。网上育雏的加热、供暖设备同地面育雏一样，有多种形式，如采用煤炉、电热伞、红外线装置和热气、热水管等。雏鸡在网上采食、休息，排出的粪便通过网眼落于地面。网上育雏的前两周也应设置围网或挡板，将雏鸡分成小群饲养，防止挤压死亡，育雏后期可以合群饲养。

网上育雏使雏鸡不与粪便直接接触，减少了病原再污染的机会，有利于防病，特别是对于防止雏鸡白痢病和球虫病有极显著的效果，同时提高了育雏成活率。网上育雏的不足之处是投资成本高。生产中应注意的是，要有较高的饲养管理水平，特别是饲料营养要全价，防止鸡产生营养缺乏症。鸡舍要加强通风换气，防止雏鸡排出的粪便堆积产生有害气体。

2. 立体育雏　立体育雏是应用分层育雏笼来养育雏鸡，这是现代化养鸡的一种方式。分层育雏笼是由笼架、笼体、料槽、水槽和承粪盘组成。一般笼架长100厘米、宽60厘米、高150厘米。离地面30厘米起，每层高约40厘米，可有3～5层，采

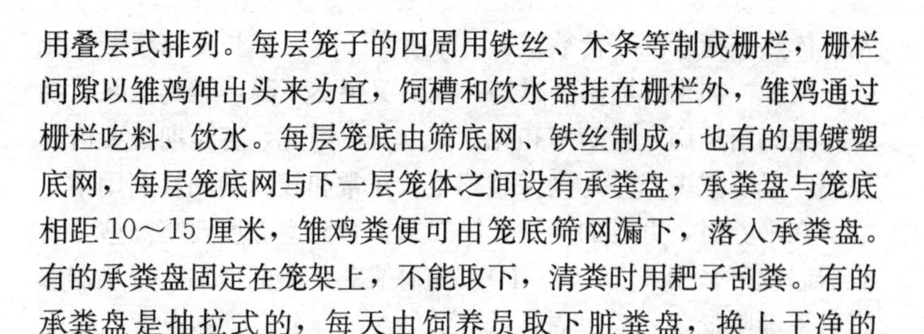
用叠层式排列。每层笼子的四周用铁丝、木条等制成栅栏，栅栏间隙以雏鸡伸出头来为宜，饲槽和饮水器挂在栅栏外，雏鸡通过栅栏吃料、饮水。每层笼底由筛底网、铁丝制成，也有的用镀塑底网，每层笼底网与下一层笼体之间设有承粪盘，承粪盘与笼底相距10～15厘米，雏鸡粪便可由笼底筛网漏下，落入承粪盘。有的承粪盘固定在笼架上，不能取下，清粪时用耙子刮粪。有的承粪盘是抽拉式的，每天由饲养员取下脏粪盘，换上干净的粪盘。

采用立体育雏笼育雏，可以饲养小雏、中雏和大雏，不用转群，饲养肉用仔鸡可以一直养到上市屠宰。饲养种鸡可以一直养到18周龄进入产蛋鸡舍。

（五）育雏环境的控制技术

要想获得高的育雏成活率，雏鸡的环境管理是相当重要的因素。育雏期雏鸡所需要的环境条件有：合适的温度、适宜的湿度、新鲜的空气、正确的光照制度、合理的饲养密度、严格的卫生防疫制度。

1. *掌握适宜的温度*　环境温度与雏鸡的体温调节、运动、采食、饮水以及饲料的消化、吸收有关。因此，温度是育雏的首要条件。育雏期选择的温度，应随雏鸡的品种、育雏器的种类、育雏的季节不同而略有差异。温度的显示来源于温度计，温度计摆放的位置不同，所示的温度也有差异。育雏室的温度是指将温度计挂在远离育雏器或者热源的墙上，高出地面一米处测得的温度。育雏器的温度是指将温度计挂在育雏器的边缘（如保温伞的边缘）或热源附近，距离地面或网面5厘米处，相当于鸡背高度的位置测得温度。刚孵出的幼雏，身体小，绒毛稀少，体温调节能力差，对周围环境的变化较敏感，既怕冷，又怕热。环境温度过低，雏鸡扎堆，行动不灵活，采食、饮水均受到影响，易发生呼吸道和消化道疾病。环境温度过高，影响雏鸡的体热和水分散发，体热平衡紊乱，食欲减退，采食量下降，生长发育缓慢，死亡率增加。如果环境温度过高，而后又突然下降，雏鸡受寒，易发生雏鸡白痢病，发病率和死亡率上升。因此，育雏期既要恰当保温，又要减少温差，确保雏鸡生长正常和较高的饲料利用率。

在平养时，育雏的第一、第二天，育雏室温度要稍高些，育雏器温度可采用35℃（95 ℉）。随着雏鸡日龄的增加，育雏器温度可逐渐降低，一般每周降低3℃左右，直至育雏器温度与室温相同时，即可停止育雏器给温。育雏室温度在育雏最初的1周中，要保持在24℃以上，以后逐渐降至21～18℃。育雏的环境温度，比较理想的是要有微弱的高、中、低之差别，一般育雏器温度较高，育雏室温度稍低，育雏器边缘部分温度介于育雏器和室温之间，雏鸡可以按照自身的需要选择其适温带。由于室内形成微弱温差的原因，也可以促使室内空气对流，对雏鸡生长有利。

育雏的温度应根据气候、房舍建筑和雏鸡的不同品种与健康状况来调整。通常是当外界温度低时，育雏温度稍高些，外界温度高时，育雏温度稍低些。弱雏需要温度高些，健雏相对低些；肉鸡比蛋鸡需要的温度相对高些；电力伞型育雏器温度高些，煤炉型育雏器低些。在早春育雏时，夜间外界温度低，雏鸡歇息不动，育雏器温度应比白天高1℃。有些饲养者忽视夜间天气的突然变化，往往造成大批死亡。因此，饲养雏鸡在夜间及大风降温时，应特别注意育雏室内的温度。

育雏温度是否合适，温度计上显示的温度只是一种参考依据，更重要的是要求饲养人员能“看鸡施温”，即通过观察雏鸡的表现，正确控制育雏的温度。育雏温度合适时，雏鸡表现活泼好动，精神旺盛，叫声轻快，食欲良好，饮水适度，羽毛光滑、整齐，粪便正常，饱食后休息时均匀地分布在育雏器的周围或育雏笼的底网上，头颈伸直熟睡，无奇异状态或不安的叫声，鸡舍内安静。育雏温度过低时，雏鸡表现行动缓慢，羽毛蓬松，身体

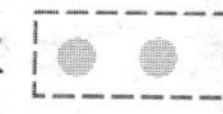

发抖，聚集拥挤到热源下面，扎堆，不敢外出采食，不时发出尖锐、短促的叫声，精神差。此时，应尽快提高室温或育雏器温度，并观察温度上升至正常，不可超温。育雏温度过高时，雏鸡远离热源，匍匐地面、两翅展开、伸颈、张口喘气，饮水量增加，食欲减退，此时应逐渐降低室温或育雏器温度，提供雏鸡足够的饮水，打开育雏室背风处的通风窗或孔。待温度下降至正常时，再逐步关闭通风窗或孔。稳定热源温度，切不可突然降温，更不能打开上风窗或孔。

在整个育雏期间，必须给雏鸡创造一个平稳、合适的温度环境，切忌温度忽高忽低。否则，剧烈的温度变化将导致不良后果。

2. 调整相对湿度　湿度指空气的潮湿程度。育雏室内的湿度一般用相对湿度来表示。相对湿度愈高，即相对湿度的数值愈向 100%靠近，说明空气愈潮湿；相对湿度愈低，则说明空气愈干燥。通常情况下，育雏期间相对湿度的要求不像温度那样严格，但是在特殊情况下，或与其他环境因素共同发生作用时，不适宜的相对湿度可对雏鸡造成很大危害，因而不能忽视。

雏鸡适宜的相对湿度是：1～10 日龄为 60%～70%，10 日龄以后为 50%～60%。育雏前期的相对湿度略高于后期，这是因为育雏前期室温要求高，小鸡饮水、采食量不大，排粪也少，垫料的含水量低，环境相对干燥；而雏鸡从相对湿度为 70%的孵化器中孵出，如果随即转入干燥的育雏室中，雏鸡体内水分随着呼吸大量蒸发，则腹内剩余的蛋黄吸收不良，饮水过多，易发生下痢，脚趾干瘪，羽毛生长缓慢。因此，育雏前期适当提高相对湿度对雏鸡发育有利。随着雏鸡日龄增长，至 10 日龄以后，呼吸量和排粪量相应增加，室内易潮湿。因此，要注意通风，勤换潮湿的垫料，适当调整饲养密度，调整室内湿度。在育雏后期，干燥的环境比潮湿的环境有利于雏鸡的健康。尤其要保持垫料的干燥，这样有利于预防雏鸡白痢病和减少死亡率。

测定育雏室的相对湿度，除使用湿度计外，还要靠饲养人员通过自身的感觉和观察雏鸡的表现来判断育雏室内的湿度是否适宜。当相对湿度适宜时，人进入育雏室内有湿热感觉，口鼻不觉干燥，雏鸡的脚爪润泽、细嫩，精神状态良好，鸡飞动时室内基本无灰尘飞扬。如果人进入育雏室内感觉口鼻干燥，很多鸡围在饮水器周围，不断饮水，鸡群骚动时尘灰四起，这说明育雏室内湿度低。饲养人员进入鸡舍见到雏鸡羽毛黏湿，室内用具、墙壁上潮湿或有一层露珠，则说明湿度过高了。

提高室内湿度的方法很多，最常用的是在煤炉上放置水壶和水盆烧开水，以产生蒸汽。如果是网上育雏，可以向空间、地面喷水。地面育雏的可以放一些潮的草捆。降低室内潮湿的方法是往垫料上撒些过磷酸钙，用量为每平方米 0.1 千克；或将过磷酸钙与垫料搅拌混合，切忌用生石灰。在空气干燥的季节可以通过通风换气，改变室内湿度，但应注意室内温度。对于室内相对湿度的要求，在不同季节可作适当调整。

3. 通风换气　通风换气的目的是排出育雏室内污浊的空气，换进新鲜空气，并调节室内的温度和湿度，这是雏鸡正常生长发育的重要条件之一。雏鸡的生长发育是新陈代谢的过程，它通过肺部排出大量的二氧化碳；通过消化道排出粪便，粪便经过微生物的分解产生大量的氨气、硫化氢等有毒气体，使育雏室内的空气不断受到污染。如果这些污浊的气体不能及时地排放出去，空气中有害气体的浓度就会不断增加，时间长了，雏鸡的健康就会受到严重影响，可引发呼吸道及其他疾病。因此，在育雏过程中要加强通风换气，及时排出室内的污浊气体，引入室外的新鲜空气，以改善育雏室内的空气环境。

正常情况下，育雏室内二氧化碳的含量要求控制在 0.2%左右，不应超过 0.5%；氨气的含量要求低于 10 微升/升，不能超过 20 微升/升；硫化氢气体的含量要求在 6.6 微升/升，不应超过 15 微升/升。室内空气中的有害气体含量可以通过仪器测量，

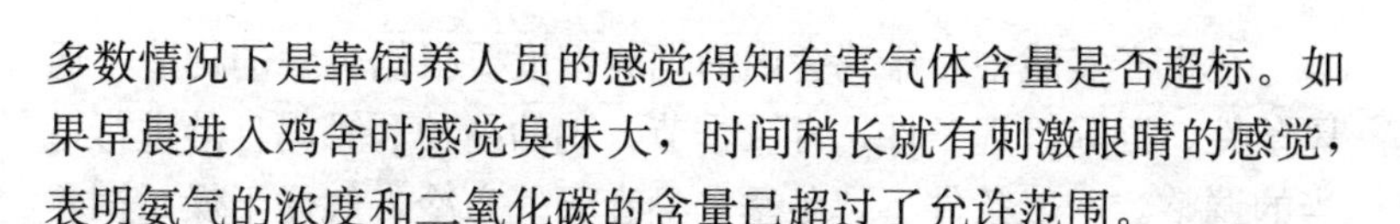

多数情况下是靠饲养人员的感觉得知有害气体含量是否超标。如果早晨进入鸡舍时感觉臭味大，时间稍长就有刺激眼睛的感觉，表明氨气的浓度和二氧化碳的含量已超过了允许范围。

通风换气在育雏前期主要是通过育雏室的风斗来实现的。3周龄以后，密闭式鸡舍及笼养密度大的鸡舍可通过动力机械（风机）进行强制通风，对通风量的要求是冬季0.03～0.06米^3/（分·只），夏季0.12米^3/（分·只），以人进入鸡舍内无闷气感觉以及不刺激鼻、眼为宜。开放式鸡舍基本上都是依靠开窗进行自然通风，饲养员要注意经常通风，及时清除鸡舍内的粪便，加强管理，使室内空气中的有害气体含量不超过允许浓度。

在生产实践中，雏鸡舍的通风换气与保温常形成矛盾。饲养员往往为了保温而忽视通风，结果鸡舍内空气污浊，雏鸡体弱多病，死亡率增加；更有严重者将取暖煤炉的炉盖打开，试图达到提高室温的目的，结果造成煤气中毒的事故。如果既想保持室温，又要排出室内的污浊空气，可以在通风之前先提高育雏舍的室温，一般将室温升高1～2℃，待通风完毕后，室温也就降到了原来的正常温度。通风换气的时间最好选择在晴天中午前后，通风换气要缓慢进行，门窗的开起度应从小到大，最后呈半开状态，切不可突然将门窗大开，让冷风直吹，使室温突然下降。通风切忌过堂风、间隙风，以免雏鸡受寒感冒。

4. 饲养密度合理　饲养密度是指育雏舍内，每平方米地面或网面上所饲养的雏鸡数。饲养密度对于雏鸡的正常生长和发育有很大影响，能直接影响鸡场的经济效益。鸡舍内的饲养密度过小，虽然对雏鸡的生长发育有利，但是不能充分利用房舍、设备和人员，饲养成本增加，经济效益降低。如果饲养密度过大，则雏鸡拥挤，采食、饮水不均，鸡群发育不整齐，生长速度减慢，鸡舍内空气污浊，二氧化碳含量增加，氨味浓，舍内湿度大，卫生环境差。若此时鸡舍内温度较高，极易发生雏鸡啄癖和其他疾病，造成死亡率增高。

在生产实践中，雏鸡舍内的饲养密度要根据鸡舍的构造、通风条件、饲养管理条件、育雏季节、鸡的品种和雏鸡日龄进行适当的调整。一般条件下，冬季和早春天气寒冷，气候干燥，饲养密度可相对高一些。夏、秋季节雨水多，气温高，饲养密度应适当降低一些，与冬春季节的密度相比，每平方米应减少3～5只。随着雏鸡日龄的增长，每只雏鸡所占的面积应有所增加，单位面积所养的雏鸡数应逐渐减少。重型品种的雏鸡饲养密度应低于轻型品种，一般每平方米相差5只左右；弱雏比强雏体质差，经不起拥挤，除了应分群单独饲养外，还应降低饲养密度。育雏舍通风条件差的，饲养密度应低些，地面散养的饲养密度应低于网上饲养。在注意饲养密度的同时，还要注意每群鸡的数量不要太大，种用雏鸡小群饲养最好，通常每栏放置500～700只，公、母分栏饲养。饲养商品雏鸡，鸡群可稍大，一般以1 000～2 000只为宜。

5. *正确的光照制度* 光照主要指自然光照（太阳光）和人工光照（电灯光）。光照的强度、时间对雏鸡的生长发育都有影响。适宜的光照除了保证雏鸡的正常采食、饮水外，还可以增加雏鸡体内细胞和组织的生命活动，提高机体免疫力，使雏鸡健康成长；可以加强雏鸡的血液循环，加速新陈代谢，增进食欲，帮助消化，自然光还有助于钙、磷代谢，能促进雏鸡的骨骼发育。不适宜的光照包括光照时间过长或过短，光照强度过强或过弱。光照时间过短和光线过弱，影响雏鸡正常采食、饮水、活动，还会过度延迟肉种鸡的性成熟。光照时间过长，会使种鸡过早性成熟，影响种用价值。光线过强会使任何品种鸡只都感到不适，显得神经质，易惊群，还会引起啄羽、啄肛、啄趾和角斗等恶癖。因此，正确的光照制度是雏鸡生长发育不可缺少的重要因素之一。

种鸡与肉鸡的光照制度完全不同。种鸡利用光照的主要目的之一是控制母雏的性成熟时间，防止母雏过早达到性成熟；肉鸡利用光照的主要目的是延长采食时间，使其充分采食，充分消化，增重快，饲料报酬高。因此，在光照管理上可采用不同的方法。

种鸡常用的光照制度是：雏鸡出壳至1周以内给予23或24小时光照，强度稍大一些为宜，一般为10.76勒克斯，即0.37米^{2}有光源1瓦；夜间应不定时停止光照1小时，锻炼雏鸡对黑暗的适应能力，避免突然发生停电，造成鸡群不安；1周龄以后保持每天8小时光照即可，光照强度可降为5勒克斯。使用照度计可直接测出光照强度。

肉鸡常采用的光照强度有以下两种。第一种为持续光照制度，在0～3日龄持续24小时光照，4日龄以后每天23小时光照，1小时黑暗。第二种为间断光照制度，在0～3日龄采取24小时光照，4日龄以后，采取1小时光照、3小时黑暗或2小时光照、3小时黑暗交替进行。第二种光照制度可降低电力消耗，也是为了使肉鸡在无光时伏地休息，减少运动量，提高饲料利用率，增加经济效益，但必须提供足够的料槽和水槽，以保证每只鸡在光照时间内都能有充分的采食、饮水位置。肉鸡在5日龄以前可使用较强的光线，在5日龄以后应降到3.5勒克斯。

开放式鸡舍使用自然光照，光照时间不足时用人工光照补充；在光照强度过强时，可在窗上加遮挡物，减弱光照，避免强光照射，以防止各种恶癖发生。

（六）雏鸡的喂养与日常管理技术

雏鸡的喂养与日常管理是根据雏鸡的生长特点和生长发育规律而进行的。

1. 雏鸡的生长发育特点　雏鸡的生长发育特点主要表现在以下几个方面：

（1）雏鸡新陈代谢旺盛，生长发育迅速。肉用仔鸡在2周龄时，其体重是出生重的4倍。在6周龄时，其体重已增加32倍。

这一点是任何实验动物也不能与之相比的。

(2) 雏鸡娇嫩、怕冷，体温调节机能不健全，不能很快适应外部环境的变化。雏鸡刚出壳时，全身由小绒毛覆盖，起不到保温的作用。因此，育雏期要供温，随着雏鸡日龄的增长，雏鸡羽毛逐渐生长和脱换，体温调节能力也逐渐增强。

(3) 雏鸡消化器官容积小，贮存食物少，消化能力差。因此，在喂养雏鸡时，要供给营养全面、易于消化吸收的饲料。

(4) 雏鸡对疾病的抵抗力弱，对各种病原微生物的侵害无自卫能力，很容易感染各种疾病。在管理上要做到定期接种免疫疫苗，加强卫生消毒工作，严格控制病原传播。

(5) 雏鸡敏感、胆小，无自卫能力，怕惊吓，各种环境条件的突然改变都会影响其正常的生长发育。雏鸡对饲料的变化也很敏感，对饲料中营养成分的缺乏或有毒物质的过量，都会产生生长发育受阻和各种病理反应。因此，在雏鸡培育期，要注意营养全面，保持环境安静，避免噪音等。

2. 提供充足的饮水　初生雏鸡初次饮水称为开水。初生雏鸡体内含75%的水分，水在鸡的消化和代谢过程中起着重要作用。刚出壳的小鸡体内残留有未被吸收完的蛋黄，饮水可加速蛋黄物质被机体吸收利用，有助于提高雏鸡食欲，可帮助雏鸡消化饲料和吸收营养。另外，孵化室及育雏室内温度较高，空气干燥，雏鸡刚出壳因吸收和排泄等散失大量水分，使体重不断下降，需要靠饮水来补充水分，以维持体内水分代谢的平衡。如饮水过晚或得不到充足的饮水，会使雏鸡失水、虚脱，影响健康和生长发育。因此，要养好雏鸡，在雏鸡进入育雏室开食前，应首先给予饮水，而且要保证清洁、不间断。

通常在雏鸡进入育雏室后，让其休息并适应室内环境片刻，即可开水。在开水的24小时内，建议给予含有5%葡萄糖和0.1%维生素C的饮水，以增强雏鸡体质，缓解途中运输引起的应激，加强体内有害物质的排泄。在饲养种鸡时，还应经常在饮

水中加入微量高锰酸钾、碘制剂或其他消毒药物，用以消毒饮水。开水水温应接近室温（16～20℃），饮水量要充足。在正常情况下，小鸡会自动找水喝，只要有几只小鸡饮水，其他鸡也会跟着饮水。个别不会的，应由饲养员教会。开水方法是，饲养员手抓小鸡，将小鸡嘴部伸入水中，然后将小鸡仰起，强制饮水3～4次，小鸡就会自饮了。饮水器放置的位置应尽量靠近光源、保温伞，数量要充足，饮水器的大小及距地面（或网面）的高度，应随鸡的日龄增长而逐渐调整。在将小饮水器换成大饮水器时，应将大饮水器预先放入育雏舍，并将小饮水器留在原位3～5天，以便让小鸡逐渐熟悉在大饮水器上饮水后，才能取走小饮水器。饮水器应每天刷洗。为了节约饮水，可制定雏鸡日饮水量增加表，既保证正常饮水，又不致浪费。

鸡舍内采用供水系统的，要经常检查并去除污垢，因为贮水箱和管道很容易有细菌滋生，必须经常处理和用高锰酸钾等药物消毒。在中、小型鸡场和个体饲养场中，应尽量引用自来水或清洁的井水，避免饮用河水。

雏鸡对水的需要量与体重、环境温度有关，雏鸡体重大、环境温度高时，雏鸡的需水量也多。如果雏鸡的饮水量突然发生变化，往往是雏鸡发生问题的早期征状，应密切注意观察。

3. 适时开食　刚孵出来的雏鸡第一次喂食称为开食。开食时间的早晚直接影响初生雏鸡的食欲、消化和今后的生长发育。雏鸡的消化器官在出壳后36小时才能完全具有消化功能。过早开食有害消化器官，对今后的生长发育不利；过晚开食会加大雏鸡的体力消耗，使雏鸡变得虚弱。因为雏鸡出壳后，在孵化室要进行预防接种、雌雄鉴别，有的还要进行断喙、剪冠等，然后再运输安置，要经过一段时间才能到达育雏室。如果不能适时开食，会影响今后的生长和成活率。因此，初生雏鸡要适时开食。一般开食时间在雏鸡出壳后24～36小时。雏鸡进入育雏室后休息一段时间，熟悉了育雏室的环境，当有60%～70%的雏鸡起身蹦跳，并且有啄食地面的表现时，即可开食。开食最好安排在白天进行，在自孵自养的养鸡场，也可按雏鸡出壳的早晚分批开食。

雏鸡开食的饲料要求新鲜，颗粒大小适中，易于啄食，营养丰富，易消化。常用的有碎玉米屑、小米、碎米（干的或事先经过浸泡的均可）。雏鸡3日龄后可改喂全价配合饲料。有些鸡场采用混合粉料开食，效果也很好。

雏鸡开食使用的用具通常采用浅平盘，或将饲料撒在已消毒的报纸或深色塑料布上。为了使雏鸡易于看见和接触到饲料，应在育雏室内加大光亮度和温度，放置的饲料使雏鸡易食。初生雏鸡具有天然的好奇心和模仿性，只要有很少的雏鸡啄食饲料，其他鸡很快就学会。采用立体笼养方式养鸡者，要将雏鸡放置在较为明亮、温度较高的上两层和中间层，在底网上铺报纸，撒上饲料；或每笼放一浅盘，盛满饲料，上面再撒一层非常细碎的黄玉米颗粒，同时在笼外侧的饲料槽内也要装满饲料。

开食时，要注意让每只小鸡尽量都同时吃到饲料。如果管理不周到，个别小鸡1～2天内吃不到饲料，将使今后的育雏成活率明显下降。在进雏的第一天要每2小时喂一次料，在每次喂料和日喂次数上，要按照“少喂勤添八成饱”的原则，每次撒喂的饲料应在20～30分钟内吃完。在开食后，要查看雏鸡嗉囊是否充满，对嗉囊无食的鸡要采取强制开食。雏鸡采食后的剩料要及时清除，时间过长的剩料会发霉变质，最易危害雏鸡的健康。在雏鸡阶段应按雏鸡饲养标准制定日采食量表，按计划供给饲料，而且要平均配给，每只鸡采食的饲料应大体均匀。多食的必然会影响其他鸡只采食，日后的体重差异也会逐步加大。因此，首先要保证喂料器具充足，放置饲料均匀。喂料时，要将鸡群平均分配到各个喂料器周围。在育雏的前2周，每天要保证喂4次以上；3～4周龄时，可改为每天3次；5周以后，可改为每天喂2次。还要根据饲养雏鸡的品种情况，区别对待。喂食时间应相对

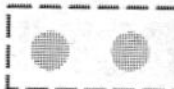

稳定，不要经常变动，以便使雏鸡建立采食的条件反射。

雏鸡对饲料的需要量依雏鸡品种、日粮的能量水平、日龄的大小、喂料方法和鸡群健康状况等的不同而异。同一品种的雏鸡随着鸡龄的增大，每天饲料消耗是逐渐上升的。在生产中，饲养员应每天测定饲料消耗量，如发现饲料消耗量稳定或减少，这说明鸡群或饲料出现了问题，可能是鸡群生病，也可能是饲料质量变差了。此时，应立即查明原因，采取有效的措施，保证鸡群正常的生长发育。

另外，农村的小型鸡场和养鸡专业户可以充分利用农村的自然资源，使用青绿饲料喂鸡。青绿饲料适口性好，而且含有大量维生素。在喂雏鸡时，如果使用了青饲料，在配合精料时就可以少添加或不添加复合维生素添加剂。给雏鸡第一次饲喂青绿饲料的时间，一般是在雏鸡 4 日龄以后，常用的青绿饲料有切碎的青菜和青嫩草叶等。青绿饲料的饲喂量约占饲料总量的 10%左右，不宜过多，以免引起下痢，或造成雏鸡营养失调、发育受阻。随着雏鸡日龄增长，可以逐步加大青绿饲料的饲喂量，达到占饲料总量的 20%～30%。

4. 随时观察鸡群　在雏鸡管理上，日常观察鸡群是一项比较重要的工作。因为饲养人员只有对雏鸡的一切变化情况了如指掌，才能及时分析原因，采取对应措施，加强管理，以便提高育雏成活率，减少损失。

观察鸡群，在育雏第一周尤为重要。饲养员首先应通过喂料的机会，观察雏鸡对给料的反应、采食的速度、争抢的程度以及饮水状况等，了解雏鸡的健康，饮水器和料槽是否数量充足，规格是否合适，有需要更改的要及时调整补充。通过采食量的变化了解雏鸡的生长状况，一般雏鸡采食量减少或不愿采食有以下几种原因：①饲料质量下降，饲料品种或饲料方法突然改变；②饲料腐败变质或有异味；③育雏温度不正常，饮水不充足或饲料中长期缺少沙砾等；④鸡群发生疾病。如果鸡群饮水过量，常常是因为育雏温度过高，育雏室相对湿度过低，或者鸡群发生球虫病、传染性法氏囊病等，也可能是饲料中使用了劣质咸鱼粉，使饲料中食盐含量过高，鸡采食后口渴造成。要逐条分析，找出原因，采取措施加以纠正。

饲养员通过观察鸡群的精神状态，发现病、弱、残雏，及时从鸡群中剔出，单独隔离饲养，重点护理或者淘汰。病、弱雏常表现出离群、闭眼呆立、羽毛蓬松不洁、翅膀下垂、呼吸有声等。通过观察鸡群的分布情况，了解育雏温度、通风、光照等条件是否适宜，发现问题及时解决。在一般情况下，育雏温度正常时，雏鸡均分布在育雏器的周围和育雏笼的网上，头颈伸直熟睡，无奇异状态或不安的叫声。育雏温度过低时，雏鸡聚集、拥挤到热源下面，不敢外出采食，不时发出短促的尖叫声。育雏温度过高时，雏鸡远离热源，展翅张口呼吸，大量饮水。当育雏室内有贼风（间隙风、穿堂风）侵袭时，雏鸡亦有密集拥挤的现象，但大多密集于远离贼风吹入方向的某一侧。

观察鸡群时，还要看鸡群有无恶癖，比如啄羽、啄肛、啄趾及其他异食现象，检查有无瘫鸡、软腿鸡等，以便及时判断日粮中营养是否平衡、环境条件是否适宜等。

地面平养育雏要注意防止野兽、老鼠或其他家畜骚扰鸡群。采用立体笼养育雏的要经常检查有无被鸡笼卡住脖子、翅膀、腿、爪的现象。发现跑出笼的鸡要及时抓住，放入原来的笼内。检查笼门、食槽、水槽的高度是否合适，及时调整。承粪板上的粪便要及时清除干净。随时观察鸡群的工作是细致的、琐碎的、平常的工作，也是直接影响鸡群成活率与养鸡经济效益的工作。

5. 适当掌握喂给量　在雏鸡饲养管理过程中，正确掌握雏鸡日粮喂给量是十分重要的。在这个问题上，原则上应根据雏鸡的生长速度来严格计算雏鸡的采食量。对处于育雏阶段的肉用种鸡来说，这一点尤为重要。因为肉用种鸡有贪食的习惯，它们往往通过超量采食以满足快速生长的需要，然而这对日后种鸡的种

用价值有至关重要的影响。超量采食，必然使体重过早地超速生长。在产种蛋初期，超食的种鸡其体重远远超出各品种规定的体重和过量的脂肪沉积，其产蛋性能大大下降，种蛋的重量会超常增长，种蛋利用率和孵化率也随之下降。因此，严格地说，肉种鸡限制饲喂必须自育雏阶段起就要密切关注。

在饲喂方法上，如果是平养小食槽喂料，则要掌握少喂勤添，每天饲喂5次以上。如果采用料桶喂料，桶内料量不能超过全天饲喂量的总量。日龄稍大的雏鸡，如果采用链板槽喂料，其机器运转和投料1周的时间不得超过15分钟。如果整幢鸡舍的用料量还不够机器自动运转1周，则需人工辅助投料，即随着机器的运转，再人工少量投料，以保证所投料均匀地分布在料槽中，并能在运转1周的时间里投完。如果在上午投料，一天之内机器应短时空转2～3次，以保证压在链板下的饲料都能被鸡采食完。无论采用什么喂料方法，喂料量必须每天调整，逐渐按预先拟定的量添加，这样才能保证鸡群的生长发育按标准增长。

6. 逐步脱温　随着雏鸡日龄的逐渐增加，所需要供给的育雏温度逐渐降低，直至离温。雏鸡脱温要有个适应过程，开始时白天不加温，晚上给温。经5～7天鸡群适应自然气温后，就可以不再加温了。切不可突然脱温或温度下降过快，使温差过大。否则，雏鸡怕冷，相互挤压在一起而压死或发生呼吸道病等。雏鸡脱温的日龄要根据天气情况而定，一般春季为30～40日龄，夏季为早晚给温直至10日龄左右，秋季为10～15日龄，冬季40日龄左右。我国地域辽阔，气候复杂，情况多变，应灵活掌握。在我国北方地区育雏，实际脱温日龄要比上述提供的日龄适当延长。

（七）雏鸡的卫生防疫措施

雏鸡个体小，体质弱，抵抗病原微生物的能力差，而且饲养密集，一旦感染疾病，易于传播，难以控制，即便控制住病情发展，也将给今后的生产造成难以挽回的损失。因此，在育雏期间要搞好卫生防疫工作，以预防为主，制定严格的消毒制度，大家共同遵守，互相监督，严格执行。具体实施中应从以下几个方面入手。

1. 采用“全进全出”的饲养制度　即一栋鸡舍内只饲养同一日龄的鸡。育雏结束后，全部同时转群，清空育雏舍。对鸡舍进行严格的冲洗、消毒以后，空闲1周以上，才可以重新使用。这样可以有效地切断病原微生物的循环感染。

2. 严格执行消毒制度　对鸡舍、设备进行定期消毒时，要一丝不苟、严格把关，消灭各种病原微生物。在鸡舍门口要设置消毒池和消毒水，把育雏室与外界生产的联系减少到最低限度，并尽可能地谢绝外来人员参观。凡是进入育雏室的人员、物品，必须进行严格消毒。

3. 建立隔离制度　育雏室与其他鸡舍之间要有一定的距离，而且处于其他鸡舍的上风向，防止空气传播疾病。育雏期间应人员固定、工具固定，不能乱拿、乱用，人员不能相互串鸡舍，以防传染。新购入的种鸡应来源于无疫病的鸡场，并且隔离饲养，观察一段时间后，确认无病，再按常规饲养。育雏期间的死鸡应装入密闭容器或塑料袋，送到离鸡舍较远的地方深埋或焚烧，切忌乱扔、就地解剖或处理死鸡。

4. 定期进行预防接种疫苗　按照雏鸡的免疫程序，及时做好各项免疫工作，这样可以提高鸡对各种传染病的免疫力。有条件的鸡场，还应经常进行鸡体抗体水平检查和预防性投药，真正做到以防为主。

5. 科学的饲养管理　加强饲养管理是防止疾病发生的基本条件，也是搞好防疫的根本。应做到饲料新鲜，配合得当，尽可能地满足雏鸡对各种营养物质的需要；不间断供给充足饮水；提供雏鸡生长适宜的温度、湿度和照度，保持鸡舍空气新鲜，经常通风换气，雏鸡饲养密度合理。

6. *减少应激*　应激可使鸡群体质下降，生长速度受到影响。因此，要为雏鸡创造一个安静的生长环境，防止发生突然的喧闹声，防止猫、狗、鸟类进入育雏舍，以免引起惊慌，造成挤压伤亡。要消灭老鼠，因为老鼠不仅能咬死雏鸡，还可传播疾病，是养鸡业的一大危害，必须彻底清除。

7. *要随时留心观察鸡群*　及早发现异常情况，及时查明原因，采取适当措施。

8. *严防中毒死亡*　利用各种药物治疗和预防疾病时，要正确计算用药剂量，以免剂量过大，造成药物中毒。在雏鸡进行大群投药时，药物与饲料必须搅拌均匀，应先以少量粉料拌匀，再按1∶100的比例逐步扩大到规定含量。在饮水投药时，必须先将药物充分磨碎、磨细，再溶解到水中，以免药物沉淀在饮水器的地步，造成摄入过量。

（八）检查育雏效果

检查育雏效果通常采用两个指标，第一是计算雏鸡成活率，常用公式：雏鸡成活率＝（育雏期末成活的雏鸡数/入舍雏鸡数）×100%。第二是计算体重增重情况。检查体重增重情况时，应每周随机抽查雏鸡体重，抽查数量占鸡群的10%，再对照饲养品种鸡的体重标准表，进行检查。如果雏鸡体重没有达到标准体重，在今后的饲养中应采取措施，加强营养，使其逐渐达到标准体重。

二、生态肉鸡的饲养管理技术

（一）生态肉鸡饲养方式的选择

放养期的饲养方式对鸡肉的品质有比较大的影响，雏鸡育雏6～8周龄后，采用放牧加补饲生态养殖法，以放牧为主，补饲为辅。根据各地的区域特点，在生态自然环境良好的荒山、林地、果园、农闲地等规模养鸡。

1. *种养结合养殖模式* 我国北方地区冬长夏短，昼夜温差大，冬季严寒，这给北方的种、养殖业生产带来诸多困难。据估计，养鸡冬季生产燃料费约占成本的3%，而蔬菜冬季生产燃料费占总成本达30%以上。为了解决这一问题，有人提出种养结合发展鸡生态养殖的生产模式，使鸡在生长过程中产生的热量与蔬菜温室所采集的太阳光能形成互补，鸡和蔬菜在和谐的生态环境中互利共生。在饲养过程中产生的鸡粪可完全用作蔬菜用种植用肥，减少了对环境的污染。此外，蔬菜生长过程中可吸入鸡排出的二氧化碳，粪便产生氨气也可作为蔬菜的叶面肥料被吸收。蔬菜释放出来的氧气可加速鸡的生长，提高饲料的回报率，增强鸡体的抗病能力。因而，通过种菜—养鸡—种菜—养鸡的循环式生产过程来达到净化—污染—净化—污染—净化的过程，从而达到生态性循环的目的。这样的方式不仅达到了优势互补、互利共生的生态环保效果，使各自的生存环境都得到很大的改善，而且还保证了产品质量，增加了绿色含量，适应了市场需求，是真正的高效生态农业的典范，具有明显的经济效益和社会效益，是一项值得推广的肉鸡生态养殖模式。

2. *农田养殖模式* 早在我国明清时代就出现了稻田养鸭的养殖模式。它是根据水稻各生长期的特点，水稻病虫害发病规律和鸭的生理、生活习性及稻田中饲料生物的消长规律性四者结合起来的一种养殖模式。而鸡的稻田养殖模式是利用水稻收割后闲置责任田实行放养。稻田里掉落的稻穗和未成熟的稻粒及各种杂草、草籽，还有稻田内的虫子、虫卵等，都是鸡的好饲料，这种养殖模式既可充分利用自然资源，减少环境污染，又能提高鸡肉品质和风味，适应了市场需求，同时也减少了作物来年的病虫害。近年来，不少养殖户不固定的放养，即在某个地方放养一段时间后，再转移到另一地方放养，大大减少了养殖过程中疾病的发生和传播，并一定程度上促进了自然净化。

3. 三园养殖模式 利用三园（果园、竹园、茶园）的生态环境，将鸡放养于其中，以自由采食昆虫和野草为主，人工补喂混合精料为辅，夜间舍内寄宿的生产模式已越来越受到人们的欢迎。由于园内空气新鲜，地势空阔，鸡能捕食大量昆虫和野生杂草、草子等，同时鸡的活动量增加，抗病力强，用药少，肉质鲜美，容易达到安全、绿色食品的要求，也非常符合市场消费的趋势。如在园内利用空闲地种植优质饲用牧草（如黑麦草），不仅可以给鸡提供丰富的维生素、蛋白质等多种营养物质，还可减少饲料的用量，大幅度降低饲养成本。三园生态养鸡重在营建“树—鸡食园中虫草—鸡粪肥园养树滋草—树荫为鸡避雨挡风遮炎日”的生态链，从而有效解决并利用家禽粪便，减少化学物质对环境的污染。

果园的选择，以干果、主干略高的果树和农药用药少的果园地为佳，并且要求排水良好。最理想的是核桃园、枣园、柿园和桑园等。这些果树主干较高，果实结果部位亦高，果实未成熟前坚硬，不易被鸡啄食。其次为山楂园，因山楂果实坚硬，全年除防治1～2次食心虫外，很少用药。在苹果园、橘园、梨园、桃园养鸡，放养期应躲过用药和采收期，以减少药害及鸡对果实的伤害。

4. 林地养殖模式 林地养鸡是根据本地土鸡耐粗饲、适宜散养的特性，将土鸡散养在成片林地，利用土地采食林地的杂草、昆虫，同时辅以适量的玉米和稻谷等精料的一项绿色、生态、高效的养殖项目。生产中一般采取轮牧方式，一块林地的杂草采食完后再转至另一地，休闲一年后，又可再次利用。林地养鸡最适宜在沿江（湖）内外垸（滩）成片林地进行，且技术要求不高，易于养殖户掌握并推广。选择树冠较小、树木稀疏、地势高燥、排水良好的地方，空气清新，环境安静，鸡能自由觅食、活动、休息和晒太阳。山区林地最好是果园、灌木丛、荆棘林或阔叶林等，土质以沙壤为佳，若是黏质土壤，在放养区应设立一块沙地。附近有小溪、池塘等清洁水源。鸡舍建在向阳南坡。

5. 立体养殖模式　实践证明，如果把养鸡与养鱼结合起来，利用它们之间的食物链关系，使饲料重复利用，这是降低生产成本、提高经济效益的好办法，也是养殖业的一项新技术。例如在鱼塘上建鸡舍，鸡排出的粪便和冲洗鸡舍的废水直接流入鱼池，可以省去粪便的运输，养鸡的废物不仅可以肥水、培养鱼的饵料生物，一部分还能直接被鱼类吞食。这种立体生态养殖模式，不仅适用于较大规模的饲养中心，也适用于日益发展起来的家庭饲养业。值得注意的是，在这种综合饲养中，要切实做好管理、规划和疫病防治工作。

6. 生态科技（示范）园养殖模式　生态科技（示范）园养殖模式是值得推广的一个人造的大自然生态群落。生态园内的养殖是一种立体养殖，我们可以利用荒山，绿化其环境，再在山上配套一些设施，种下几种优质牧草，建立一个猪、鸡、鱼或羊、鱼等饲养园。此模式由于经营种类和项目多，投资较大，技术要求强。但建成后市场风险较小，有利于疫病控制和科学管理，同时还可为科研提供基地和供人们旅游观光、娱乐休闲等。

7. 草场养殖模式　草场具有丰富虫草资源，鸡群能够采食到大量的绿色植物、昆虫、草子和土壤中的矿物质。近年来草场蝗灾频频发生，而牧鸡灭蝗效果显著，配合灯光、激素等诱虫技术，可大幅度降低草场虫害的发生率。选择场地一定要地势高燥，草场中最好要有树木为鸡群遮阴或下雨提供庇护场所，若无树木则需搭设遮阴棚。

（二）所需养鸡设施、设备

放养鸡的活动半径一般在100～500米，活动面积相对较大。夏季天气炎热，放养鸡又经常采食一些高黏度的虫体蛋白，饮水量较多。因此，如何为放养鸡提供充足、清洁的饮水显得非常重要。要求既要供水充足、保证清洁，而且尽可能地节约人力，并

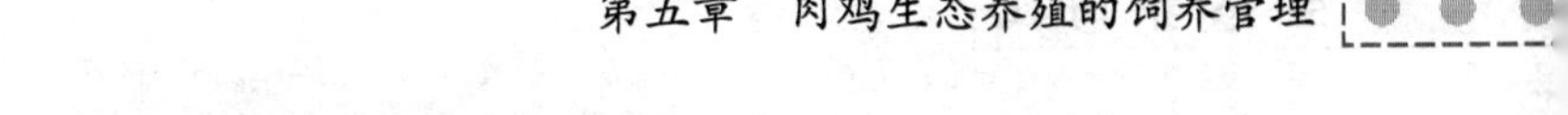

且要与棚舍整体布局形成有机结合。棚舍作为鸡的休息和避风雨、保温暖的场所，除了避风向阳、地势较高外，整体要求应符合放养鸡的生活习性。

1. 喂料、饮水装置　根据放养鸡的数量和放养场地的面积，在鸡群活动范围内，在棚舍和放养鸡经常活动的场所按每 80～100 只鸡配置 1 个料桶（饲槽）和 1 个饮水盆（饮水槽、饮水器），饮水盆内保证随时有清洁、充足的饮水，放于固定的地方。保持饮水器中的水位和清洁度。

2. 棚舍　总体要求保温防暑性能及通风换气良好，便于清理粪便和消毒防疫，舍前有活动场地。放养鸡舍一般分为普通型、简易型和移动型鸡舍。这类棚舍无论放养季节或冬季越冬产蛋都较适宜。棚舍内设置栖架，每只鸡所占栖架的长度不少于 17～20 厘米；每一棚舍能容纳 300～500 只的青年鸡或 300 只左右的产蛋鸡。棚舍跨度 4～5 米，高 2～2.5 米，长 10～15 米；每 4～5 只母鸡设 1 个产蛋窝，安静避光，窝内放入少许麦秸或稻草。

3. 围网筑栏　放养场地确定后，要围网筑栏，即选择尼龙网或铁丝网围成高 1.5 米的封闭围栏，鸡可在栏内自由采食，以免丢失或因兽害造成损失。

4. 诱虫设备　主要设备有黑光灯、高压灭蛾灯、白炽灯、荧光灯、支竿、电线、性激素诱虫盒或以香蕉为载体的昆虫性外激素诱芯片等。没有电源的地方还需要 300 瓦的风力发电机和 2 个 12 伏的大容量电瓶。在有沼气的地方也可以用沼气等进行傍晚灯光诱虫。

（三）生态肉鸡放养技术

1. 放养前的准备　由育雏室突然转移到放牧地，环境发生了很大的变化，小鸡能否适应这种变化，在很大程度上取决于放养前的适应性锻炼。包括饲料和胃肠的锻炼、温度的锻炼、活动量的锻炼、管理和防疫等。

(1) 饲料和胃肠的锻炼 育雏期根据室外气温和青草生长情况而定，一般为4～8周。为了适应放养期大量采食青饲料的特点，以及采食一定的虫体饲料，应在育雏期进行饲料和胃肠的适应性锻炼。即在放牧前1～3周有意识地由少到多地在育雏料中添加一定的青草和青菜，有条件的鸡场可添加一定量的虫体饲料(蝇蛆、蚯蚓、黄粉虫等)，使其胃肠得到应有的锻炼。

(2) 温度的锻炼 放牧前后，小鸡要从温度相对恒定的育雏舍转移到气温多变的野外。在育雏后期应逐渐降低育雏舍的温度，使其逐渐适应室外气候条件，适当进行较低温度和小范围的变温锻炼。

(3) 活动量的锻炼 刚开始放牧的雏鸡放入田间后，活动量成倍增加，很容易造成短期内的不适应而出现疲劳，诱发多种疾病。在育雏后期，应逐渐扩大雏鸡的活动量和活动范围，增强其体质，以适应放养环境。

(4) 管理 育雏后期的饲喂次数、饮水方式、管理形式等方面应尽可能接近放养条件下的管理模式，特别要注意调教，形成条件反射。为避免放养后出现应激性疾病，可在补饲料或饮水中加入适量的维生素C或复合维生素，以预防应激，同时按照免疫程序进行免疫。

2. 分群放养和季节选择 雏鸡40～50天脱温后，中南部地区3～4月份，北方地区5～6月份，气温不低于20℃时开始放养。产蛋鸡一年四季均可放养。

(1) 转群日的选择 应选择天气暖和的晴天，在晚上转群。将灯关闭后，打开手电筒，手电筒头部蒙上红色布，使之放出黯淡的红色光，使小鸡安静，降低应激。轻轻将小鸡转移到运输笼，然后装车。按照原分群计划，一次性放入鸡舍，在放牧地的鸡舍过夜。

(2) 次日管理 第一、二天早晨不要马上放鸡，要等鸡在鸡

舍内停留较长的时间，以便熟悉其新居。待到9～10点以后放出喂料，饲槽放在离鸡舍1～5米远，让鸡自由觅食，切忌惊吓鸡群。饲料与育雏期的饲料相同，不要骤变。

（3）放牧　前几天，每天放较短的时间，以后逐渐增加放养时间。为防止个别小鸡乱跑而不会自行返回，可设围栏限制，并不断扩大放养面积。

（4）喂料　1～5天内仍按舍饲喂量给料，日喂3次。5天后要限制饲料喂量，分两步递减饲料：5～10天内饲喂平常舍饲口粮的70%；10天后直到出栏，饲料喂量减半，只喂平常各生长阶段舍饲日粮的30%～50%，日喂1～2次（天气不好的时候喂两次，饲喂的次数越多效果越差，因为鸡有懒惰和依赖性）。

3. 调教　雏鸡在育雏期即进行调教训练，放养开始时强化调教训练。育雏期在投料时以哨声或敲击声进行适应性训练。放养期早晨放牧时，一饲养员拿料桶，边走边抛撒颗粒料（如玉米），并敲料桶或吹口哨，避开浓密草丛，朝放养场地引领雏鸡；另一饲养员在后面用竹竿驱赶留在棚舍及后面的雏鸡，直到鸡群全部进入放养场地。中午在放养区内设置补料槽和水槽，加入少量配合饲料和清洁饮水，用同一信号引导鸡群采食1次，同时驱赶提前归舍的雏鸡。傍晚时用同样的方法进行归舍驯导。如此反复训练7～10天。

4. 放养的规模和密度　放养的规模根据自己的实际情况，如有无养鸡经验、养鸡技术水平的高低、现有经济条件、人力资源状况、果园或农田的面积的大小来确定饲养规模的大小。开始时规模不宜过大，做到几百只起步，千只致富。头一年喂养500～800只，有经验以后再发展到2 000～3 000只。规模较大的鸡场可采用小群体、大规模的方式，每个群体控制在500只以内，也就是每隔一定面积（20～30亩*）建造一个鸡舍，并呈

* 亩为非法定计量单位，1亩=1/15公顷。

棋盘形布列，每个鸡舍容纳300～500只鸡。

5. 日常管理

（1）供给充足的饮水 野外放养鸡的活动空间大，一般不会存在争抢食物的问题。但由于野外自然水源很少，必须在鸡活动的范围内保证供给充足、洁净的水源，尤其是夏季更应如此。否则，就会影响鸡的生长发育甚至造成疾病发生。

（2）定时、定量补饲 补饲定时、定量，不要随意改动，这样可增强鸡的条件反射。夏、秋季可以少补，春、冬季多补一些；补料量视鸡的采食情况而定。在傍晚时补料一次，一定要让每个鸡都吃饱，因此，必须摆放足够的食槽。

（3）鸡粪发酵生虫 在放牧场内利用经发酵杀菌处理后的猪、鸡粪加20%的肥土和3%的糠麸拌匀堆成堆后，覆膜发酵7天左右，将发酵料铺在砖砌地面或50厘米宽、70厘米长、30厘米深的坑中，用草盖好，保持潮湿20天左右即长出蛆、虫、蚯蚓等，每天将发酵料翻撒一部分，供鸡食用，可节约饲料。

（4）疫病控制 对放养鸡要进行定期防疫驱虫，按疫病防疫程序定期接种疫苗和预防性投药、驱虫、消毒。服用微生态制剂，通过改变肠道环境或与肠道内有益菌一起形成优势菌群，抑制致病菌群，达到防病治病、提高成活率、降低成本的目的。

（5）预防兽害 生态养鸡的天敌很多，如黄鼠狼、老鼠、蛇、鹰、野狗等，这些野生动物对不同日龄的放养鸡都有可能造成危害。在放鸡前灭一次鼠，但应注意使用的药物，以免毒死鸡。在鸡舍外面搭个小棚，每100只鸡配养1～2只鹅，有动静的时候，鹅会鸣叫，人员可以及时起来查看。管理人员住在鸡舍旁边也有助于防止野生动物的靠近。在放养的地边种植凤仙花、一点红、万年青、半边莲、八角莲、观音竹等，可有效地预防蛇的进入及对鸡的伤害。

（6）防止农药中毒 果园为防止病虫害需要定期喷洒药物，其中有的药物对鸡可能有害。因此，应选择对鸡无毒害的生物农

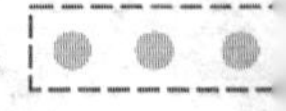

药，喷洒农药当天及后7～10天需要把鸡圈养在非喷药区或采取轮牧方式，在喷药后的果园内不能采集青绿饲料喂鸡。另外，在外面采集青草也需要了解这些地方在近期内是否喷洒过农药，以保证安全。在选择果树品种时，优先考虑抗病、抗虫品种，尽量减少喷药次数，减少对鸡的影响。

（7）预防风雨、冰雹的伤害　暴雨、冰雹是放养鸡非疫病死亡的主要原因之一。在暴风雨、冰雹来临前及时将鸡群召回棚舍，暴风雨、冰雹过后及时到放养场地查看，查找有无受伤鸡只并及时处理。做到平时时刻注意收听天气预报。

（8）精心管理　规模化生态放养鸡的日常管理要做到“五勤”：

①放鸡时勤观察　开放式运动场的鸡舍，每天早晨放鸡外出运动时，健康鸡总是争先恐后向外飞跑，弱者常常落在后边，病鸡不愿离舍或留在栖架上。通过观察可及时发现病鸡并及时治疗和隔离，以免疫情传播。

②清扫时勤观察　清扫鸡舍和清粪时，观察粪便是否正常。正常的鸡粪便是软硬适中的堆状或条状物，上面覆有少量的白色尿酸盐沉积物；若粪过稀，则为摄入水分过多或消化不良；如为浅黄色泡沫粪便，大部分是由肠炎引起的；白色稀便则多为白痢病；而排泄深红色血便，则为鸡球虫病。

③补料时勤观察　补料时勤观察鸡的精神状态，健康鸡特别敏感，往往显示迫不及待感；病弱鸡不吃食或被挤到一边，或吃食动作迟缓，反应迟钝或无反应；病重鸡表现精神沉郁、两眼闭合、低头缩颈、翅膀下垂、呆立不动等。

④呼吸时勤观察　晚上关灯后倾听鸡的呼吸是否正常，若有咳嗽、气管有啰音，则说明有呼吸道疾病。

⑤采食时勤观察　从放养到开产前，若采食量逐渐增加为正常，若表现拒食或采食量逐渐减少则为病鸡。

（9）鸡粪和病、死鸡无害化处理　清除的鸡粪，要在远离鸡舍的下风地方内发酵处理，周围用网围住，以防鸡刨食。死鸡要深埋或焚烧无害化处理，绝不可食用或销售。

（四）提高上市鸡销售价格的技术措施

1. 保证上市鸡色泽的措施　不同的地区、不同的人对鸡皮颜色喜欢程度不一样，我国大多数人喜欢鸡皮具有黄色。为了保证上市鸡的外观颜色，可以采取以下几点措施：①不选养杂毛鸡，如黑白相间或红白相间羽毛的、易与配套系相混淆的鸡。②土鸡作为肉用仔食鸡时，在饲养后期，应喂黄玉米或富含叶黄素的天然饲料，使屠体显黄色。③出栏时抓鸡、运输途中、屠宰时都要注意防止碰撞、挤压，以免造成血管破裂、皮下淤血影响皮色。

2. 适时出栏　尽早出栏保证肉的质量，越是饲养周期短，达到出栏体重时，每千克增重耗料越省，越合算。肉质也随着日龄的增加，细嫩多汁的程度也越来越差。另外，在饲养后期，屠宰或上市前10天停止饲喂能影响鸡肉味道的药物或饲料。

三、生态肉鸡放养管理规程

（一）环境条件和要求

1. 棚舍环境　鸡棚舍环境应符合NY/T 388—1999《畜禽场环境质量标准》的标准。

2. 鸡场污染物防治　鸡场污染物防治应符合GB 18596—2001《畜禽养殖业污染物排放标准》和HJ/T 81—2001《畜禽养殖业污染防治技术规范》的标准。

（二）引种

1. 所引品种符合本品种要求。

2. 引种来自非疫区有种鸡生产许可证的专业孵化场。

（三）雏鸡的饲养管理

1. 育雏时间　以自然条件为主的放养肉鸡春季育雏较好。

2. 育雏舍　育雏舍应包括育雏面积和附属设备（包括饲料、工具存放及饲养人员休息场所）所用面积。育雏前1周对育雏舍进行全面检修，严防穿堂风和漏雨。笼具、食槽、水槽等用具也要维修妥当，安装照明、供暖设备。彻底打扫育雏舍，清洗、喷洒消毒液，关闭门窗、熏蒸消毒。所用消毒剂应符合NY 5040—2001《无公害食品　蛋鸡饲养兽药使用准则》的要求。

3. 育雏方式　采用地面平养、网上平养或立体笼养。

4. 育雏环境条件　育雏温度开始时应达到32～35℃，以后每周下降2～3℃至室温。相对湿度控制在50%～70%。保持室内通风，空气新鲜。1～3日龄24小时连续光照，4～7日龄每天光照18～20小时、光照强度20～30勒克斯，8～14日龄每天光照16小时、光照强度10～15勒克斯，14日龄后逐渐过渡到自然光照。

5. 雏鸡的运输　接雏车及用具事先要用福尔马林熏蒸消毒。运输途中要保持车内的温、湿度和通风环境适宜。应随时查看雏鸡状态，检查温度，观察雏鸡活动、呼吸是否正常，特别注意在中间放置的雏盒，最易因高温或氧气不足而闷死鸡只。尽量加快运输速度，减少停留时间。

雏鸡到后，迅速卸下雏盒，将公、母雏盒分别放置，然后清点鸡数，检查鸡只状况。将雏鸡分别放在温源处，如果采用保温伞育雏，每个伞下放母雏500只或公雏400只。周围用围栏围好。若使用暖气供热，每平方米放置不超过20只雏即可。最初2周也要有围栏围起，免得雏鸡过于分散，影响保温、饮水和吃料。将空雏盒移到舍外适当地方烧掉。

6. 雏鸡的饮水和喂料时间　雏鸡进入鸡舍后要及时给以充足的饮水，饮水质量应符合NY 5027—2008《无公害食品　畜禽饮用水水质》标准，雏鸡初饮后3小时后开始喂料。

7. 断喙　断喙时间一般在10～12日龄进行，注意断喙的鸡群应健康无病，雏鸡免疫接种前后2天或鸡群健康状况不良时暂不断喙，断喙前后2天在饲料中添加维生素K_3（每千克饲料2～4毫克）和维生素C（每千克饲料150毫克）。

8. 雏鸡的日常管理　随时观察鸡群，定时喂料，充足饮水，保证群体整齐度。饲料配制应符合NY 5032—2006《无公害食品　畜禽饲料和饲料添加剂使用准则》的要求。每周1～2次带鸡喷雾消毒，鸡舍周围每2～3周消毒1次。鸡场和鸡舍门口设消毒池，定期消毒常用器具，并更换消毒液。

9. 疾病防治　兽药使用要符合NY 5040—2001《无公害食品　蛋鸡饲养兽药使用准则》的要求，2～7日龄添加药物预防大肠杆菌病、沙门氏菌病等，20～30日龄添加抗球虫药物。鸡群免疫应符合NY 5041—2001《无公害食品　蛋鸡饲养兽医防疫准则》的要求，养鸡场要根据本场和当地疫病流行情况，制定适合于本场的免疫程序并严格执行。

（四）放养肉鸡的饲养管理

1. 放养鸡的准备工作　放养场地应符合产地环境质量标准NY/T 391—2000《绿色食品　产地环境技术条件》的要求，有放养肉鸡可食的饲料资源（如昆虫、饲草、野菜等）。棚舍设置栖架，每只鸡所占栖架的长度不低于17～20厘米。多棚舍要布列均匀，坐北朝南，间隔150～200米。选择尼龙网或铁丝网将放养地围栏封闭。

2. 放养日龄和季节选择　雏鸡达40～50日龄，于5～6月份，白天气温不低于15℃时开始放养。

3. 调教　育雏后期开始在投料时以口哨声或敲击声进行适应性训练。放养时早晨和傍晚拿料桶配合口哨，边走边撒料，引导鸡群从鸡舍到放牧场地或从放牧场地到鸡舍，由近及远，反复训练5～7天。

4. 日常管理　饮水和配合饲料标准同育雏期，保证鸡群时刻有充足饮水，傍晚鸡群回归棚舍后补料1次。按疫病防疫程序，定期接种疫苗和预防性投药、驱虫和环境消毒。所用药品和使用方法要求同育雏期。加强管理，预防兽害，每500只鸡配养35只鹅，夜间将鹅栖于舍外，可防止黄鼠狼、老鼠、蛇、鹰、野狗等对鸡群的伤害。喷洒农药时注意划区喷药、轮牧相结合。注意预防风雨、冰雹的伤害。

5. 诱虫　除饲养供放养肉鸡采食的昆虫外，还可使用灯光诱虫或激素诱虫。灯光诱虫是在幼虫的季节在傍晚后于棚舍前活动场内，用支架将黑光灯或高压灭蛾灯悬挂于离地3米高的位置，每天照射2～3小时。激素诱虫是每公顷放置15～30个性激素诱虫盒或以橡胶为载体的昆虫性外激素诱芯片，30～40天换1次。

6. 病、死鸡处理　传染病致死的鸡或因病扑杀的死尸应按GB 16548的要求进行无害化处理。

（五）放养肉鸡的免疫程序

一般地区可以参考下面的免疫程序：1日龄接种马立克氏病液氮苗，5日龄接种新城疫及传支二联多价冻干苗，12日龄接种法氏囊苗，18日龄接种新城疫及传支二联苗二免，24日龄用法氏囊苗二免，35日龄用鸡痘与禽流感油苗同时免疫，55～60日龄接种新城疫Ⅰ系苗。

第六章 肉鸡疫病综合防治技术

第一节 鸡场的消毒

肉鸡生长迅速，饲养期短，消毒与防疫愈显重要。严格执行消毒制度，杜绝一切传染源是确保鸡体健康、防止生产性能下降的一项重要措施。

一、常用消毒剂种类及应用

1. 消毒剂的种类

（1）含氯类消毒剂　主要有漂白粉、抗毒威、除菌净、氯胺、强力消毒灵等。它们是靠消毒过程中释放有效氯起作用的，但对病毒作用不大，性质不稳定，容易受日光照射、水质及 pH 影响，有效度易散失，需现配现用。

①漂白粉　在使用前，应测定其有效氯含量，常用剂型有粉剂、乳剂和澄清液。配制漂白粉溶液时，一般以有效氯含量 25％的漂白粉为标准按下列公式计算用量。

$$漂白粉需要量=\frac{a\times 25}{b}$$

式中 a 为有效氯含 25％时漂白粉需要量，b 为这次测定出的漂白粉有效氯含量。其5%溶液可杀死一般性病原菌，10%～20%溶液可杀死芽孢。常用浓度1%～20%不等。其对金属及衣服、纺织品有破坏力，有毒性，使用时应注意。

②氯胺　性质稳定，在密闭条件下可长期保存，携带方便，易溶于水。消毒作用缓慢而持久，用于饮水消毒浓度0.000 4%，污染器具和畜舍的消毒为0.5%～5%。

③强力消毒灵、灭菌净、抗毒威等　主要成分是二氯异氰尿酸钠，为新型广谱、高效、安全消毒剂，对细菌、病毒均有显著杀灭效果。白色粉末，易溶于水，性质稳定，易保存。用于喷洒地面和笼具等需浓度为1∶200或1∶100水溶液，用于浸泡消毒种蛋、器皿等为1∶400。

（2）过氧化物类消毒剂　主要有过氧乙酸，具强大氧化能力，易溶于水，消毒液中有效成分为有效活性氧，对细菌、霉菌和芽孢有杀灭作用。由于它的性质不稳定，现多用A、B液分装，避光保存。使用时将A、B液混合放24小时后才能发挥作用。配置后在常温下2天内使用完，低温4℃下使用不超过10天。除金属制品和橡胶外，可用于各种物品消毒，浸泡消毒使用0.2%浓度，喷洒消毒使用0.5%浓度；由于其不遗留残药，可进行鸡蛋外壳的消毒，浓度为0.01%～0.5%；喷雾消毒空间用0.5%，溶液用量为2.5毫升/米^3；0.2%～0.3%可进行鸡舍喷雾带鸡消毒。

（3）蛋白类变性作用消毒剂　主要有氢氧化钠，也称烧碱。本品对细菌、病毒都有强大的杀灭力，能溶解蛋白质，但有腐蚀性，不能用于金属物品，一般用于地面消毒。

（4）醛类消毒剂　如甲醛水溶液，具杀菌、防腐、防臭功效，但刺激性较大，对人有一定的毒害。戊二醛消毒剂是目前较常用的一种广谱、高效的消毒剂，杀菌能力比甲醛高2～3倍，杀菌速度很快，刺激性、腐蚀性和毒性都比较小。2%戊二醛溶液加入0.3%碳酸氢钠，能杀灭芽孢、细菌、真菌、结核杆菌和病毒，跟非离子型化合物进行复配成强化戊二醛消毒剂，作用时间可长达18个月。目前国内生产有两种剂型，即碱性戊二醛及强化酸性戊二醛，常用于不耐高温的医疗器械消毒，如金属、橡胶、塑料和有透镜的仪器。

（5）表面活性剂类消毒剂　这类消毒剂主要指带有亲水剂、亲油剂的化合物，能够促进液体的渗透能力，增溶、乳化、发泡，达到消毒效果。它主要包括以下几种：阳离子型表面活性剂、阴离子型表面活性剂、非离子型表面活性剂、两性离子型表面活性剂。常用药品有：

①新洁尔灭　0.5%水溶液用于皮肤和手的消毒，0.1%用于玻璃器皿、手术器械、橡胶用品的消毒，0.15%～2%用于禽舍空间喷雾消毒，0.1%用于种蛋消毒（40～43℃，3分钟）。

②度灭芬（消毒宁）　对污染表面用0.1%～0.5%喷洒，作用10～60分钟；浸泡金属器械可在其中加入0.5%亚硝酸钠防锈。

③洗必泰　0.02%水溶液可消毒手；0.05%溶液可冲洗创面，消毒禽舍、手术室、用具等；0.1%用于手术器械消毒，食品厂器具、设备的消毒。

④消毒净　0.05%～0.1%水溶液用于皮肤和手的消毒，也可用于玻璃器皿、手术器械、橡胶用品等消毒，浸泡10分钟即可。

（6）臭氧　臭氧技术应用于养鸡场，突破了常规技术所带来的抗生素、生长素等残留问题，对提高生产效率，保证肉蛋质量等效果显著，是现代养鸡场在预防疫病，进行杀菌、消毒、净化等方面采用的有效措施。

臭氧技术特点：臭氧是一种强氧化剂，比氯制剂、福尔马林等更强劲，在杀菌消毒、漂白除臭、去污、分解化学污染物的过程中还原成氧或生成水，不产生二次污染。因此，养鸡场应用此技术，不仅可杀菌消毒鸡舍，分解鸡排泄物异臭，清除冬天取暖

的氧化硫等有害气体，而且定时饲喂鸡臭氧水，可改变肠道微生态环境，减少寄生菌的数量，提高有益菌酶活性，从而提高鸡尤其是雏鸡对饲料的利用率，促进鸡健康生长。使用时，鸡舍可安装臭氧消毒净化器，标准为每100～150米^{2}的空间（饲养鸡为1 000～1 500只），臭氧发生量为1 000毫克/小时，在远离臭氧净化器4～5米远的地方闻到臭氧味即可，不必太浓，边制边用效果较好。

2. 消毒剂在养鸡中的应用

（1）鸡粪用5%～8%的除菌净喷洒表面后再运出去，最好进行高温或发酵处理。

（2）清扫棚舍、场地，用高压水冲洗干净，自然干燥后用2%～3%烧碱溶液冲洗消毒鸡舍、地面和器具，经2小时作用后用水冲洗消毒过的器具；或用0.5%的过氧乙酸液消毒。

（3）在进鸡前1周用2∶1福尔马林和高锰酸钾，每立方米密闭空间用福尔马林25毫升熏蒸，经1～3天封闭后进行通风换气，最后进鸡。

（4）带鸡消毒，用0.4%～0.6%百毒杀、0.5%～0.8%戊二醛溶液、0.1%过氧乙酸、0.1%新洁尔灭、0.2%～0.3%次氯酸钠喷雾。

（5）对病死鸡用除菌净粉洒在表面后，在远离鸡场的地方深埋死鸡。

（6）各分场的清洁池要定期更换消毒水，一般用12%～15%除菌净溶液，5天更换1次。

（7）种蛋处理先用0.3%过氧乙酸对蛋的表面清洗，再进行熏蒸处理后入孵。

（8）外来车辆进场先要冲洗，再熏蒸。

（9）生产区工作人员要认真执行防疫制度，做到每天洗澡、洗头。生活区的工作人员不得擅自进入生产区，如有特殊情况也要洗澡后才能进场。

二、影响消毒剂作用的因素

1. 表面干净度　被消毒对象表面干净与否直接影响消毒剂的效力。

2. 有机物存在　肉鸡有机排泄物或分泌物存在时，会大大减低所用消毒剂的作用效果。影响较大的是季铵化合物、碘制剂和甲醛等，石炭酸类与戊二醛所受影响较小。最为常见的有机物为粪、尿、血、脓、伤口坏死组织、黏液和其他分泌物等。因此，对欲消毒的器械等应先清洁再使用消毒剂，也可借助于清洁剂与消毒剂的合剂来完成。以石炭酸系数试验为例，在标准有机物存在下（含10％马血清），消毒剂至少须保存有50％以上原有的杀菌力。石炭酸系数表示消毒剂可将细菌杀死（5分钟不死，10分钟杀死）的最高稀释倍数，此稀释倍数与石炭酸之比，即是“石炭酸系数”。如：某种消毒剂稀释1 000倍时可将伤寒菌杀死，而在同样条件下（20℃，10分钟），石炭酸稀释100倍可将此种伤寒菌杀死，则此消毒剂的石炭酸系数为1 000/100＝10，即此消毒剂的效力比石炭酸强10倍。藉此可比较各种消毒剂的强弱。表示消毒剂的效力是以伤寒菌为指标，也可用大肠杆菌或葡萄球菌，但必须注明所用的测试菌种名称。

3. 温度　温度升高可递增消毒杀菌率。大多数消毒剂的消毒作用在温度上升时有显著增加，尤其是戊二醛类，但易蒸发的卤素类的碘剂与氯剂例外，因加温至70℃时会不稳定而降低消毒效力。许多常用的消毒剂，冰点温度时毫无作用。所以，寒冷季节最好是将消毒剂泡于温水（50～60℃）中使用，消毒效果会较佳。例如，甲醛气体熏蒸消毒时，室温提高到20℃以上效果较好。但真正重要的是被消毒对象表面的温度，而非空气的温度。

4. 浓度　一般所用消毒剂，其石炭酸系数应不小于5。各种消毒剂使用应按说明书的要求进行。一般情况下，浓度越高消毒

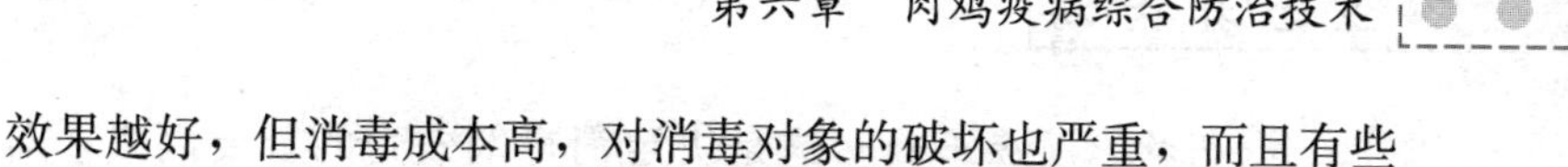

效果越好，但消毒成本高，对消毒对象的破坏也严重，而且有些药物浓度与消毒效果不成正比。

5. 时间 消毒剂需要一段时间（通常指24小时）才能将微生物完全杀灭。此外，大多灵敏消毒剂在液相时才能有最大的杀菌作用，即欲消毒表面仍是潮湿的，这点值得注意。

6. pH 卤素类（如碘剂与氯剂等）、合成石炭酸类消毒效力在酸性环境时强于碱性，阳离子表面活性剂则相反。为对抗环境中有不利作用的酸碱度，消毒剂产品的配方常含有缓冲剂。

7. 微生物种类 一般良好的消毒剂是指在室温下10分钟内可杀死结核菌、溶血链球菌、大肠杆菌、白色念珠菌等病原。

8. 用于调制稀释消毒液的水与容器 硬水配制消毒剂需提高药剂浓度，或先将水进行软化处理。石炭酸类消毒剂受硬水影响的程度弱于碘剂或季铵化合物，装药液的容器以塑胶制品为宜。

三、使用消毒剂应注意的事项

1. 应充分了解各种消毒剂的特性 每一种消毒剂都有其优点及缺点，必须根据其特性等因素加以考虑与选择。

2. 消毒计划的制订与实施 消毒效果有一定的有效期，不可能永远保持下去。因此，制订消毒计划并定期实施是必要的。消毒计划程序如下。

（1）计划 选择可互相配合的清洁剂和消毒剂，准备施用工具、防护性衣物等相关物品，雇佣和教育清洁工。

（2）执行 移出垫料，使用清洁剂和消毒剂。

（3）控制 对消毒效果进行肉眼和微生物学的监测，以确定减少或杀灭病原体的有效量。

3. 消毒物体表面的清洁 污物（尤其是有机物）需先清除，否则不论是何种消毒剂都会降低其消毒效力。

4. 须依厂商说明书使用，如稀释倍数、作用对象与条件等。

5. *药物浓度应正确* 这是决定消毒剂效力的首要因素，对黏度高的消毒剂在稀释时须搅拌均匀。

（1）使用量以稀释倍数表示：这是制造厂商依其药剂浓度计算所得的稀释倍数，表示1份的药剂以若干份的水来稀释而成。

（2）消毒剂浓度以%表示时，表示每100克溶液中溶解有若干克或毫升的有效成分药品（重量百分率），但实际应用时有几种不同表示方法，例如某消毒剂含10%某有效成分，可能为：①溶液100克中有10克［10%或10%（W/W）］；②溶液100克中有10毫升［10%或10%（V/W）］；③溶液100毫升中有10毫升［10%或10%（V/V）］（其中，V为容积，W为重量）。因此，含10%某有效成分的消毒剂需配制2%溶液时，则每升消毒液由200毫升消毒剂与800毫升水混合而成。

$$\text{算法为：}\frac{X\times 10\%}{1\,000}=\frac{2}{100}$$

X＝200（毫升）。

6. *药液的量要充足* 鸡舍消毒时，单位面积内散布量与消毒效力有很大的关系，因为消毒剂要发挥效力，须先使欲消毒物体表面充分潮湿，所以如果增加消毒剂浓度2倍，而将药液量减成1/2时，因物品无法充分湿润而不能达到消毒效果。通常鸡舍的水泥地面消毒3.3米^{2}至少要5升消毒液。

7. *浸渍时间须足够* 消毒剂的效力是以20℃10分钟为标准，在实际操作时，至少有30分钟的浸渍时间。但浸渍消毒鸡笼、蛋盘等器具时，约20秒即可。

8. 尽可能用温水稀释使用，卤素（氯与碘剂等）为例外。

9. 勿与其他消毒剂或杀虫剂等混合使用。

10. 应定期对消毒设备进行保养维修。

11. 勿长期使用同一种消毒剂。

12. *注意使用安全* 对具有刺激性或腐蚀性消毒剂，切勿在调配药液时用手直接去搅拌或用手搓洗。不慎沾到皮肤时应立即

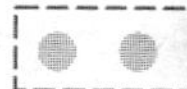

用水冲洗。毒性或刺激性较强的消毒剂，使用时应穿防护衣服与戴防护眼镜、口罩、手套，注意储存；对易燃性的如磷制剂、甲苯酚等，应小心火烛。

13. 消毒后废水须处理，不能直接排放。

四、常用消毒方法

1. *浸泡消毒*　对象是饲槽、饮水器、蛋盘、粪板等。消毒液需新配制，时间数小时，不得少于 30 分钟。

2. *喷洒消毒*　此法最常用，将消毒药配制成一定浓度的溶液，用喷雾器对消毒对象表面进行喷洒，按 1 000 毫升/米^2 的量进行。顺序为从上至下，从里至外。

3. *熏蒸消毒*　福尔马林配合高锰酸钾等较常用。要求鸡舍密闭，消毒对象散开，舍内相对湿度 70%，温度 18℃以上。用量按每立方米消毒空间，福尔马林 25 毫升，水 12.5 毫升，高锰酸钾 25 克（或等量生石灰）。消毒 12～24 小时后打开门窗，通风换气，急用时可用氨气中和甲醛气体。

4. *火焰喷射*　主用于金属笼具、水泥地面、墙壁消毒。

5. *生物消毒*　适用于污染的粪便、饲料、污水以及污染场地的消毒净化。

6. *带鸡消毒*　10 日龄以上鸡可采用该法。育雏期每周 1 次，育成期 7～10 天 1 次，成鸡 15～20 天 1 次，发生疫情时可每天消毒 1 次，喷雾粒子以 80～100 微米，喷雾距离 1～2 米为最好。舍内温度应比平时高 3～4℃，冬季药液温度加热至室温，用量为 60～240 毫升/米^2，以地面、墙壁、天花板均匀湿润和鸡体微湿为止，3～4 周更换一种消毒药为好。

7. *发泡消毒*　主要用于水资源贫乏地区或为了避免消毒后的污水进入污水处理系统破坏活性污泥的活性以及自动环境控制鸡舍，一般用水量仅为常规消毒法的 1/10。该法是把高浓度的消毒药用专用发泡机制成泡沫散布鸡舍内面及设施表面。

五、消毒对象和适用的消毒方法

为提高消毒效果，必须根据消毒对象的种类选择合适的消毒方法。尽管焚烧、煮沸、高压蒸汽等热力消毒效果最好，但只能用于耐热、小型物品的消毒，而对鸡场设施等较大的消毒对象，主要使用药物消毒。

1. *主要通道口与场区消毒*　鸡场主要通道口必须设置消毒池，其长度大于进出车辆车轮 2 个周长。消毒池上方最好建顶棚。消毒液为 2%～5%氢氧化钠溶液，每周更换 3 次。北方冬季严寒，可用石灰粉代替。平时应做好场区的环境卫生工作，经常使用高压水洗净，每月对场区环境进行一次环境消毒。每栋鸡舍的门前要设置脚踏消毒槽，每周换消毒液至少 2 次。进出鸡舍应换不同的专用橡胶长靴，洗手消毒，穿戴消毒工作衣帽，换下的靴子应洗净浸泡在另一消毒池中。

2. *鸡舍消毒*　应按一定的顺序对鸡舍全面消毒，即鸡舍排空、清扫、洗净、干燥、消毒、干燥、再消毒。

（1）鸡舍排空　肉鸡生产具有周期短、生长快的特点，一年可饲养 4～5 批次，一定要坚持在一个时期一栋舍内只饲养同一日龄的鸡只，这样可有效防止由于日龄不同，对病原菌反应不同而造成的感染。实行“全进全出”制是鸡群更新的原则。鸡只出栏后，一定要空舍 2 周，利用这段时间对鸡舍及周围环境进行彻底清理和严格消毒，以阻断病原菌在下一个饲养批次中再次引发疾病。

（2）清扫　鸡舍排空后，将饲养用具移出，清除饮水器、饲槽的残留物，对风扇、通风口、天花板、横梁、吊架、墙壁等部位的尘土进行清扫，清除所有垫料、粪肥。为防尘土飞扬，清扫前可先用清水或消毒药喷洒，清除的粪便、灰尘集中处理。

（3）洗净　清扫后，用动力喷雾器或高压水枪进行洗净，顺序为从上至下，从里至外。较脏的地方可人工刮除，要注意角落、缝隙、设施背面的冲洗，不留死角。

（4）消毒 鸡舍经彻底洗净、检修维护后即可进行消毒。一般要求鸡舍消毒使用2种或3种不同类型的消毒药进行2～3次消毒。第一次常用火碱进行喷雾，400～600毫升/米^{2}剂量，2%～3%浓度；第二次使用表面活性剂类、卤素类、酚类等消毒药；第三次常采用甲醛加高锰酸钾或用二氯异氰尿酸钠熏蒸消毒，要注意环境密闭和温、湿度，温度为18～24℃，环境湿度为70%～80%。

3. 运载工具、种蛋消毒 运载工具应洗刷干净、干燥后再熏蒸消毒。种蛋收集后经熏蒸消毒才可入蛋库或孵化室。

4. 饮水消毒 肉鸡饮水应清洁无毒、无病原菌，符合人的饮用水质标准。饮水消毒的药物主要是氯制剂、碘制剂或季铵化合物等。

5. 定期环境消毒 肉鸡养殖场周围环境要整洁卫生，植树绿化，定期对道路进行清扫、消毒，一般每周1次，可选用2%～3%火碱进行喷洒消毒。

第二节 鸡场的生物安全防治及免疫程序

兽医生物安全防治包括免疫接种和微生态制剂（又叫益生素）。

免疫接种是指将抗原（疫苗、菌苗）通过滴鼻、点眼、饮水、气雾或注射等途径，接种到鸡体上，鸡体就对抗原产生一系列应答，产生一种与之相对应的特异物质，即抗体。当再遇特定病原侵入鸡体时，抗体就与之发生特异性结合，从而使鸡体不受感染。可以说，疫苗广泛应用已大大减少了养禽业的风险。但是，鸡群已接种了疫苗不等于获得了免疫。应考虑到影响鸡体免疫效果的因素以及环境等因素。

一、免疫效果的影响因素

1. 疫苗的效价　如果疫苗贮藏不当或超过使用期，运输时温度高或阳光曝晒，稀释浓度不够或稀释液不当，饮水免疫水质不良或混有消毒剂，疫苗品种不适应，免疫用容器不干净，疫苗中混有配伍禁忌的药物或其他疫苗等，均可导致疫苗效价不足。

2. 疫苗剂量　如注射器失控、量不准确，接种时疫苗没混匀，高温喷雾免疫时雾滴偏小，剂量过大或免疫频繁等。

3. 鸡体　日龄过小时母源抗体过多，机体已感染或处于潜伏期时应激强烈，环境恶劣，营养不良，免疫缺陷等，均可影响疫苗免疫效果。

4. 接种时间　同一部位繁殖的活苗要注意干扰现象，如新城疫弱毒苗接种后1周内不宜用传染性支气管炎弱毒疫苗；接种传支弱毒苗后2周内不宜用新城疫弱毒苗；接种传喉弱毒活苗前后各1周内，不要使用其他呼吸道的弱毒活疫苗；按种新城疫或传支弱毒活苗后不到6周，使用该病的灭活疫苗，效果较差，应相隔8周或更长时间。

5. 接种技术或方法不当　1日龄雏鸡用新城疫-传支疫苗气雾免疫时，宜用粗雾滴（大于100微升），否则会造成严重应激反应而导致免疫鸡群发生死亡；血清学检查为败血支原体或滑液囊支原体病阳性的鸡群，不能采用气雾免疫；疫苗解冻或稀释不当；饮水免疫前限水过分或不足；疫苗稀释后未在规定时间内用完；喷雾不均匀；注射针头污染；针头口径过大或过小等。

6. 鸡群在接种前后管理不当　接种是利用疫苗的致弱病毒去感染机体，这与天然感染得病一样，只是病毒的毒力较弱而不发病死亡，但机体要经过一场斗争来克服疫苗病毒的作用后，才能产生抗体。所以在接种前后应尽量减少应激。温度应适宜，不能太热太冷，保温室的温度要适当提高，如遇天气预报气候恶劣，免疫应改期进行。接种期间不能缺水，在水中适当添加电解

质和维生素，尤其是维生素A、维生素E和维生素C。饲料要充足，不能减料。鸡舍要有足够的新鲜空气，不能有贼风和氨气，垫料湿度要合适。

7. 接种过于频繁　除少数疫苗如马立克氏病、减蛋综合征、鸡痘、脑脊髓炎等病外，绝大多数疫苗的接种要获得良好的免疫效果均需经过首免，1周后产生抗体和记忆细胞，等到抗体较低时再进行二免，在3～4天之内即产生抗体，待机体抗体降至相当程度时再次免疫，此时抗体产生得更快更多。在经过3～4次弱毒疫苗免疫之后（每次都要等到抗体下降到某一程度）再用灭活疫苗，则抗体会保持在相当高的水平，且下降缓慢，同时个体的抗体差异也较少，免疫效果也好。

有的鸡场为了防病，尤其是新城疫，常常每隔几天就接种一次，活苗、灭活苗并用，扰乱鸡体的免疫机理，无法产生免疫应答，这样鸡群非但不能得到保护反而易得病。当然，每个鸡场的环境条件、饲养管理都不一样，免疫程序也不尽相同，但在制定免疫程序时，不要忘记鸡的基本免疫机理并参照以上所述各项原则。

二、免疫成功的要素

1. 适当的免疫程序　免疫程序不是一成不变的。应根据当地和本场实际情况，结合鸡的品种、用途以及传染病发生情况等，确定疫病防制种类、时间与方法等。对当地或本场50千米内没有的疫病，没必要进行该病的防疫。

2. 免疫前充分准备　根据免疫程序，务必随机抽样进行检测，以便选择最恰当的时机。注意事项有以下几点：免疫前3天，可使用具有调节功能的药物将机体调节到最佳状态；使用多维电解质以减少应激；免疫前24小时停止消毒措施；准备足够的免疫器械；校对好器具，不可使用消毒剂消毒，如必须用，消毒后要用清水充分冲洗2～3次；购买疫苗，要保证质量，运输要冷藏；饮水免疫，停水时间长短一定要根据季节变化而不同。

3. 适当的免疫时间　为减少应激，饮水或气雾免疫选早上，滴鼻、点眼、注射及翼膜刺种等可选晚上或天亮之前。

4. 谢绝参观　非本舍人员进入鸡舍前要淋浴，更换与饲养员同样的防疫服及鞋靴等，以免惊群。这也是生物安全措施的要求。

5. 免疫前对疫苗种类、稀释液、免疫程序等的再次核对　记录免疫日期、时间，疫苗名称、规格、批号、有效期等，确保疫苗有效，校正免疫器具的剂量，调暗灯光，从保温箱或液氮罐取出疫苗，免疫即开始。

6. 疫苗选择和运输保藏要适当　应根据危害鸡群病毒的强弱来选用适当的疫苗；如果主要发生危害的毒株毒力较弱，所选疫苗的毒力尽可能要弱一些；如危害的毒株毒力较强，则选用疫苗毒株毒力要较强；对IB应选用不同血清型的毒株来制苗。应选用信誉良好的疫苗生产厂家的产品，按厂家说明书使用剂量来进行稀释，不可盲目加量，以免造成免疫麻痹。

7. 努力创造优良环境，减少各种应激　接种部位准确，剂量确实；抓鸡人员行动要轻、快、准；气雾免疫时应根据鸡群状况，确保合适的喷雾高度和雾滴粒度；拌料免疫，确保拌料均匀，尤其是球虫苗免疫，做到免疫操作轻、快、稳、准，在一定时间内尽可能地将所稀释疫苗用完。

8. 免疫增强剂、保护剂和悬浮剂的正确使用　使用免疫增强剂有两种方法，一是免疫前3天，每天两次；一是免疫后连续使用2天。尤其是精神状况不良的鸡群，使用免疫增强剂很有必要；脱脂奶粉等保护剂可保护疫苗，减少环境影响；悬浮剂可把疫苗悬浮水中，如球虫免疫，可避免卵囊迅速沉淀，确保鸡群免疫剂量。

9. 免疫后加强管理　清点免疫用具及残余疫苗和空疫苗瓶，带离鸡舍进行消毒处理，切勿乱丢乱弃。滴鼻或饮水免疫结束后停止供水半小时，再供含有电解多维或疫苗增效剂的饮水，以缓解应激。强化饲料中多维类供应，不能使用对免疫有抑制作用的药物。球虫免疫不能混有抗球虫药以及影响球虫发育的药物。免疫后 48 小时不能消毒，尤其是带鸡消毒。

10. 重视免疫监测　免疫后要定时对鸡群进行抗体水平监测，并对监测结果进行分析，以了解疫苗质量和免疫程序的适当与否，便于及时调整。

三、免疫程序的制定

免疫程序是决定免疫效果的重要环节，其制定受多方面因素的影响，即使同种疫（菌）苗，在不同养鸡场、不同饲养方式、不同区域等情况下，免疫程序也不可能完全一样。因此，要使免疫效果最佳，应根据当地鸡群疫病流行情况及规律、疫苗特点、免疫有效期、肉鸡日龄、母源抗体水平以及肉鸡机体免疫状况等，制定适合本场的免疫程序。

1. 免疫程序制定时应注意的事项

（1）要清楚了解该场已发生过的疾病、发病日龄、周边地区疫情动态。根据实际情况，确定疫苗免疫的种类和免疫时间。

（2）选择合适的免疫途径是成功免疫的重要因素。有些疫苗亲嗜部位不同，就应采用特定免疫途径，如传染性法氏囊病和鸡传染性脑脊髓炎是嗜肠性，主要通过消化道感染，所以最佳免疫途径是饮水和滴口。对呼吸道疾病，最好选用弱毒苗进行点眼和气雾免疫。此外，不同免疫方式有其具体操作要求。对饮水免疫，饮用水应洁净卫生，不含氯离子和其他消毒剂的自来水或深井水。每年定期检测疫苗用水的氯离子、重金属和细菌含量及 pH。免疫前 48 小时及免疫后 24 小时的饮水中绝对不得含氯、药物和其他化学药品。饮水免疫应在 2 小时内完成，应保证每只鸡都饮到疫苗溶液。喷雾免疫，应用蒸馏水、去离子水或纯净水，喷雾器应专用，雾滴大小要适宜，喷雾器压力、喷嘴高度应适当，喷前关风扇，喷后 20 分钟才可恢复正常通风。点眼、滴鼻，要确保疫苗在眼睛、鼻孔吸收完全。

（3）要注意雏鸡母源抗体水平，尤其是鸡新城疫、传染性法氏囊病首免日龄确定。加强免疫时，也要注意体内抗体的残存量。一般菌苗需间隔7～10天，类毒素需间隔6周以上；使用弱毒活苗，一般接种一次即可。

（4）应根据疫苗特性选苗。一般应先用毒力弱的疫苗作基础免疫，再用毒力稍强的疫（菌）苗加强免疫。

（5）使用几种疫苗时，间隔时间要适当，一般应间隔2～3周。

2. 推荐的免疫程序　肉鸡养殖场必须根据本场和周围情况制定切实可行的免疫程序。有条件的鸡场，应对鸡新城疫和传染性法氏囊炎进行抗体水平监测，以确定适宜的免疫时间。

（1）商品代肉仔鸡免疫程序，参见表6-1。

表6-1　商品代肉仔鸡免疫程序

日龄	选用疫苗	接种方法	每只剂量
1	鸡马立克氏病液氮苗	皮下注射	0.2毫升
5	法氏囊弱毒苗	滴口	1羽份
10	新城疫Ⅳ-传支H120二联苗	滴鼻点眼	1～1.5羽份
	禽流感油乳剂灭活苗	皮下注射	0.3～0.5毫升
15	法氏囊弱毒疫苗	滴口	2羽份
28	新城疫疫苗	滴口	2羽份
32	法氏囊弱毒苗	滴口	2羽份

说明：10日龄接种新城疫-传支二联苗时，可在疫苗液中按100万单位/500只鸡加入链霉素滴鼻点眼。

（2）肉用型种鸡免疫程序，参见表6-2。

表6-2　肉用型种鸡免疫程序

日龄	选用疫苗	接种方法	每只剂量
1	鸡马立克氏病液氮苗	皮下注射	0.2毫升

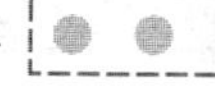

（续）

日龄	选用疫苗	接种方法	每只剂量
5	法氏囊弱毒苗	滴口	1 羽份
10	新城疫Ⅳ或克隆 30-传支 H120 二联苗	滴鼻点眼	1～1.5 羽份
	禽流感油乳剂灭活苗	皮下注射	0.3～0.5 毫升
15	法氏囊弱毒疫苗	滴口	2 羽份
28	新城疫Ⅳ或克隆 30-传支 H120 二联苗	滴鼻点眼	2 羽份
32	法氏囊弱毒苗	滴口	2 羽份
37	传染性喉气管炎苗	滴鼻点眼或涂肛	1 羽份
	鸡痘苗	刺种	1 羽份
42	鸡败血支原体病菌苗	皮下接种	1 羽份
60	新城疫Ⅰ系苗	肌内注射	1 羽份
79	传染性喉气管炎苗	滴鼻点眼或涂肛	1 羽份
100	鸡痘苗	刺种	1～1.5 羽份
126	法氏囊病油乳剂苗	肌内注射	0.5 毫升
	禽流感油乳剂灭活苗	皮下注射	0.3～0.5 毫升
135	新城疫-传支-减蛋综合征三联油乳剂苗	肌内接种	0.5 毫升
	新城疫Ⅰ系苗	肌内接种	1 毫升

（3）优质黄羽商品肉鸡免疫程序，参见表 6-3。

表 6-3　优质黄羽商品肉鸡免疫程序

日龄	选用疫苗	接种方法	每只剂量
1	鸡马立克氏病液氮苗	皮下注射	0.2 毫升
7	新城疫Ⅳ-传支 H120 二联苗	滴鼻点眼	1～1.5 羽份
14	法氏囊弱毒苗	饮水	2 羽份
	新城疫油乳剂苗	皮下或肌内注射	0.25 毫升
	新城疫Ⅳ系苗	滴鼻点眼	1～1.5 羽份
21	禽流感油乳剂灭活苗	皮下或肌内注射	0.25 毫升

（续）

日龄	选用疫苗	接种方法	每只剂量
28	法氏囊弱毒疫苗	饮水	2 羽份
	鸡痘苗	刺种	1～1.5 羽份
35	新城疫Ⅳ-传支 H52 二联苗	滴鼻点眼	1～1.5 羽份
	禽流感油乳剂灭活苗	皮下或肌内注射	0.5 毫升
65	新城疫Ⅳ系苗	滴鼻点眼	1～1.5 羽份

（4）优质黄羽肉种鸡免疫程序，参见表 6-4。

表 6-4　优质黄羽肉种鸡免疫程序

日龄	选用疫苗	接种方法	每只剂量
1	鸡马立克氏病液氮苗	皮下注射	0.2 毫升
5	新城疫Ⅳ或克隆 30-传支 H120 二联苗	滴鼻点眼	1～1.5 羽份
14	法氏囊弱毒苗	饮水	2 羽份
	新城疫油乳剂苗	皮下或肌内注射	0.25 毫升
	新城疫Ⅳ系苗	滴鼻点眼	1～1.5 羽份
21	禽流感油乳剂灭活苗	皮下或肌内注射	0.25 毫升
25	法氏囊弱毒苗	饮水	2 羽份
	鸡痘苗	刺种	1～1.5 羽份
34	传染性喉气管炎苗	滴鼻点眼或涂肛	1 羽份
40	新城疫Ⅳ-传支 H52 二联苗	滴鼻点眼	1～1.5 羽份
45	禽流感油乳剂灭活苗	肌内注射	0.5 毫升
60	新城疫Ⅳ系苗	滴鼻点眼	1～1.5 羽份
	鸡痘苗	刺种	1～1.5 羽份
75	禽脑脊髓炎弱毒苗	饮水	1 羽份
100	传染性喉气管炎苗	滴鼻点眼或涂肛	1 羽份
110	禽流感油乳剂灭活苗	肌内注射	0.5 毫升

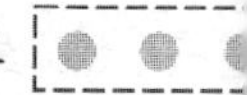

（续）

日龄	选用疫苗	接种方法	每只剂量
117	新城疫-传支-减蛋综合征-禽脑脊髓炎四联油乳剂苗	肌内接种	1毫升
127	法氏囊病油乳剂苗	肌内注射	0.5毫升
300	新城疫Ⅳ系苗	喷雾	2羽份
	禽流感油乳剂灭活苗	肌内注射	0.5毫升

第三节　鸡群疫病的监测

一、病原监测

1. 病原细菌测定　如怀疑鸡群被细菌感染，首先应自鸡体分离细菌，除细菌鉴定和致病性检测外，还应进行药敏试验，以便有效地进行治疗。如何快速进行诊断是非常重要的。鸡群常见的细菌病主要包括沙门氏菌、大肠杆菌、巴氏杆菌、绿脓杆菌、金黄色葡萄球菌等引起的疾病。

（1）病原分离培养及形态观察　对大肠杆菌、沙门氏菌、绿脓杆菌、变形杆菌以及巴氏杆菌，可通过几种鉴别培养基上划线分离。根据菌落特征加以区别。

亮绿琼脂培养基：可抑制大肠杆菌和多数变形杆菌生长，沙门氏菌可生长，形态呈低而隆起的淡红色半透明菌落，菌落直径为1～3毫米。在普通营养琼脂上，变形杆菌生长的形态呈针尖大的微小菌落，绿脓杆菌形成小的带绿或橙色荧光的菌落，可发酵乳糖的细菌菌落表面为绿色，鸡白痢沙门氏菌的菌落较其他沙门氏菌的菌落小。

伊红—美蓝琼脂：大肠杆菌可发酵乳糖，菌落中心呈暗蓝黑（紫黑）色，菌落其余部分带绿色、呈金属光泽。沙门氏菌不发酵乳糖，菌落为无色透明。

血红素马丁琼脂：鸡巴氏杆菌在前两种培养基上皆不生长，在此培养基上生长良好，菌落圆形、半透明，暗室内45℃光线照射时，在显微镜下菌落呈橘红色荧光。李氏杆菌为透明小菌落。

至于葡萄球菌，除菌落特征之外，可直接涂片染色、镜检区分。

（2）血清学方法　利用平板凝集反应来检疫鸡白痢、鸡伤寒以及鸡支原体病，在实际中已取得良好效果。

鸡白痢、鸡伤寒病诊断操作方法：在洁净玻璃板（或载玻片）上，滴上鸡白痢、鸡伤寒抗原1滴（约0.05毫升），立即用针头刺破鸡肱静脉，用取血环（内径7.5～8毫米金属丝环）取2满环血（约0.05毫升）加入抗原中，充分混匀，轻轻摇动玻片，在2分钟内出现50%以上凝集者为阳性反应。反应温度在20℃左右，同时设阳性和阴性血清对照。

鸡支原体诊断：在洁净的玻璃板（或白瓷反应板）上滴加未知血清1滴（约0.025毫升），然后加1滴鸡支原体抗原（约0.025毫升），以牙签混合，轻轻摇动平板数秒钟，1分钟后再摇动平板数秒钟，在2分钟内出现明显的凝集，背景清亮，判为阳性。反应温度在22℃以上。设阴、阳性血清对照。

（3）霉菌毒素的监测　已知重要霉菌毒素有：黄曲霉素、赫曲霉毒素、单端孢霉毒素、橘霉素和玉米赤霉烯酮等，其中黄曲霉毒素被认为毒性最大，它可引起肝中毒、突变、癌变和免疫抑制等。目前黄曲霉毒素检测已有ELISA法，以单抗为基础的检测试剂盒进行快速现场荧光法，以及1日龄雏鸡中毒试验均可。

2. *病原病毒检测*　由于疫苗的广泛应用以及应用过程中的失误，影响了鸡体抵抗力。同时，病毒为适应环境变化而发生相应变异，致使发病鸡的临床症状和病理变化不再典型，使临床诊断难度加大，而病原检测则是最好的病毒性疾病的诊断方法。常用的方法包括血凝抑制试验（HI）、琼脂扩散试验（AGP）、间

接血凝以及其他方法。

（1）新城疫

①用 HI 试验检查抗原：自肺组织中压挤出水肿液或肺组织研磨乳剂（1∶1～2），低速离心，取上清液作为待检抗原。首先用待检抗原对鸡红细胞作凝集试验，如发生凝集时，则用 4 单位的待检抗原同已知的新城疫阳性血清进行 HI 试验，如果待检抗原对鸡红细胞的凝集力被新城疫阳性血清所抑制，则此待检抗原为新城疫病毒，即表明鸡死于新城疫。如果 HI 试验为阴性，则需用禽流感阳性血清作 HI，因禽流感肺乳剂也可凝集鸡的红细胞。

②用 AGP 检测抗原：自死鸡脑、气管黏液、肝脾、盲肠扁桃体、肾、肺、肠淋巴、胸腺或法氏囊等组织中，任取 4～5 毫克组织放入小塑料管内，用眼科小剪刀反复剪碎，加少量盐水（含万分之一硫柳汞）呈糊状后作为待检抗原。琼脂平板配制：1%琼脂和 8%氯化钠，若在平板中加入 2%聚乙二醇（6000），可提高某些疫病检出率。中央孔加新城疫阳性血清，周边孔加待检抗原，室温或 37℃，24～72 小时观察结果，如待检抗原孔与血清孔之间出现沉淀线时，即可判为阳性。新城疫病死鸡各脏器的阳性检出率平均在 50%以上。同时检查一只鸡多个脏器，有一脏器出现阳性即可判为阳性，检出率为 100%。

（2）禽流感　用 HI 查测抗原：采集病料和处理方法同新城疫，如为阳性时，即表明鸡死于禽流感，如为阴性时，则需进行新城疫的 HI。

（3）传染性支气管炎　用 AGP 检测抗原：取病或死鸡的气管黏液，加少量盐水稀释后作为待检抗原。中央孔加待检抗原，周边孔加不同毒株制备的阳性血清 3 份，待检抗原与任一份阳性血清出现沉淀线，即可判为阳性。

快速平板血凝法进行测定：用神经氨酸酶处理病鸡病料上清或病毒鸡胚尿囊液，与 1%鸡红细胞进行平板凝集试验，特异性、敏感性可与 PCR 法相比。该法操作简便，快速、费用低，值得推广。

另外，还有用反转录聚合酶链反应（RT-PCR），可识别 S_1 蛋白，已有 RT-PCR 产品，通过直接自动循环测序法（DACS）能够快速、有效地识别野毒株，包括新的、未被识别的不同病毒的血清型。

（4）传染性喉气管炎　用 AGP 查抗原：取死鸡气管内的干酪物，加少量盐水捣碎或磨碎后作为待检抗原。中央孔放传染性喉气管炎阳性血清，周边孔放待检抗原，两孔之间出现沉淀线时，即可判为阳性。如果取喉头干酪物作 AGP 时，尚需排出鸡痘，即用待检抗原与鸡痘阳性血清作 AGP。

（5）鸡痘　用 AGP 查抗原：皮肤型鸡痘可取痂皮加少量盐水磨碎后作为待检抗原，中央孔加鸡痘阳性血清，周边孔加待检抗原，两孔之间出现沉淀线时，即可判为阳性。白喉型鸡痘则取喉头干酪物，加少量盐水磨碎后作为待检抗原，按前述方法进行试验和判定，但需排除传染性喉气管炎，即同传染性喉气管炎阳性血清作 AGP。

（6）马立克氏病　用 AGP 查抗原：自翅主轴上拔下数根含有羽髓的羽毛，挤出羽髓，放小试管中加少量盐水捣碎后作为待检抗原，也可直接将羽髓作为待检抗原。中央孔放马立克氏阳性血清，周边孔放待检抗原，两孔之间出现沉淀时，即可判为阳性。

（7）传染性法氏囊炎　用 AGP 查抗原：取法氏囊，加等量盐水剪碎或磨碎后作为待检抗原。试验需用两组孔，一组的中央孔放传染性法氏囊炎阳性血清，另一组的中央孔放新城疫阳性血清，两组的周边都放相同的待检抗原，两孔之间出现沉淀线时，判为阳性。

（8）减蛋综合征　用 HI 查抗原：取卵巢，输卵管和输卵管内黏液作成 20%乳剂，也可收集软皮蛋和薄皮蛋的蛋清，向蛋清内加入 1/5 氯仿，充分摇动，离心（3 000～4 000 转/分）20 分钟，取上清液作为待检抗原，同新城疫 HI 操作程序，阳性血清为减蛋综合征病毒的抗血清。

用 AGP 查抗原：用上述待检抗原或取卵巢、输卵管和输卵管内黏液，加少量盐水剪碎后作为待检抗原。中央孔放减蛋综合征阳性血清，周边孔放待检抗原，两孔之间出现沉淀线时，判阳性。

（9）禽脊髓炎　用 AGP 查抗原：取典型发病或死鸡的脑组织乳剂（1∶1～2）作为待检抗原，中央孔放禽脑脊髓炎阳性血清，周边孔放待检抗原，两孔之间出现沉淀线时，即可判为阳性。

二、抗体监测

抗体监测不仅可用于鸡群免疫效果监测，也可用于对疾病的诊断。在疾病诊断时常采用发病初期与康复期（相隔 2 周以上）的双份血清法检测。若在急性期检测不到抗体，而在康复期，大多数鸡只能检测到，表示该鸡群遭受该病的感染；对于免疫鸡群，发病期和恢复期均会出现抗体效价的不均一，少部分鸡抗体效价特别高或低，大多数比较均一，也表明该鸡群曾经感染过。免疫监测则主要是对鸡的母源抗体和免疫后鸡群抗体的检测，为制定合理的免疫程序和疫苗效果评价提供依据。

抗体水平测定方法常用的有血凝抑制试验、琼脂扩散试验、ELISA 等。

1. 血凝（HA）与血凝抑制试验（HI）　该法可用于鸡新城疫与鸡减蛋综合征的诊断与免疫机体抗体效价的测定。具体操作如下：

（1）试验准备　抗原：市售稳定抗原（新城疫）或鸡新城疫Ⅱ系、LaSota 系湿苗均可作为抗原，鸡减蛋综合征抗原可用活的鸭胚尿囊液病毒，试验前均需测 HA 效价。0.5%红细胞悬液：由鸡翅下静脉或心脏采血，放入灭菌试管（按每毫升血加入

3.8%灭菌柠檬酸钠 0.2 毫升做抗凝剂）内，迅速混匀。将抗凝血放入离心管内 1 500 转/分离心 3～5 分钟，吸出上清，将沉淀红细胞加稀释液（生理盐水）洗涤，再离心，如此反复 3～5 次，弃上清，取红细胞沉淀按 0.5%稀释度加入生理盐水即可。被检血清：将被检鸡只编号，用灭菌的干燥注射器采血或用孔径 2～3 毫米塑料管由翅静脉采血，室温静置或离心，待血清析出后使用。稀释液为灭菌生理盐水。

（2）HA 试验　使用 U 形微量血凝板及微量加样器。按表 6-5 法：①先每孔加入稀释液 25 微升。②再用加样器取病毒液 25 微升，加入第 1 孔，反复吹打数次混匀，再吸 25 微升到第 2 孔，同样吹打混匀，吸 25 微升到第 3 孔，如此直到第 10 孔，混匀后，弃去 25 微升，11 孔与 12 孔为红细胞对照。③用微量加样器加稀释液于各孔内。④每孔分别加 0.5%红细胞悬液 25 微升，振荡混匀，37℃ 30 分钟观察结果。

表 6-5　红细胞凝集（HA）试验

孔号	1	2	3	4	5	6	7	8	9	10	11	12
病毒稀释倍数	1∶2	1∶4	1∶8	1∶16	1∶32	1∶64	1∶128	1∶256	1∶512	1∶1 024	对照	对照
稀释液（微升）	25	25	25	25	25	25	25	25	25	25	25	25
病毒液（微升）	25	25	25	25	25	25	25	25	25	25	0	0
0.5%鸡红细胞悬液（微升）	25	25	25	25	25	25	25	25	25	25	25	25
作用温度与时间	振荡 1～2 分钟，37℃ 30 分钟											
结果	++++	++++	++++	++++	++++	++++	++++	++	−	−	−	−

结果观察时可将反应板倾斜成 45°角，沉于管底的红细胞沿着倾斜面向下呈线状流动者为沉淀，表明红细胞未被或不完全被

病毒凝集；如果孔底的红细胞铺平孔底，呈均匀薄膜伞状，倾斜后红细胞不流动，说明红细胞被病毒凝集。能使红细胞发生凝集的病毒抗原液的最大稀释倍数为 HA 效价。在 HI 试验时，病毒抗原液应为每 25 微升含 4 个凝集单位，如 HA 效价为 1：128，则应将原病毒液进行 128/4＝16 倍的稀释液，即 1 份原病毒液，15 份稀释液。

（3）HI 试验，参见表 6-6。

表 6-6　血凝抑制（HI）试验

孔号	1	2	3	4	5	6	7	8	9	10	11	12
被检血清稀释倍数	1：2	1：2^{2}	1：2^{3}	1：2^{4}	1：2^{5}	1：2^{6}	1：2^{7}	1：2^{8}	1：2^{9}	1：2^{10}	红细胞对照	抗原对照
稀释液（微升）	25	25	25	25	25	25	25	25	25	25	50	25
被检血清（微升）	25	25	25	25	25	25	25	25	25	25	0	0
4 单位病毒（微升）	25	25	25	25	25	25	25	25	25	25	0	25
作用温度与时间	振荡 1～2 分钟，室温静置 20 分钟											
0.5%鸡红细胞悬液（微升）	25	25	25	25	25	25	25	25	25	25	25	25
作用温度与时间	振荡 1～2 分钟，37℃ 30 分钟											
结果	－	－	－	－	－	－	－	＋＋	＋＋＋	＋＋＋＋	－	＋＋＋＋

注：“－”表示不凝集，“＋＋”表示不完全凝集，“＋＋＋＋”表示完全凝集。

①用微量加样器每孔加入 25 微升稀释液，从第 1 孔到第 10 孔。第 11 孔加 50 微升，第 12 孔为 25 微升。

②取 25 微升被检血清，放入第 1 孔，混匀后从第 2 孔取 25

微升到第3孔，混匀，从第3孔取25微升至第4孔，如此类推，直至第10孔，混匀后，弃去25微升。第12孔为抗原对照，不加血清。

③每孔再加入含4个单位的病毒液25微升至第10孔，第11孔为红细胞对照，不加。第12孔同样加入25微升4个单位病毒液。

④振荡混匀后室温静置20分钟。

⑤每孔分别加入0.5%红细胞悬液25微升，振荡混匀，37℃30分钟观察结果。

观察结果时将反应板倾斜成45°角，同HA，能将4单位病毒抗原凝集红细胞的作用完全抑制的血清最高稀释倍数，称为该血清的红细胞凝集抑制效价。一般用被检血清的稀释倍数或以2为底的对数表示，如上例，该血清的红细胞凝集抑制效价为1∶128或HI效价为7log2。

通过对被检血清的检测，对新城疫如母源抗体效价下降到1∶16以下时进行首免较为适宜。对成年鸡的免疫，一般鸡群抗体水平在6log2以下时鸡群易受到野毒感染，在接近临界6log2以上时需再次免疫。对鸡减蛋综合征，一般HI的效价在10倍以上即具保护力。

在进行HI试验时，对鸡群抽测比例要适当。一般大型鸡场抽样率不低于0.1%～0.5%，小型鸡群抽样率应为2%。若鸡群接种疫苗后2～3周抗体效价增高2个滴度以上，表示鸡免疫应答良好，疫苗接种成功。否则，表示免疫失败。

2. 琼脂扩散试验（AGP） 该法可用于鸡传染性法氏囊和鸡马立克氏病的抗体检测。简单的操作如下：

（1）琼脂板制备 用含1%琼脂和8%氯化钠的配方进行制板。浇板厚度3～4毫米。浇好后放4℃冰箱，保存备用。

（2）打孔 按梅花形7孔图打孔，孔径4毫米左右，中央孔与外周孔的孔距为3毫米。

(3) 封底　一般用酒精灯火焰封底。

(4) 加样　中央孔加已知抗原，外周孔分别加待检血清与阳性对照血清。加至孔满为止。待孔中液体吸干后，将平皿倒置，湿盒中室温放置，连续观察3天。

(5) 判定结果　阳性：标准阳性血清与抗原之间有明显致密的沉淀线时，待检血清与抗原之间也形成沉淀线或阳性血清的沉淀线末端向相邻的待检血清孔内弯曲者，也判被检血清阳性。

阴性：待检血清与抗原之间不形成沉淀线或阳性血清的沉淀线向相邻的待检血清孔直伸或向外偏弯者，判待检血清阴性。

用AGP法检测免疫鸡IBD的抗体，如所检样品均有沉淀线出现，表明免疫鸡群免疫状况良好。如鸡群在1日龄测定抗体阳性率不到80%，可在10日龄接种。阳性率在80%～100%的鸡群，7～10日龄时再采血测定，若阳性率低于50%，在14日龄接种。若超过50%，在17日龄接种。此法可为鸡群合理免疫提供依据。

三、细菌耐药性的监测

抗菌药物对于鸡病的治疗起到重要作用。但如果使用不当，会导致耐药菌株出现，限制了许多常规药物的使用，不仅使养鸡者受到了一定经济损失，也干扰鸡体内正常菌群的生长。此外，使用抗生素导致的药物残留，也影响了人类健康。所以，选用抗菌药物，只有通过药敏试验，选择有效、价格低廉、属于禽用的药物，才能避免各种不利影响。

药敏试验常用的是纸片法，药敏纸片可购买，也可自己制备。

(1) 药敏纸片的制备　用新华一号定性滤纸，打成直径6毫米圆形纸片，装入带塞小瓶或小平皿内，121℃灭菌15分钟，置100℃干燥箱内烘干备用，每50张加一定浓度的药液0.5毫升，不时翻动，使滤纸将药液均匀吸净，一般30分钟即可。将纸片摊于37℃温箱烘干或置于纱布袋中，真空抽气使之干燥，干燥后装入无菌小瓶中，加塞置干燥器中或－20℃冰冻保存，使用时先取出，置室温1小时，使其温度与室温相同。鉴定自制纸片是否合格，可以标准菌株（敏感）测其抑菌环，符合标准者为合格，有效期4～6个月。在实际中，可仅将常用的一定厂家生产的兽用抗生素类药，按实际使用剂量配成一定浓度，制成药物纸片用于定性测定，既实用、又可靠，因现在市售药物纸片大多是人用的，质量、价格等不一。

（2）试验菌液准备　将待检菌接种于适宜的液体培养基中，37℃培养18～24小时。

（3）操作步骤

①涂菌　用灭菌棉拭子蘸取菌液，在管壁上挤压除去多余的液体，再涂满琼脂平板表面，盖好平皿，室温下干燥5分钟，待平板表面稍干即可放置药物纸片。

②放纸片　用灭菌的镊子以无菌操作取出含药纸片贴在涂有细菌的平板培养基表面，轻轻按压以保证与培养基密切接触。一个直径90毫米左右的平皿最多贴7张纸片，6张均匀地贴在离平皿边缘15毫米处，1张位于中心，纸片与纸片距离大约20毫米，37℃培养18～24小时，观察结果。

③结果判定　培养18～24小时取出，测量抑菌环直径（包括纸片直径）。有三种判定标准：耐药、中敏、高度敏感。一般耐药：无抑菌环。中度敏感：抑菌环直径为10～15毫米；高度敏感：抑菌环直径在16毫米以上。现在有新的药物，可按新的标准判定。

第四节　肉鸡疾病的药物防治与休药期

防治鸡细菌性传染病及继发感染，抗生素的作用举足轻重。但是，如果使用不当，会产生不良的后果，如耐药问题与药物残留问题。如何既达到防病治病，又避免药物残留及耐药性的发

生？除了掌握药物的一系列特性，也要根据鸡的品种、年龄、用途等合理选药，注意其休药期。

一、抗菌药物的正确使用

1. 调查、了解具体情况，对症下药　发病鸡，要先诊断是什么病，再根据病因、鸡群状态、药物性能以及病原体对药物的敏感性等确定用药。

2. 抗菌药物的使用剂量和疗程要合理　剂量不足时难以发挥药效，过量则造成浪费。药物的疗程可视病情而定，一般情况连续用药3～5天，直至症状消失后再用1～2天，切忌停药过早而导致再次复发。

3. 根据鸡的生理特点，选择合理给药途径　鸡群常用给药方法有口服（拌料、饮水或滴口）和肌内注射等。根据病情及症状情况，选用作用于不同组织器官的药物，可达到事半功倍的效果。如肝肾功能不良时不宜用四环素，神经症状的不宜用抗生素。

4. 严防伪劣兽药，把好采购关。

5. 防止药物间的配伍禁忌　合理联合用药可增强疗效，缓解耐药性，降低毒副反应；不合理联合用药，可产生配伍禁忌，产生严重不良后果。一般抗菌剂不宜与抑菌剂联合使用，药效所需环境不同的不能联合，特性相反的也不可联合使用。如青霉素不与四环素类、磺胺类药物合用、盐霉素不与支原净合用等。

6. 不要迷信新药、洋药，轻视国产常规药。

7. 重视药品的安全性，有些药品的安全范围很窄，治疗量和中毒量较接近，如马杜霉素等，在使用时要特别注意。

8. 建立细菌耐药性监测网　大型的有条件鸡场，通过定期的不断监测，建立细菌耐药性监测网，定期公布各鸡舍准确监测资料，可减少兽医临床大剂量盲目使用抗生素，也有助于防止耐药菌产生。

二、肉鸡常用药物

不同疾病病因不一样，所表现症状不一，所以选择的药物就会不同。

1. 慢性呼吸道疾病　治疗常用金霉素100～200克/吨，拌料饲喂，无停药期；红霉素92.5～185克/吨，拌料饲喂，停药期1～2天；土霉素100～200克/吨，拌料饲喂，停药期3天。

2. 大肠杆菌病或并发慢性呼吸道病　治疗常用金霉素100～200克/吨，拌料饲喂，无停药期；红霉素185克/吨，拌料饲喂，连喂5～8天，停药2天；土霉素100～200克/吨，拌料饲喂停药3天；新霉素70～140克/吨，拌料饲喂停药5～14天；新-土霉素，新霉素为主剂，土霉素为辅剂，停药5～14天。

鸡白痢、鸡伤寒及副伤寒，以预防为主，自购买雏鸡起，前2周使用0.05%土霉素拌料，连续饲喂1～2周，停药10天左右。

3. 大肠梭状芽孢杆菌病　预防：链霉素60克/吨，拌料饲喂；治疗：土霉素200克/吨，拌料饲喂2周，停药3天。

4. 葡萄球菌病　治疗：新生霉素200～350克/吨，拌料饲喂使用5～7天。

5. 霉菌病（肠道真菌、白色念珠菌）　预防：制霉菌素50克/吨，硫酸铜907克/吨，拌料饲喂，每月喂1周；治疗：制霉菌素100克/吨，拌料饲喂，喂7～10天，然后以50克/吨的剂量拌料喂服，无停药期。

6. 鸡传染性鼻炎　预防：红霉素92.5克/吨，拌料饲喂7～14天。治疗：红霉素185克/吨，拌料饲喂5～8天；磺胺噻唑钠，每升水1.32克，饮用3～5天。0.25%磺胺噻唑拌饲4～5天，停药10天；0.05%磺胺二甲氧嘧啶饮水5～7天，停药5天。链霉素肌注，每千克体重使用110毫克，停药30天。

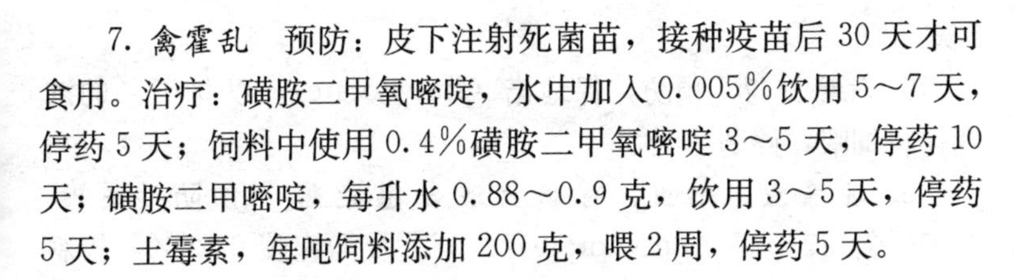

7. 禽霍乱　预防：皮下注射死菌苗，接种疫苗后30天才可食用。治疗：磺胺二甲氧嘧啶，水中加入0.005%饮用5～7天，停药5天；饲料中使用0.4%磺胺二甲氧嘧啶3～5天，停药10天；磺胺二甲嘧啶，每升水0.88～0.9克，饮用3～5天，停药5天；土霉素，每吨饲料添加200克，喂2周，停药5天。

三、抗寄生虫药及休药期

1. 抗球虫药　磺胺喹噁啉，预防：0.015～0.025%，拌料喂服。治疗：以0.1%的浓度拌料饲喂2～3天，停药3天；以0.05%的浓度拌料饲喂2天，停药3天，再喂2天；或以0.04%浓度饮水，连饮2～3天。上市前停药10天，限制使用于产蛋鸡。

磺胺氯吡嗪，上市前停药4天，蛋不能食用。

二甲氧苄氨嘧啶+磺胺2，6-二甲氧嘧啶，0.05%饮水5～7天，停药5天，限用于16周龄以上鸡。

莫能菌素，停药3天，限用于产蛋鸡。

硝基氨苯酰胺，无休药期，限用于产蛋鸡。

呋喃西林，停药5天，限用于14周龄以上鸡。

氯羟吡啶，限用于16周龄以上鸡。

尼卡巴嗪，停药4天，限用于产蛋鸡。

氯苯胍，停药5天，限用于产蛋鸡。

2. 抗寄生虫（毛细线虫等）药　预防，潮霉素B，每吨8～12克，连续喂饲；治疗，蝇毒磷，0.004%，拌料饲喂10～14天。

3. 抗鸡异刺线虫药　预防同毛细线虫；治疗，每千克体重0.3～0.5克酚噻嗪，拌料饲喂1天；每千克体重0.15克阿维菌素粉剂，拌料饲喂3天，隔10～14天，再喂2～3天。

4. 抗鸡蛔虫药　预防同上；治疗：饮水中加入0.1%～0.2%哌嗪（全群治疗）；饲料中加入0.2～0.4%派嗪，治疗

1天。

5. 抗绦虫药　预防，保地诺（Butynorate），以0.07%的浓度拌料饲喂，停药7天。

6. 抗绦虫、蛔虫、盲肠虫混合感染药　预防：哌嗪，0.055%，保地诺（Butynorate）0.07%及酚噻嗪0.29%，拌料饲喂1天，停药7天；治疗：哌嗪0.11%，酚噻嗪0.50%～0.56%，拌料饲喂1天，停药5天。

7. 抗滴虫病药　预防，甲硝唑，每千克体重20～25毫克，拌料饲喂，每天1次，连用2天；治疗同预防，停药5天。

四、常用药物的休药期及食用组织脏器允许的最低残留量

休药期是指从最后一次给药时起，到出栏屠宰时止，药物经排泄后，在体内各组织中的残留量不超过食品卫生标准所需要的时间。在休药期内不准屠宰出售。在养鸡业，特别是肉仔鸡饲养业，必须严格按照药物的休药期规定合理用药，保证鸡肉内的药物残留不超过食品卫生标准，否则，就会使肉鸡及其产品无法进入市场，有可能还会引来合同纠纷，给企业造成不应有的损失。

土霉素：用于肉仔鸡，可以拌料使用，无休药期要求；但注射使用时，休药期为5天。

金霉素：用于肉仔鸡，休药期1天；饮水给药时，休药期为4天。肉、肝、脂肪、皮肤中的允许残留量为1毫克/千克。

红霉素：可用于各年龄段的蛋鸡、肉鸡，内服用药，休药期为1～2天。鸡蛋中的允许残留量为0.025毫克/千克。185毫克/千克以上的浓度禁用于产蛋鸡。

壮观霉素：用于肉仔鸡，内服用药，休药期为5天。

庆大霉素：用于各年龄段的蛋鸡、肉鸡，可以内服用药，休药期为35天。

新生霉素：用于肉仔鸡，内服用药，休药期为4天。

磺胺氯吡嗪：用于肉仔鸡，饮水给药，休药期为 5 天。

磺胺二甲基嘧啶：用于肉仔鸡，休药期为 10 天。产品中的所有磺胺类药物允许残留量总和为 0.1 毫克/千克。产蛋鸡禁用该品。

磺胺二甲氧嘧啶：用于肉仔鸡，饮水给药，休药期为 5 天。日本规定鸡肉中的最高残留量为 0.01 毫克/千克。

三甲氧苄氨嘧啶：用于各年龄段的蛋鸡、肉鸡，肌内注射或内服给药，休药期为 5 天。

磺胺二甲氧嘧啶＋二甲氧苄氨嘧啶：用于肉仔鸡，可以饮水给药、内服给药，休药期为 5 天。产蛋鸡禁用该品。

克球多：用于肉仔鸡，休药期为 5 天。肝、肾中的允许残留量为 15 毫克/千克。16 周龄以上的鸡群禁用该品。

氯苯胍：用于肉鸡，拌料饲喂，休药期为 5 天。皮肤、脂肪中的允许残留量为 0.2 毫克/千克，其他组织中的允许残留量为 0.1 毫克/千克。产蛋鸡禁用该品。

氨丙啉：用于肉鸡，休药期为 7 天。肉中的允许残留量为 0.5 毫克/千克，肝、肾中的允许残留量为 1 毫克/千克。产蛋鸡禁用该品。

球痢灵（二硝苯甲酰胺）：该品毒性小，安全范围大，是预防和治疗鸡艾美耳球虫较为理想的药物，用于各年龄段的蛋鸡、肉鸡，虽无休药期的要求，但脂肪中的允许残留量为 2 毫克/千克，肌肉中的允许残留量为 3 毫克/千克，肝、肾中的允许残留量为 6 毫克/千克。

尼卡巴嗪：用于肉鸡，拌料饲喂，休药期为 4 天。产蛋鸡禁用该品。日本规定鸡肉中的最高残留量为 0.02 毫克/千克。

磺胺喹噁啉：用于肉鸡，休药期为 7 天。产蛋鸡禁用该品。

硝基氯苯酰胺：用于肉鸡，拌料饲喂，休药期为 5 天。皮肤、脂肪中的允许残留量为 3 毫克/千克。产蛋鸡禁用该品。

莫能菌素：用于肉鸡，拌料饲喂，休药期为 3 天。肉中的允许残留量为0.05毫克/千克。产蛋鸡禁用该品。

氯羟吡啶（可爱丹）：该品毒性较低，肉鸡和产蛋鸡均可使用，拌料饲喂，休药期为5天。

马杜霉素：可用于各年龄段的蛋鸡、肉鸡，休药期为5天。

甲基盐霉素：由美国首先研制成功，可以用于各种年龄段的蛋鸡、肉鸡，是目前为止唯一可以用于种鸡和产蛋鸡的抗球虫药，拌料饲喂，用量为1吨饲料加药60～70克，无休药期要求。

第五节　中兽药在肉鸡疫病防疫中的作用

一、肉鸡生态养殖需要中兽药

我国肉鸡生产目前占世界第二位，数年来一直以5%～10%的速度持续增长。经历了历年禽类各种疫病的洗礼，规模养殖场已占40%以上，这个数据显示出近年来公司加农户的措施以及集团公司的引导和政府的大力支持，也意味着养禽生产中每一种新理论、新技术的实施，均可通过大集团的示范作用迅速传递到养殖户。随着我国养禽业的迅速发展和高度集约化，肉鸡生产长期以来一直沿用以化药、抗生素为主体配合疫苗免疫的兽医防疫体系。禽类产品中化学药物、激素、抗生素残留问题不仅影响到我国人民的健康，也是产品出口的最大障碍。据有关资料表明：随着国际畜禽产品贸易技术壁垒的不断增高，我国的一些禽类产品由于病原、兽药残留等技术指标超过欧盟及主要进口国日本肯定列表的控制指标，被拒收、扣留和终止合同甚至封关等。同时，欧盟也在大力开发天然植物药、免疫调节剂等绿色环保型天然植物药作为替代产品，在养殖生产中推广。

在此严峻的形势下，肉鸡生态养殖呼唤天然中兽药产品替代化学药物，呼唤新的兽医防疫技术体系。弘扬具有民族特色的传统中兽医学，在中兽医理论指导下开发具有自主知识产权的新中

兽药，强化中兽药配合疫苗免疫程序的兽医防疫技术体系，尽快提高我国控制药物残留的水平，提高我国畜禽产品的综合竞争力已经刻不容缓。中兽药的研制开发正是适应于国家政策、国内外绿色畜产品市场的情况下加速进入了实施阶段。

二、针对当前养禽业现状，在中（兽）医药理论指导下开发和应用中兽药

中（兽）医防治体系中“治未病”源于秦汉以前先进的医疗思想，首见于《内经》，是《内经》防治理论的核心。“治未病”的含义可概括为：“未病先防”，“既病防变”，进一步释义如下。

1. 治未生　在疾病未发生之前，采取积极的预防措施，防止疾病的发生。按照中兽药传统理论，目的是充分调动机体的非特异性免疫力，协调机体生理机能，保证健康和生产力的正常发挥。古人云“阴平阳秘，精神乃治”。《素问·四气调神大论》云：“圣人不治已病治未病，不治已乱治未乱，此之谓也。”一些抗应激中药添加剂如“石香颗粒”、“银翘口服液”等的研制开发和预防性添加可充分调动机体的非特异性免疫力，协调机体生理机能，保证健康和生产力的正常发挥。

2. 治未发　把握某些条件致病的病原微生物发病特点，先其发时而治。在生产实践中，掌握治疗时机是非常重要的。如果防治时机把握准确，往往会取得事半功倍的效果。如对大肠杆菌引起的疾病，不仅注重发病时的治疗，也要重视病未发这一有利的防治时机。这里所说“治未病”是指在病势将发未发或潜伏期进行的防治。使正盛邪衰，抵御疾病。

3. 治未成　指疾病初发处于轻浅阶段或疾病处于先兆期实施的治疗。旨在把握治疗时机，防止病情的加重、扭转疾病的发展变化，属温病病机中“卫分证”的治疗。《内经》主张：“上工刺其未生者也，其次，刺其未盛者也。”“上工救其萌芽”，“卒然

逢之，早遏其路。”而卫分证的治疗体现在对温病处于先兆期实施的治疗，使用卫分证代表方剂“银翘散”加减而研制开发的中兽药制剂“灭呼散”，可以达到异病同治、早期治疗作用。

4. 治未传　以中兽医整体观念和辨证施治为理论依据，掌握疾病的传变规律，治疗于未传之时。温病病机是指由于温病邪毒、戾气等导致机体温热病发生、发展和变化规律的病理过程。温热病都有一定的传变过程、一定的病位和一系列表现。祖国医学对温热病主要有两种辨证方法：卫气营血辨证和三焦辨证。根据叶天士卫气营血病机（病情由表入里、由浅入深、由轻转重的演变）和吴鞠通三焦病机（三焦气化的失调或障碍）变化规律，在新药开发中必须抓住时机，一旦对疫病的发生发展以及病原微生物有了确切的判断，即可针对性地实施治疗，防止疾病传变。“卫之后方言气，营之后方言血”，充分体现了对疫病要抓准时机辨证施治，否则病邪就有可能由表传里，步步深入，造成较高的死亡率。

总之，《内经》“治未病”未病先防的理论思想，始终指导着我们的系列中兽药的研制开发和现场应用。迄今为止，我们已成功地开发了系列禽用中兽药制剂，基本满足了养禽生产中兽医防疫体系中预防及治疗传染病的需要，并且已推向市场。在中兽医理论指导下推广应用系列中兽药配套技术，对现场建立新兽医防疫技术模式有着重要的指导意义，也获得了良好的经济效益和社会效益。

三、禽病新兽医防疫技术模式

现行兽医防疫技术主要包括：兽医生物防疫（免疫程序）、环境控制，西药防治三个方面。现代畜牧业疫病的发生已不仅仅是那些可以用疫苗、血清、抗生素防治的典型的特异性疾病，更重要的是慢性的且逐渐加剧的综合性病证，多种病毒与细菌、细菌与细菌混合感染性疾病，这些疾病往往难以诊断。在此情况下，化药、抗生素等预防量添加造成病原耐药性增加，甚至达到滥用的程度，仍造成很高的发病率、死亡率及巨大的经济损失，其结果是药物残留严重超标，不符合国家无公害畜产品和出口国产品质量要求。在国家出台无公害兽药使用准则、饲料添加剂使用条例等规范后，化药、抗生素的使用被严格限制，中药以其深厚的理论基础，低毒、无有害药残的特点成为替代化药的首选。新兽医防疫技术模式就是在这样的情况下提出并指导生产的。与现行的兽医防疫体系相对照，推行我们推荐的新型兽医防疫体系，主要包括以下内容：中兽药的主动防疫、环境控制、兽医生物防疫（免疫程序）、中草药的早期治疗、中西兽医结合治疗。其中中兽医学中“治未病”，也就是“以防为主，防重于治”的观念始终指导着新型兽医防疫技术体系的实施过程，并以此作为指导中药进入无公害养殖现场应用的切入点进行推广，最终以提高肉鸡养殖经济效益为目的。

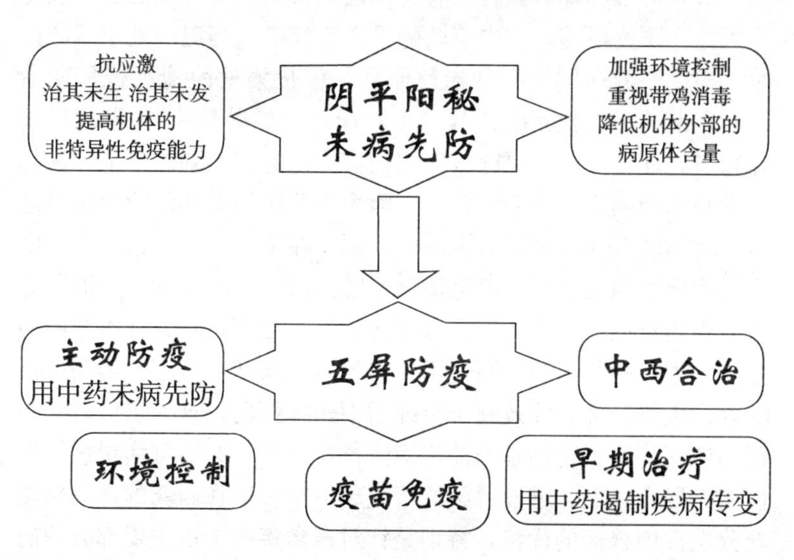

在新兽医防疫体系中，除兽医生物防疫（免疫程序）未发生变化外，其他几项都在不同程度上有所变化。在中兽药的主动防疫中，中兽医学认为畜体与自然环境密切相关，“阴平阳秘，精神乃治”，重在平衡阴阳；“正气内存、邪不可干”，重在提高机体的非特异性免疫能力。但应激导致机体免疫力下降，代谢增强，一些代谢产物、废弃物大量生成，已成轻微热象，机体免疫功能下降，对多种流行病、传染病抵抗力随之降低，引发疫病暴发流行。用中药作为协调机体生理机能抗应激以及对鸡群进行主动药物防治，具有不可比拟的优势和深厚的理论基础。我们倡导健康养殖，即只有在机体健康状态下，才能发挥最佳生产性能，生产最优质的畜禽产品。同时，中长期使用其毒副作用小，不易产生耐药性，无有害残留。在生产实践中我们使用抗应激类中兽药以及清热解毒类中药对肉鸡在易感日龄前有目的地进行主动预防性投药，可大大提高鸡群的素质和整体防疫水平，降低发病率。在环境控制中，因地制宜地加强小环境的控制，加强通风换气，带鸡消毒和降低鸡舍内有害病菌的含量，祛环境之邪，强化兽医综合防疫措施。在中草药的早期治疗中，当温病处于卫分证时，根据“异病同治”的治疗原则，可化繁就简地进行早期治疗。所谓“上工救其萌芽”，“卒然逢之，早遏其路”。发病初期温病卫分证治疗药“灭呼散”往往会取得意想不到的效果。这与在没有出现明显的典型症状前，因采用西医的对症治疗而易错过治疗鸡病的最佳时机有着本质的区别。在中西医结合治疗环节中强调确定病原后使用“瘟毒清”、“肠菌清”、“呼喘清口服液”等系列中药对证治疗。中药具有平衡阴阳、祛邪扶正、标本兼治的特点。中兽药与西药协同使用，使整体与局部，辨证与辨病有机结合，优势互补，疗效高于单纯用中药或西药，这一点已得到同行的广泛认可。特别是当前疫病流行特点下，非典型病毒病、慢性病、混合感染、继发感染的情况越来越多，在西药的薄弱领域充分发挥中兽药的优势，特别是针对畜禽疾病中占主要部分的病毒性传染病，中药具有多方位调节和治疗作用，达到阴阳平衡、祛邪扶正及标本兼治的治疗效果。而休药期用中兽药进行鸡病的防治，可促进生产性能发挥，有效降低肉鸡体内的药残，满足日益严格的食品安全需要。

近年来，我们在按照中兽医理论指导开发的系列中兽药，构建新兽医防疫技术模式，并在北京华都肉鸡公司绿色优质肉鸡生产过程中应用，取得了良好的社会效益及经济效益，也为我国特别是主要肉鸡出口集团形成无公害优质肉鸡生产模式起到了示范作用。通过近百万只规模的肉鸡试验，既弘扬了我国悠久历史的传统中兽医理论，又为在中兽医理论指导下，新中兽药的普及和现场应用找到了切入点，加大了兽医防疫技术体系的深度和力度，大大降低了肉鸡的发病率。从使用效果看，在新型兽医防疫技术模式中，禽用系列产品按我们推荐的模式配套合理使用，得到如下结论：①在肉鸡饲养全过程中，特别是25日龄至出栏期间添加本系列产品，可全部取代化药，延长饲养期至52天，死亡率降低，鸡群素质良好，生产性能正常，料肉比合理。②安全无药残。兽药连续使用直至出栏，未见毒副及不良反应与禁忌，在国家畜禽产品质量检测中心的检测中，无任何有害药残，可以满足绿色安全优质肉鸡产品的大规模生产。③中兽药产品使用中投入产出比例合理，以推荐的阶段式、全程阶段式预防用药添加，可将中兽药成本控制在＜0.30元/只鸡，节约兽药成本0.2～0.4元/只。该系列产品的研制与推广应用对我国加入WTO后，开发自主知识产权的具有民族特色的中兽药产品具有重大现实意义；对科技成果迅速转化为生产力起到了示范作用；对引导和推动我国养禽业绿色安全食用畜产品的生产及出口创汇产生了良好的社会效益和经济效益。

与国外水平相比，国外天然植物药产品以植物药单一的化学结构、明确的作用机理、量化质量标准在饲料药物添加剂促进生产性能发挥等方面见长；而我们开发的产品以深厚的中兽医学理论指导的整体观念、辨证施治见长，形成的中药复方对各种复杂的病症不仅能提高生产性能、增强机体免疫力，而且以能对疾病进行有效的预防和治疗为优势。应当注意的是，中药药理学是在中医药理论指导下，运用现代科学方法研究中药与机体（包括病原体）相互作用及其作用规律的科学。现代中兽医学的创始人于船先生指出，“应进一步继承和创新，并提高现代科技含量，以增加方剂中有效成分、药物作用机理、量化质量标准的透明度和可控性。”

中兽药是我国传统医学的重要组成部分，具有独特的理论体系，在临床使用和畜牧生产中具有很多西药不可比拟的优势，在西药的薄弱领域充分发挥中兽药的优势，特别是针对畜禽疾病中占主要部分的病毒性传染病、常见多发病上具有多方位调节和治疗作用，可达到阴阳平衡、祛邪扶正及标本兼治的治疗效果。随着我国加入 WTO，肉鸡产品的药物残留控制以及疫病控制仍是肉鸡产品食品安全的主要问题。因此，开发中国特色的天然中兽药产品应用于肉鸡生态养殖过程，能提升我国肉鸡产品质量，使其在国内外市场上具有中国特色和竞争实力。

参考文献

董淑清，马智山，支庆祥等.2009. 蛋鸡和肉鸡的免疫程序［J］. 当代畜禽养殖业（11）：25-28.

第七章 肉鸡常见疾病及其综合防治

第一节 病毒性疾病及其防治

一、新 城 疫

新城疫又叫亚洲鸡瘟、伪鸡瘟，我国俗称鸡瘟，是由新城疫病毒引起家禽类的一种急性、高度接触性传染病。以呼吸困难、神经机能紊乱、下痢以及黏膜和浆膜出血为主要临床特征。不同日龄和品种的鸡均可发病，且发病率、死亡率均很高，是危害养鸡业的重要传染病之一。新城疫病毒为副黏病毒科禽腮腺炎病毒属的禽副黏病毒Ⅰ型。病毒存在于病禽的所有组织、器官、体液以及各种分泌物和排泄物中，以脑、脾、肺含毒量最高，以骨髓含毒时间最长。本病毒对消毒剂、日光及高温抵抗力不强，一般消毒剂的常用浓度即可很快将其杀灭。但该病毒在低温的环境中能存活很久，在冷冻鸡中经过两年仍能检出病毒。新城疫病毒具有凝集禽类和其他多种动物红细胞的特性，称为血凝性。这种特性可被特异的免疫血清所抑制，故临诊上常用血凝试验和血凝抑制试验来鉴定病毒、免疫监测及流行病学调查。病毒可经消化道、呼吸道，也可经眼结膜、受伤的皮肤和泄殖腔黏膜侵入机体。本病一年四季均可发生，但以春秋季较多。鸡场内的鸡一旦发生本病，可于 4～5 天内波及全群。

【临床症状】潜伏期 2～15 天或更长，平均为 5～6 天。

我国根据临诊表现和病程长短把新城疫分为最急性、急性和慢性三个型。

最急性型：此型多见于雏鸡和流行初期。常突然发病，无特征性症状而迅速死亡。往往头天晚上饮食活动如常，翌晨发现死亡。

急性型：表现有呼吸道、消化道、生殖系统、神经系统异常。往往以呼吸道症状开始，继而下痢。起初体温升高达 43～44℃，呼吸道症状表现咳嗽，黏液增多，呼吸困难而引颈张口、呼吸出声，鸡冠和肉髯呈暗红色或紫色。精神委顿，食欲减少或丧失，渴欲增加，羽毛松乱，不愿走动，垂头缩颈，翅翼下垂，鸡冠和肉髯呈紫色，眼半闭或全闭，状似昏睡。母鸡产蛋停止或软壳蛋。病鸡咳嗽，有黏性鼻液，呼吸困难，有时伸头、张口呼吸，发出“咯咯”的喘鸣声，或突然出现怪叫声。口角流出大量黏液，为排出黏液，常甩头或吞咽。嗉囊内积有液体状内容物，倒提时常从口角流出大量酸臭的暗灰色液体。排黄绿色或黄白色水样稀便，有时混有少量血液，后期粪便呈蛋清样。部分病例出现神经症状，如翅、腿麻痹，站立不稳，水禽、鸟等不能飞动、失去平衡等，最后体温下降，不久在昏迷中死去，死亡率达90%以上。1 月龄内的雏禽病程短，症状不明显，死亡率高。

慢性型：多发生于流行后期的成年禽。耐过急性型的病禽，常以神经症状为主，初期症状与急性型相似，不久有好转，但出现神经症状，如翅膀麻痹、跛行或站立不稳，头颈向后或向一侧扭转，常伏地旋转，反复发作。在间歇期内一切正常，貌似健康。但若受到惊扰刺激或抢食，则又突然发作，头颈屈仰，全身抽搐旋转，数分钟又恢复正常。最后可变为瘫痪或半瘫痪，或者逐渐消瘦，终至死亡，但病死率较低。

【病理变化】剖检可见全身性炎性出血、水肿。

消化道病变以腺胃、小肠和盲肠最具特征。腺胃乳头肿胀、出血或溃疡，尤以在与食管或肌胃交界处最明显。十二指肠黏膜及小肠黏膜出血或溃疡，有时可见到“岛屿状或枣核状溃疡灶”，表面有黄色或灰绿色纤维素膜覆盖。盲肠扁桃体肿大、出血和坏死。

呼吸道以卡他性炎症和气管充血、出血为主。鼻道、喉、气管中有浆液性或卡他性渗出物。弱毒株感染、慢性或非典型性病例可见到气囊炎，囊壁增厚，有卡他性或干酪样渗出。

产蛋鸡常有卵黄泄漏到腹腔形成卵黄性腹膜炎，卵巢滤泡松软变性，其他生殖器官出血或褪色。

【诊断】可根据典型临床症状和病理变化做出初步诊断，确诊需进一步做实验室诊断。可进行病原检查和血清学实验。

【防治】目前本病尚无有效的治疗方法，加强防疫工作是预防本病的重点，常采用以下措施。

（1）建立和健全严格的卫生防疫制度，禽场进出的人员和车辆应严格消毒。不从疫区引进种蛋和苗鸡。新购进的鸡需接种疫苗并隔离观察，证明健康者方可合群。

（2）制定严格的免疫程序，有计划地应用疫苗对健康鸡群进行预防接种。目前常用的鸡新城疫疫苗有两种，即新城疫弱毒Ⅰ系疫苗和新城疫弱毒Ⅳ系疫苗。

（3）发生本病时应按《中华人民共和国动物防疫法》及其有关规定处理。扑杀病禽和同群禽，深埋或焚烧尸体，污染物要无害化处理，对受污染的用具、物品和环境要彻底消毒。对疫区、受威胁区的健康鸡立即紧急接种疫苗。

二、禽 流 感

禽流感是鸡的一种严重的病毒性传染病，病原为甲型流感病毒，被感染的鸡表现出急性全身性致死性症状，可造成重大的经济损失。目前，引起禽流感的病毒血清型很多，基于在家禽种群中的毒性不同，禽流感可以分为低致病型和高致病型。H5和H7亚型的毒株在高致病型和低致病型中都有发现，H9型只发现在低致病型中。可水平或横向传播，感染渠道主要为消化道、呼吸道、皮肤损伤和眼结膜等。该病传播很快，一旦入侵，迅速导致传播流行，发病率高，致死率高。该病毒在低温、干燥的环境中存活时间较长，在偏酸环境中不稳定，在阳光下48小时失去活性，70℃加热数分钟即被灭活。许多常用消毒药很容易将该病毒杀死，说明该病毒对一些理化因素的抵抗力较弱，尤其对脂溶剂敏感。

【临床症状】鸡群感染禽流感后所表现的临床症状，常因感染毒株毒力的强弱不同而表现轻重不一。一般来说，该病潜伏期为2～5天，急性病例表现为体温升高，精神不振，羽毛松乱，采食减少或废绝，冠髯发紫，头部肿胀，有明显气喘、咳嗽等呼吸道症状，有的病鸡拉黄褐色稀粪。高致病性禽流感病鸡常见突然死亡。低致病性禽流感病鸡主要表现咳嗽、喷嚏、肿脸、流眼泪等症状。产蛋鸡患病时，产蛋率可下降50％～70％以上，有的甚至绝产。

【病理变化】高致病性禽流感发生时，有时不出现肉眼可见的病理变化而突发死亡。但在多数情况下，病禽皮肤及内脏器官多出现不同程度的充血、渗出和坏死等变化。肺出血，喉头、气管有血样分泌物，黏膜充血、出血，鼻窦炎，窦肿胀，腺胃黏膜、腺胃与肌胃交界处出血，小肠前段及泄殖腔黏膜出血，盲肠扁桃体出血，卵泡变性，膜充血、出血，鸡冠肉髯极度水肿。

【诊断】该病可通过流行病学、临床症状及病理变化进行初步诊断，确诊应经过分离鉴定和血清学试验。需与鸡新城疫、传染性支气管炎等区别。

【防治】本病防治以综合性防治为主，结合免疫注射。

1. 综合性防治措施：①不要从禽流感疫区进鸡，防止鸡与其他禽类如鸭、鹅等接触，不要让鸡饮池塘水。②怀疑有本病发生时应尽快送检，鉴定病毒的毒力和致病性，划定疫区，严格封锁，扑杀所有感染高致病性病毒的鸡只。对鸡舍进行彻底消毒，空置2～4周才能再次养鸡。③对血清阳性的鸡场加强监测，以防疫情扩散。④加强平时的饲养管理及生物安全管理，饲喂全价日粮，提供清洁饮水，保持鸡场卫生，做好进出人员及饲养人员的消毒工作。及时清理粪便，并且粪便要统一发酵后才可排放。另外，可饲喂一些微生态制剂，调节机体胃肠功能，增强其免疫力。

2. *疫苗防疫*　目前有两类疫苗，禽流感灭活苗是控制本病的有效措施，在本病的流行季节，7日龄以前注射一次疫苗（半剂量），但注意选用的疫苗毒株必须与当地流行的毒株亚型相一致；重组禽痘病毒载体疫苗，此苗优点是重组体不产生AGP，不能检出沉淀抗体，使用后不影响鸡群的免疫监测和检疫。

三、鸡传染性法氏囊病

鸡传染性法氏囊病是由传染性法氏囊病病毒引起的2～16周龄鸡，尤其3～6周龄鸡的一种急性、高度接触性传染病。病毒在环境中抵抗力强，耐酸、耐热，对胰蛋白酶、氯仿、乙醚溶剂均有抵抗力。一般的消毒剂对其消毒效果差，较好的消毒剂为戊二醛、碘制剂和氯制剂。自然宿主主要限于鸡和火鸡。病鸡及隐性感染的带毒鸡是本病的主要传染来源。污染的饲料、饮水、垫草、用具等皆可成为传播媒介。主要经呼吸道、眼结膜及消化道感染。

【临床症状】本病潜伏期很短，一般为2～3天。早期为厌食、呆立，羽毛蓬乱，畏寒战栗等，继而部分鸡有自行啄肛现象。随后病鸡排白色或黄白色水样便，肛门周围羽毛被粪便污染。畏寒、挤堆，严重者垂头、伏地，严重脱水，极度虚弱，对外界刺激反应迟钝或消失，后期体温下降。发病后1～2天病鸡死亡率明显增多且呈直线上升，5～7天达到死亡高峰，其后迅速下降和恢复，呈尖峰式的死亡曲线和迅速平息的特点，病程约1周。

【病理变化】骨骼肌脱水，胸肌颜色发暗，股部和胸部肌肉常有出血，呈斑点或条纹状，有的出现黑褐色血肿。腺胃和肌胃交界处有出血斑或散在出血点。盲肠扁桃体出血、肿大。法氏囊浆膜呈胶冻样肿胀，急性型往往引起法氏囊严重出血、淤血，呈“紫葡萄样”外观。病程长的法氏囊萎缩，呈灰黑色，有的法氏囊内有干酪样坏死物。肝表面有时可见出血点，肾肿大，呈斑纹状。输尿管中有尿酸盐沉积。

【诊断】根据流行特点、临床症状以及病理剖检，基本可以诊断。有时症状不典型，不易确诊，需要进行实验室的病原分离鉴定以及血清学检查。

【防治】该病无特效治疗药物，一般实施综合性防治措施，免疫接种是控制鸡传染性法氏囊病的主要方法。

1. 综合防治　加强饲养管理及卫生措施，保持进雏时间的间隔，实行全进全出的饲养制度，做好清洁卫生及消毒工作，减少和避免各种应激因素等。另外，可饲喂一些微生态制剂，调节机体胃肠功能，增强其免疫力。

2. 免疫接种　通过有效的免疫接种，使鸡群获得特异性抵抗力，这是防治传染性法氏囊病最重要的措施。

（1）提高种鸡的抗体水平　种鸡除了在雏鸡阶段进行中等毒力的活疫苗免疫以外，为了提高子代雏鸡的母源抗体水平，还应在18～20周龄和40～42周龄时各进行一次传染性法氏囊病油乳剂灭活苗的免疫。

（2）雏鸡的免疫　要根据雏鸡的母源抗体水平确定雏鸡的首免时间。雏鸡出壳后每间隔3天用琼脂扩散法或酶标法测定雏鸡的母源抗体，当鸡群的琼脂扩散法阳性率达到30％～50％时，对雏鸡进行首免；首免后7～10天进行二免。如果没有检测条件，可采用12～14日龄进行首免，20～24日龄进行二免。所用的疫苗为中等毒力疫苗。有的学者提出，种鸡不进行灭能苗的免

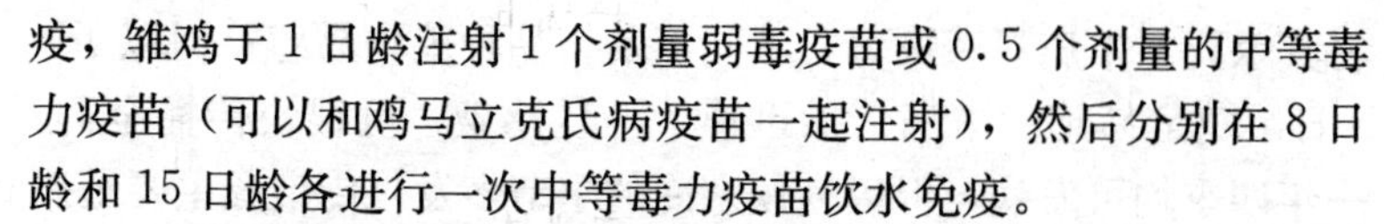

疫，雏鸡于1日龄注射1个剂量弱毒疫苗或0.5个剂量的中等毒力疫苗（可以和鸡马立克氏病疫苗一起注射），然后分别在8日龄和15日龄各进行一次中等毒力疫苗饮水免疫。

（3）发病早期用传染性法氏囊炎高免血清或高免蛋黄匀浆及时注射，有较好的防治作用。当有细菌病混合感染时，要投服对症的抗生素控制继发感染。

3. *治疗*　虽说该病无特效药物进行治疗，但可根据病症过程，对症下药，以缓解病情，减少死亡。

（1）使用传染性法氏囊病高免血清或高免卵黄抗体。

（2）也可运用中兽医辩证理论来治疗，现介绍方剂如下：

方一：黄芪30克、黄连、生地、大青叶、白头翁、白术各150克、甘草80克，供500羽鸡，每日1剂，每剂水煎2次，取汁加5%白糖自饮或灌服，连服2～3剂。

方二：生地4克、白头翁4克、金银花3克、蒲公英3克、丹参3克、茅根3克，水煎2次，取汁加糖适量，供10羽鸡饮用，每日1剂，连用3天。

方三：中草药烟熏疗法：药用千里光、蒲公英、鸭跖草、紫花地丁、金银花、鱼腥草各200克，艾叶400克（上量以40米^{2}的房子、1 000羽病鸡计算），置盛有中草药的铁盆于房间中央，关闭门窗，一次点燃烟熏，25～30分钟后，立即打开门窗，房间中病鸡以不拥挤为宜，对病情严重的患鸡可于次日再熏一次。对场地和用具彻底消毒，治疗1周后用法氏囊疫苗免疫接种一次。

四、鸡传染性支气管炎

鸡传染性支气管炎是由传染性支气管炎病毒引起鸡的一种急性、高度接触性呼吸道疾病。病毒主要存在于病鸡呼吸道和肺中，也可在肾、法氏囊内大量增殖，在肝、脾及血液中也能发现病毒。病毒的抵抗力不强，1%石炭酸和1%甲醛溶液都能很快将其杀死。本病只感染鸡，不同年龄、品种鸡均易感，但以1～4日龄鸡最易感。本病传播迅速，一旦感染，可很快传播全群。一年四季均可发病，但以气候寒冷的季节多发。传染源主要是病鸡和康复后的带毒鸡，康复鸡可带毒35天。传播途径主要通过空气（飞沫）经呼吸道传播，也可通过污染的饲料、饮水和器具等间接地经消化道传播。

【临床症状】通常为呼吸道症状，表现为呼吸困难、气管啰音、咳嗽、喘息、打喷嚏和流鼻涕。产蛋鸡表现为产蛋量下降，产软壳、畸形和粗壳蛋，蛋清稀薄如水。

鸡肾型传染性支气管炎表现为拉米汤样白色粪便。病鸡沉郁、脱水，羽毛松乱，多以死亡转归。

【病理变化】主要表现为气管、支气管、鼻腔和鼻窦黏膜充血，内充有浆液性、卡他性或干酪样渗出物。未成年母鸡可导致输卵管发育不全（变细、变短、部分缺损或囊泡化）。产蛋鸡可见卵泡充血、出血或血肿。

鸡肾型传染性支气管炎病鸡可见肾脏肿大、褪色，输尿管扩张变粗，内有尿酸盐沉积呈点状或网眼状白色外观，又称花斑肾。

【诊断】根据典型临床症状和病理变化可做出初步诊断，确诊需进一步进行实验室诊断。对于急性呼吸道型的病鸡，应采取气管拭子或采取刚扑杀的病鸡支气管和肺组织，将病料放在含有青霉素（10 000国际单位/毫升）和链霉素（100毫克/毫升）的运输培养基内，置冰盒内发送到实验室。对于肾型和产蛋下降型的病鸡，应采取发病鸡的肾或输卵管，但从大肠，尤其是盲肠扁桃体或粪便分离病毒成功率最高。可采用鸡胚或气管环组织培养进行病毒分离，再进行病原鉴定或血清学检查。

【防治】目前对鸡传染性支气管炎还没有特效治疗药物，平时应当提高鸡舍温度，减少拥挤，避免各种应激因素，改善饲养管理。发生疫病时，应按《中华人民共和国动物防疫法》规定，采取严格控制、扑灭措施，防止扩散。扑杀病鸡和同群鸡，并进行无害化处理，其他健康鸡紧急预防接种疫苗。污染场地、用具彻底消毒后，方能重新引进建立新鸡群。据有关资料表明，在鸡7～10日龄用新城疫、传染性支气管炎二联苗滴鼻或用传染性支气管炎病毒苗H120与新城疫Ⅱ系苗混合饮水，35日龄再用传染性支气管炎病毒苗H52进行加强免疫，对该病有良好的预防作用。

发病后可使用一些广谱抗生素和抗病毒药物，对防止继发感染有一定的作用。对临床症状明显的病鸡口服氨茶碱片，0.5～1.0克/只，1次/日，同时肌注青霉素3 000国际单位/只、链霉素4 000国际单位/只，2次/日，连用3～5天，疗效较好。

也可采用中兽医疗法，效果较好。对于呼吸道症状的病鸡可采用下方：

方一（百咳宁）：柴胡、荆芥、半夏、茯苓、贝母、桔梗、杏仁、玄参、赤芍、厚朴、陈皮各30克，细辛6克，按每只鸡每次1～1.5克/天，拌料或煎汁饮水，连用5天。

方二（镇咳散）：百部、金银花、连翘、板蓝根、知母、山栀子、黄芩、杏仁、甘草各等份，按饲料的1%添加或按每只鸡1～1.5克煎汁饮水，连喂3天。

肾型传染性支气管炎可选用下方：金银花15克、连翘20克、板蓝根20克、车前子15克、五倍子10克、秦皮20克、白茅根20克、麻黄10克、款冬花10克、桔梗10克、甘草10克（以上为150羽2～4周龄雏鸡1剂用量），每天1剂，连用3剂。每剂水煎2次，将药液混合，分上、下午喂服，并在饮水中添加禽口服补液盐。

五、鸡传染性喉气管炎

鸡传染性喉气管炎是由传染性喉气管炎病毒引起鸡的一种急性接触性呼吸道传染病。以呼吸困难、喘气、咳出血样渗出物为特征。病毒主要存在于病鸡的气管组织及其渗出物中。病毒对外界环境的抵抗力很弱，37℃存活22～24小时，煮沸立即死亡。常用的消毒药，如3%来苏儿或1%苛性钠溶液1分钟可杀死。病鸡和康复后的带毒鸡（康复鸡带毒时间可长达2年）是主要的传染源。主要经呼吸道感染。被污染的垫草、饲料、饮水及用具，可成为传播媒介。种蛋也可能传播。鸡、野鸡、山鸡和孔雀易感，鸡是主要自然宿主，各种品种、性别、年龄的鸡均易感，但以成鸡多发。火鸡、珍珠鸡等其他禽类有抵抗力。本病多呈散发，以成年鸡多发，且症状最典型。秋、冬及早春季节多发，夏季少发。

【临床症状】患鸡初期有鼻液，半透明状，眼流泪，伴有结膜炎，其后表现为特征的呼吸道症状，病鸡引颈张口呼吸，伴有啰音和喘鸣音，病重者强烈咳嗽，常咳出带血的黏液或血块。部分病鸡有鼻炎和眼结膜炎，如有鼻炎或支原体混合感染时，出现眼睑、眶下窦肿胀，甚至失明。最急性病例可于24小时左右死亡，多数5～10天或更长，不死者多经8～10天恢复，有的可成为带毒鸡。

【病理变化】喉部和气管黏膜肿胀、充血和出血。气管腔内有带血的黏液，有的有酪状渗出物，在气管和喉头形成管套，易剥离。严重时，炎症也可波及支气管、肺和气囊等，甚至上行至鼻腔和眶下窦。肺一般正常，偶有充血及小区域的炎症变化。

【诊断】根据临床症状和病理变化可做出初步诊断，确诊需进一步进行实验室诊断。从活鸡采集病料，最好用气管拭子，将拭子放入含抗生素的运输液中保存。从病死鸡采集病料，可取整个病鸡的头颈部，也可仅取气管和喉头送检。用于病毒分离时，应将病料置含抗生素的培养液内；用于电镜观察时，应将病料用湿的包装纸包扎后送检；若长期保存，应置－60℃保存，尽量避免反复冻融。可用鸡胚肝细胞、鸡胚肾细胞或鸡肾细胞进行病毒分离、病原鉴定或血清学试验。该病易与传染性支气管炎、支原

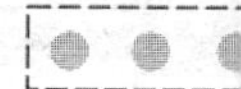

体病、传染性鼻炎、鸡新城疫、黏膜型鸡痘、维生素A缺乏等混淆，应重视鉴别工作。

【防治】

1. 未发生过此病的鸡场不宜接种疫苗。平时应加强饲养管理，注意进出人员消毒等，也可在饲料中拌喂微生态制剂，增强机体免疫力，实施综合性防治措施。

2. 对威胁或已流行过本病的地区或鸡场，除加强饲养管理外，还需进行疫苗接种。鸡群接种疫苗后可迅速诱发产生中和抗体，7天后可查到抗体，21天左右抗体达到高峰。接种后15～20周龄有坚实的免疫力。目前常用疫苗有鸡传染性喉气管炎弱毒苗，鸡传染性喉气管炎-鸡痘细胞弱毒二联苗、灭活苗以及基因工程苗等。弱毒苗主要是点眼、滴鼻，不用喷雾和饮水免疫。

3. 鸡群要定期进行血清学监测，发现疫情，尽快采取紧急措施。

4. 对发病鸡可对症疗法。可用平喘药进行治疗，如盐酸麻黄素、氨茶碱等饮水或拌料均可。中药治疗，选用以宣肺泄热、降气平喘为治则的主治气喘型病鸡的组方，以止咳平喘、止咳止痰为治则的主治喉型病鸡的组方，以及各种止咳祛痰、清热解毒、平喘宣肺等组方，均可收到良好治疗效果。如：板蓝根100克、大青叶100克、蒲公英60克、荆芥100克、防风100克、桔梗60克、杏仁60克、远志60克、麻黄60克、山豆根60克、白芷60克、甘草40克，煎汁过滤，加食糖50克、维生素C800毫克（为体重1.5千克左右的鸡200只1天用量，小鸡可减半），早晚各一次饮服，药渣研末拌料，每天一剂，连服2～5剂。用药第二天，症状大减或消失。

六、禽脑脊髓炎

禽传染性脑脊髓炎，俗称流行性震颤，是一种主要侵害雏鸡的病毒性传染病，以共济失调和头颈震颤为主要特征。病毒对氯仿、乙醚、酸、胰酶、胃蛋白酶及DNA酶有抵抗力。自然感染见于鸡、雉鸡、火鸡、鹌鹑、珍珠鸡等，鸡对本病最易感。此病具有很强的传染性，病毒通过肠道感染，经粪便排毒，在粪便中能存活相当长的时间。污染的饲料、饮水、垫草、孵化器和育雏设备均可能成为病毒传播的来源。如果没有特殊的预防措施，该病可在鸡群中传播，以垂直传播为主，也能通过接触进行水平传播。

【临床症状】此病主要见于3周龄以内的雏鸡，有神经症状的病雏大多在1～2周龄出现。病雏最初表现为迟钝，继而出现共济失调，肌肉震颤大多在出现共济失调之后才发生，在腿、翼，尤其是头颈部可见明显的阵发性震颤，频率较高，在病鸡受惊扰如给水、加料、倒提时更为明显。部分存活鸡可见一侧或两侧眼的晶状体混浊或浅蓝色褪色，眼球增大及失明。

【病理变化】一般内脏器官无特征性的肉眼病变，个别病例能见到脑膜血管充血、出血。细心观察偶见病雏肌胃的肌层有散在的灰白区。组织学变化表现为非化脓性脑炎，脑部血管有明显的管套现象；脊髓背根神经炎，脊髓背根中的神经原周围有时聚集大量淋巴细胞。小脑灰质层易发生神经原中央虎斑溶解，神经小胶质细胞弥漫性或结节性浸润。此外，尚有心肌、肌胃肌层和胰脏淋巴小结的增生、聚集以及腺胃肌肉层淋巴细胞浸润。

【诊断】根据流行特点、症状及病变即可做出初步诊断。确诊需进行病毒的分离鉴定和血清学检查。

【防治】本病尚无有效的治疗方法。一般地说，应将发病鸡群扑杀并作无害化处理。如有特殊需要，也可将病鸡隔离，给予舒适的环境，提供充足的饮水和饲料，饲料和饮水中添加维生素E、维生素B_1，避免尚能走动的鸡践踏病鸡等，可减少发病与死亡。平时应当注意加强消毒与隔离，防止从疫区引进种蛋与种鸡。种鸡被确诊为本病后，在产蛋量恢复之前或自产蛋量下降之

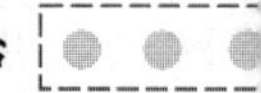

日1月内，种蛋不能用于孵化，可作商品蛋处理。在本病疫区，种鸡应于100～120日龄接种禽脑脊髓炎疫苗，最好用油佐剂灭活苗，也可用弱毒苗。未发生过本病的地区不宜应用疫苗，尤其是弱毒苗。可用下方试治：在饮水中加板蓝根冲剂，每袋15克，每100只鸡一袋，每天2次，连用5～7天。同时在饲料中添加0.3%盐酸吗啉双胍。为防止继发感染，可在饲料内添加0.2%土霉素，连用5～7天。

七、减蛋综合征

减蛋综合征又称产蛋下降综合征，是由腺病毒引起，以产蛋高峰期产蛋量下降，产畸形蛋、软壳蛋和无壳蛋为特征。对理化因素抵抗力较强，pH耐受范围广，可耐过pH3。加热56℃可存活3小时，60℃30分钟丧失致病性，70℃20分钟完全灭活，在室温条件下至少可存活6个月以上。0.1%甲醛48小时，0.3%甲醛24小时可使病毒灭活。各日龄的鸡均可感染，产褐色壳蛋的肉用种母鸡最易感，产白壳蛋的母鸡患病率低。产蛋高峰期和接近产蛋高峰期是发病高潮。自然宿主是鸭或野鸭。本病传播的重要方式是种蛋传染，污染的饲料、饮水经消化道感染健康鸡，传播缓慢。同时，有些弱毒疫苗是由非特异性病原的鸡胚制作的，其中含有减蛋综合征病毒，注射或饮水易于传播本病。鸡、鸭混养，共用注射针头等也可以传播此病。

【临床症状】减蛋综合征感染鸡群无明显临诊症状，通常是26～36周龄产蛋鸡突然出现群体性产蛋下降，产蛋率比正常下降20%～30%，甚至达50%。与此同时，产出软壳蛋、薄壳蛋、无壳蛋、小蛋，蛋体畸形，蛋壳表面粗糙，如白灰、灰黄粉样，褐壳蛋则色素消失，颜色变浅、蛋白水样，蛋黄色淡，或蛋白中混有血液、异物等。异常蛋可占产蛋的15%或以上，蛋的破损率增高。

【病理变化】本病常缺乏明显的病理变化，其特征性病变是输卵管各段黏膜发炎、水肿、萎缩，病鸡的卵巢萎缩变小，或有出血，子宫黏膜发炎，肠道出现卡他性炎症。组织学检查，子宫输卵管腺体水肿，单核细胞浸润，黏膜上皮细胞变性、坏死，子宫黏膜及输卵管固有层出现浆细胞、淋巴细胞和异嗜细胞浸润，输卵管上皮细胞核内有包涵体，核仁、核染色质偏向核膜一侧，包涵体染色有的呈嗜酸性，有的呈嗜碱性。

【诊断】多种因素可造成密集饲养的鸡群发生产蛋下降，因此，在诊断时应注意综合分析和判断。减蛋综合征可根据发病特点、症状、病理变化、血清学及病原分离和鉴定等方面进行分析判定。

【防治】本病尚无有效的治疗方法，主要靠综合防治。平时应加强卫生管理，无减蛋综合征的清洁鸡场，一定要防止从疫场将本病带入。为防止水平传播，场内鸡群应隔离，按时进行淘汰。做好鸡舍及周围环境清扫和消毒，粪便进行合理处理是十分重要的。必要时喂抗菌药物或微生态制剂，增强机体免疫力，以防继发感染。免疫接种是本病主要的防治措施。减蛋综合征病毒127株油佐剂灭活疫苗接种18周龄后备母鸡，经肌内或皮下接种0.45毫升，15天后产生免疫力，抗体可维持12～16周，以后开始下降，40～50周后抗体消失。种鸡场发生本病时，无论是病鸡群还是同一鸡场其他鸡生产的雏鸡，必须注射疫苗，在开产前4～10周进行初次接种，产前3～4周进行第二次接种。

本病治疗可选用下列方剂试治：

方一：黄连50克、黄芩50克、黄柏5克、黄药30克、白药30克、大青叶50克、板蓝根50克、党参50克、黄芪30克、甘草50克，共研末过60目筛，按1%比例混料，连用5天。此方在发病初期应用为宜。

方二：党参20克、黄芪20克、熟地10克、女贞子20克、益母草10克、阳起石20克、仙灵脾20克、补骨脂1克，共研

末过60目筛，按1.5%比例拌料混饲，连用5天。此方宜在本病后期气血双亏时应用，可使产蛋率迅速恢复。

八、包涵体肝炎

包涵体肝炎是由腺病毒感染引起的，主要特征是包涵体肝炎、再生障碍性贫血、呼吸道感染、出血性肠炎和产蛋量减少。腺病毒对热和酸稳定，抗紫外线，对福尔马林和碘敏感。腺病毒可能是一种条件性病毒，只有当存在其他诱发性因素的条件下才会引起发病。包涵体肝炎的发生往往与其他诱发条件如传染性法氏囊病有关。多发于4～9周龄的鸡，其中以5～7周龄的鸡最多发。鸡感染后可成为终身带毒者，并可间歇性排毒。病鸡和带毒鸡是本病的传染源。本病可通过鸡蛋传递病毒，也可从粪便排出，因接触病鸡和污染的鸡舍而传染。感染后如果继发大肠杆菌病或梭菌病，则死亡率和肉品废弃率均会增高。本病的严重性取决于是否发生过其他疾病。宿主范围尚未确定，有例证说明鹌鹑和火鸡能感染鸡腺病毒。

【临床症状】本病潜伏期较短，有的毒株接种48小时肝脏即可发生病变。多发于2～8周龄的鸡，全群鸡不表现症状，但持续出现个别病鸡食欲减退，翅膀下垂，嗜睡，双脚麻痹，消瘦贫血，临死前发生鸣叫声，有的无症状死亡；病轻的也可以恢复，但死亡率很低；有的病鸡有神经症状，头向前伸，站立不稳，甚至角弓反张。一般病程为10～14天，不满5周龄的雏鸡感染时一般到8周龄时即可痊愈。病鸡产的蛋孵出的雏鸡在出壳前已被感染，此种情况下雏鸡的死亡率可高达40%。感染本病的1日龄雏鸡呈现严重贫血症状。

【病理变化】肝肿大，呈黄色到棕色，表面有条索状的出血斑点，严重的病例可出现肝破裂。胆囊肿大，充满深绿色浓稠胆汁，脾和肾轻度肿大。

【诊断】可根据流行特点及临床症状进行初步诊断，确诊则需进行实验室诊断，可采取病毒分离以及血清学方法。

【防治】目前尚无有效疫苗和药物，防治本病须采取综合的防疫措施。

1. 引种谨防引进病鸡或带毒鸡，因该病经蛋传播。此外，本病也可经水平传播，故对病鸡应淘汰，并经常用次氯酸钠进行环境消毒。

2. 增强鸡体抗病能力，病鸡可以添加维生素 K 及微量元素如铁、铜、钴等，也可同时在饲料中添加相应药物，以防继发其他细菌性感染。

3. 传染性法氏囊病病毒和传染性贫血病毒可以增加本病毒的致病性，应加强这两种病的免疫，或从环境中消除这些病毒。

九、禽　　痘

禽痘是家禽和鸟类的一种缓慢扩散、接触性的传染病，又称白喉。禽痘的病原为禽痘病毒。禽痘病毒对外界环境的抵抗力相当强。在上皮细胞屑中的病毒，虽然完全干燥和被直射日光作用许多星期，还不被杀死；加热至 60℃需经 3 小时才被杀死，在 −15℃以下的环境中可保持活力多年。1%的火碱、1%的醋酸或 0.1%的升汞可于 5 分钟内杀死。此病特征是在无毛或少毛的皮肤上有痘疹，或在口腔、咽喉部黏膜上形成白色结节。

【临床症状】禽痘的潜伏期为 4～8 天，通常分为皮肤型、黏膜型、混合型，偶有败血型。

皮肤型：以头部皮肤多发，有时见于腿、爪、泄殖腔和翅内侧，形成一种特殊的痘疹。起初出现麸皮样覆盖物，继而形成灰白色小结，很快增大，略发黄，相互融合，最后变为棕黑色痘痂，经 20～30 天脱落。一般无全身症状。

黏膜型：也称白喉型，病鸡起初流鼻液，有的流泪，2～3 天后在口腔和咽喉黏膜上出现灰黄色小斑点，很快扩展，形成假膜，如用镊子撕去，则露出溃疡灶，全身症状明显，采食与呼吸

发生障碍。

混合型：皮肤和黏膜均被侵害。

败血型：少见。在发病鸡群中，个别鸡无明显的痘疹，只是表现为下痢、消瘦、精神沉郁，逐渐衰竭而死，病禽有时也表现为急性死亡。

【病理变化】皮肤型鸡痘的特征性病变是局灶性表皮和其下层的毛囊上皮增生，形成结节。结节起初表现湿润，后变为干燥，外观呈圆形或不规则形，皮肤变得粗糙，呈灰色或暗棕色。结节干燥前切开切面出血、湿润，结节结痂后易脱落，出现瘢痕。黏膜型禽痘，其病变出现在口腔、鼻、咽、喉、眼或气管黏膜上。黏膜表面稍微隆起白色结节，以后迅速增大，并常融合而成黄色、奶酪样坏死的伪白喉或白喉样膜，将其剥去可见出血、糜烂，炎症蔓延可引起眶下窦肿胀和食管发炎。败血型鸡痘，其剖检变化表现为内脏器官萎缩，肠黏膜脱落。若继发引起网状内皮细胞增殖症病毒感染，则可见腺胃肿大，肌胃角质膜糜烂、增厚。

【诊断】根据发病情况，病鸡的冠、肉髯和其他无毛部分的结痂病灶，以及口腔和咽喉部的白喉样假膜即可作出初步诊断。确诊有赖于实验室检查。

【防治】鸡痘的预防，除了加强鸡群的卫生、管理等一般性预防措施之外，可靠的办法是接种疫苗。目前应用的疫苗有3种：鸡痘鹌鹑化弱毒疫苗、鸡痘蛋白筋胶弱毒疫苗（鸡痘源）、鸡痘蛋白筋胶弱毒疫苗（鸽痘源）。目前尚无特效治疗药物，主要采用对症疗法，以减轻病鸡的症状和防止并发症。皮肤型鸡痘如患部破溃，可涂以紫药水。白喉型如咽喉假膜较厚，可用2%硼酸溶液洗净，再用蛋白水解溶液和盐酸吗啡胍眼药水滴眼。除局部治疗外，每千克饲料加土霉素2克，连用5～7天，防止继发感染。另外，黏膜型鸡痘可选用以下中药方剂治疗：金银花20克、连翘20克、板蓝根20克、赤芍20克、葛根20克、蝉蜕10克、甘草10克、竹叶10克、桔梗10克，水煎取汁，为100羽鸡用量，拌料混饲或饮服，连服3日，对治疗皮肤与黏膜混合型鸡痘有效。

十、鸡传染性贫血

鸡传染性贫血病是以再生障碍性贫血和全身淋巴器官萎缩而造成免疫抑制为主要特征的病毒性传染病。该病是一种免疫抑制性疾病，易导致继发和加重病毒、细菌和真菌性感染。鸡传染性贫血因子属圆环病毒属。可在鸡胚中繁殖，但不致死鸡胚。也能在部分淋巴瘤细胞系培养物中增殖。不凝集鸡、猪和绵羊的红细胞。不同毒株的毒力有差异，但抗原性相同。鸡是其唯一的自然宿主，各种年龄的鸡均可感染。几乎所有的鸡群都会受到感染，但多呈隐性感染。鸡传染性贫血可垂直感染，2～3周龄幼雏和中雏易感染发病。发病鸡是主要的传染源，可通过污染的饮水、饲料、工具和设备等发生间接接触性水平传播。通过孵化鸡蛋而发生的垂直传播可能是其最重要的传播途径。鸡传染性贫血的水平传播虽可发生，但只产生抗体反应，而不引起临床症状。

【临床症状】特征性症状是严重的免疫抑制和贫血。潜伏期为10天左右，死亡高峰发生在出现临床症状后的5～6天，其后逐渐下降，5～6天后恢复正常。病鸡可见发育不全，精神不振，鸡体苍白，软弱无力，死亡率增加等，有的可能有腹泻，全身性出血或头颈皮下出血、水肿。血稀如水，血凝时间长，颜色变浅，血细胞比容值下降，红细胞、白细胞数显著减少。

【病理变化】特征性的病变是骨髓萎缩，呈脂肪色、淡黄色或淡红色，常见有胸腺萎缩，甚至完全退化，呈深红褐色。法氏囊萎缩，体积缩小，外观呈半透明状。心脏变圆，心肌、真皮和皮下出血，肝、脾、肾肿大，褪色。骨骼和腺胃固有层黏膜出血，严重的出现肌胃黏膜糜烂和溃疡。有的鸡显示肺实质性变化。

【诊断】根据流行病学特点、症状及病理剖检可做初步诊断，确诊需作病原学和血清学试验。注意与球虫病、磺胺药物中毒、B族维生素缺乏等病症相区分。

【防治】

本病无特异性治疗方法，主要依靠综合防治和疫苗接种。在引种前，必须对贫血因子（CAA）抗体监测，严格控制鸡传染性贫血感染鸡进入鸡场。同时，要加强卫生防疫措施，防止鸡传染性贫血的水平感染。免疫接种可防垂直传播感染发病：种鸡于13～14周龄（开产前6周），用弱毒苗肌内或皮下注射，可有效防止子代发病；但鸡传染性贫血疫苗不宜对6周龄内雏鸡和产蛋前3～4周内种鸡群接种，否则雏鸡被感染或通过种蛋传播疫苗病毒。目前疫苗主要是进口苗。采用抗生素可控制继发性的细菌感染，但没有明显的治疗效果。

十一、肉鸡传染性生长障碍综合征

本病是一种主要侵害肉用仔鸡，引起肉用仔鸡严重生长抑制的传染性疾病。主要特征是肉用仔鸡发育迟缓或停滞，饲料报酬低，鸡冠和胫部苍白，羽毛生长不良，腿软、运动障碍等多种临床症状。

目前，对于传染性发育障碍综合征在病原或发病原因方面尚无一致意见。许多学者从病鸡的肠道和胰腺分离出的病毒有呼肠孤病毒、细小病毒、嵌杯样病毒及肠道病毒等多种病毒，其病因是错综复杂的，与环境、管理或营养性因素相互作用，产生协同效应，从而表现出本病症状。继发细菌感染则能加重病情。病鸡和带毒鸡是主要传染源，病毒主要从肠道排出，通过污染的鸡舍、饲料和饮水经消化道感染。也可通过种蛋垂直传播。本病在一个地区或鸡场一旦发生则很难彻底消灭，水平传播迅速，曾报道将1～3日龄健康雏鸡放入病鸡群中，很快发生同居感染，出现明显症状。多数资料表明，鸡场发生本病主要是由于与病鸡直接接触而引起的。

【临床症状】本病主要发生于肉用仔鸡，特别是3周龄以内的肉用仔鸡最易发生，但不同地区不同时期以及不同的鸡群中所发生的发育障碍综合征的症状不太一致。病鸡表现腹泻，排出黄褐色黏稠的稀便，生长停滞，发育受阻，个体矮小瘦弱，素有小僵鸡之称。病情严重的个体在4～8周龄时体重还不足200克。羽毛生长异常，颈部常留有未褪的绒毛，长羽粗糙、无光泽、蓬乱不齐，也有人形象地称其为“直升飞机病”。病鸡两腿软弱无力，行走困难，步样蹒跚。嘴、爪的色素消退而苍白。有时两腿抽搐，头后仰，呈角弓反张姿势。

【病理变化】小肠和胰腺是最常侵害的靶器官，使小肠的消化吸收功能明显低下，当胰腺严重受损时影响脂肪的消化吸收，导致脂溶性维生素A、维生素E、维生素D_3和维生素K等缺乏。剖检时可见多数病鸡腺胃及腺胃乳头肿大，肌胃缩小，胃壁变薄；小肠扩张，内充满消化不全的饲料；盲肠充满黄色带有泡沫样的液体内容物；胰腺萎缩苍白变硬；股骨、胫骨发育迟滞，骨质疏松，弯曲变形，股骨头糜烂、坏死和断裂；胸腺、法氏囊萎缩；心肌炎和心包积水。

【诊断】由于目前对本病的病原尚未最后确定，在诊断上只能根据临床观察到的生长发育迟缓，结合病理解剖学上的变化做出初步诊断。确诊时应与其他类似疾病如饲料、营养不良等相区别。

【防治】由于病因复杂，在防治方面目前仍没有特异性的措施，需采用综合性防治措施。对感染鸡舍、饲养用具等经过彻底冲刷，再以10%的福尔马林液喷洒消毒，在进鸡前连同垫料在密闭条件下用福尔马林熏蒸消毒；消除免疫抑制因素如传染性法氏囊病等，防治对肠道有重大伤害的球虫病；改善饲料的营养水平，提供质优价全的配合饲料，对病鸡加量补偿维生素A、维生素E、维生素D_3和微量元素硒对病情有一定缓解作用；饲料中

添加一些微生态制剂调节肠道功能，增强免疫力，对预防本病有一定效果。此外，加强舍内的空气流通，降低饲养密度等有可能减轻本病的危害。

第二节　细菌性疾病及其防治

一、禽沙门氏菌病

沙门氏菌病是指由沙门氏菌引起的一类急性或慢性疾病，其中包括引起鸡和人发病的肠炎沙门氏菌。对家禽危害比较大的有鸡白痢、禽伤寒和副伤寒。近几十年来，沙门氏菌感染对人类和畜禽饲养业造成的巨大危害而受到广泛重视。

（一）鸡白痢

鸡白痢是由鸡沙门氏菌引起鸡和火鸡危害严重的一种传染病。雏鸡和雏火鸡呈急性败血性经过，以肠炎和灰白色下痢为特征。成鸡以局部和慢性隐性感染为特征。

鸡白痢沙门氏菌为革兰氏阴性、兼性厌氧、无芽孢菌，菌体两端钝圆、中等大小、无荚膜、无鞭毛、不能运动。对热及直射阳光的抵抗力不强，但在干燥的排泄物中可活数年，附着在孵化器中小鸡绒毛上的病菌在室温条件下可存活 4 年。在低温时 4 个月不死。常用的消毒药物都可迅速杀死本菌。

本病传染源为病鸡和带菌鸡，带菌鸡卵巢和肠道含有大量病菌。主要经带菌蛋垂直传播，也可通过消化道、呼吸道感染。感染动物为鸡和火鸡，雏鸡、褐羽鸡、花羽鸡及母鸡较易感。本病一年四季均可发生，尤以冬、春育雏季节多发。

【临床症状】本病潜伏期一般为 4～5 天。

雏鸡：一般呈急性经过，发病高峰在 7～10 日龄。以腹泻，排稀薄白色糨糊状粪便为特征，肛门周围的绒毛被粪便污染，干涸后封住肛门，影响排便。蛋内感染者，表现死胚或弱胚，不能出壳或出壳后1～2天死亡，一般无特殊临床症状。

青年鸡：发病在50～120日龄之间，多见于50～80日龄鸡。以拉稀，排黄色、黄白色或绿色稀粪为特征，病程较长。

成鸡：呈慢性或隐性经过，常无明显症状，但母鸡表现产蛋量下降。

【病理变化】肝脏肿大、充血，或有条纹状出血。病程稍长的，可见卵黄吸收不全，呈油脂状或淡黄色豆腐渣样。肝、肺、心肌、肌胃和盲肠有坏死灶或坏死结节，心脏上结节增大时可使心脏显著变形。慢性感染母鸡常见病变是卵变形、变色、呈囊状。成年公鸡的病变为睾丸发炎、萎缩变硬，散有小脓肿。

【诊断】根据典型临床症状和病理变化可做出初步诊断，确诊需进一步做实验室诊断。在国际贸易中，尚无指定诊断方法，替代诊断方法为凝集试验和病原鉴定。

【防治】严格执行卫生、消毒和隔离制度。在曾经发病地区，每年对种鸡定期用平板凝集试验全面检疫，淘汰阳性鸡及可疑病鸡群。发现疫病时，应按《中华人民共和国动物防疫法》规定，采取严格控制与扑灭措施，防止扩散。扑杀病鸡并连同病死鸡一并深埋或焚烧销毁，场地、用具、鸡舍严格消毒，粪便等污物无害化处理。

种蛋孵化前，用2%来苏儿喷雾消毒。不安全鸡群的种蛋，不得进入孵房。孵房及所有用具，要用甲醛消毒。加强育雏饲养管理卫生，鸡舍及一切用具要经常消毒。注意通风，避免拥挤，采用适宜温度。可用微生态制剂促菌生、乳酸杆菌制剂等饲喂来预防本病。市场上销售有具有一定活性和菌数的嗜酸乳杆菌、粪肠球菌和地衣芽孢杆菌制成的冻干微生态制剂在预防本病方面也起到一定的积极作用。还可采用以下中药方剂进行防治。

方一：白头翁15克、马齿苋15克、黄柏10克、雄黄10克、马尾连15克、诃子15克、滑石10克、藿香10克，按3%比例拌料预防用。病重雏鸡，每羽取药0.5克与少量饲料混合制

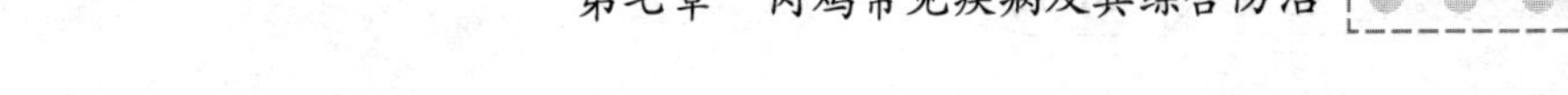

成面团填喂，连服 3～5 天。

方二：白头翁散加减：白头翁、黄连、黄柏、秦皮、苦参、枳壳、木香，具清热、燥湿、止痢之功效。

方三：大蒜头充分捣烂，1 份大蒜加 5 份清水制成大蒜汁，每羽病雏 0.5～1.0 毫升滴服，一日 3～4 次，大群治疗可将大蒜汁与饲料混饲。

（二）鸡伤寒

本病是由鸡伤寒沙门氏菌引起的一种急性或慢性败血性肠道传染病。该病的发生常常与饲养管理不当及卫生条件差相关。鸡伤寒沙门氏菌对日光照射和消毒剂都敏感，但对自然环境具有较强的抵抗力。该病传播途径与鸡白痢相似，传播途径以消化道为主，各日龄鸡都能发病，常发生在 3 周龄以上的青年鸡，以 12 周龄以上最易感。

【临床症状】潜伏期为 4～5 天。青年鸡和成年鸡急性暴发时表现精神委顿，羽毛松乱，头和翅膀下垂，鸡冠苍白、萎缩，食欲减退，渴欲增强，频频饮水，鸡冠呈暗红色。病程稍长者，鸡冠苍白，发热，排淡绿色稀便，沾污肛门周围羽毛。若发生腹膜炎，病鸡表现“企鹅”样站立姿势；雏鸡表现精神不振，不食，发育缓慢，排白色稀便，症状与鸡白痢相似。

【病理变化】最急性病例无明显眼观病变。病程较长的病例，脾脏、肝脏肿大，胆囊扩张充盈，胆汁呈古铜色，肝脏或其他器官表面见有黄白色点状坏死，心包炎，腹膜炎，卵巢出血、变形或变色，公鸡感染后睾丸有灶性坏死。

【诊断】根据症状与病理剖检，取病死鸡肝、脾、心血、腹腔渗出液及盲肠内容物，分别接种于普通琼脂平板和麦康凯琼脂平板，37℃培养 24 小时后，各培养基均有细菌生长，挑取麦康凯琼脂上无色透明菌落，进行生化鉴定，即对糖的发酵能力弱，氧化酶与硫化氢试验阴性，MR 试验阳性，再与沙门氏多因子血清做玻片凝集试验即可确诊。

【防治】加强鸡群饲养管理，创造良好卫生环境，健全严格防疫及消毒制度，病鸡实行无害化处理，应用血清学试验检出阳性病鸡并采取淘汰、清群等综合措施是防治本病的根本办法。目前微生态制剂的应用日益广泛，不仅预防了疾病，降低了成本，而且使禽产品做为食品更安全、更可靠。对发病鸡群可选用加味白头翁散等以清热燥湿、止痢为治则的组方治疗。

（三）副伤寒

雏鸡副伤寒是一种常见的、由鸡白痢与鸡伤寒沙门氏菌之外的其他沙门氏菌引起的传染病，多发于10日龄以上的雏鸡，春、秋雨季发病较高。成年鸡则为慢性或隐性感染，引起肠炎、败血症。常见的有鼠伤寒沙门氏菌、肠炎沙门氏菌等，均为革兰氏阴性杆菌。其形态、培养特性、生化试验以及对外界环境的抵抗力等特点，同鸡伤寒沙门氏菌。带菌禽和动物是最主要的传染源，可经蛋垂直传播，也可水平传播。消化道感染是主要的传染途径，也可经呼吸道和眼结膜等感染。人类食用带副伤寒菌的食物可引起中毒。

【临床特征】经带菌蛋感染或出壳雏禽在孵化器内感染时，常呈急性败血症经过，往往不显任何症状迅速死亡。各种幼禽副伤寒的症状和雏鸡白痢相似，主要表现精神委顿，两翅下垂，羽毛蓬乱，食欲不振，饮欲增加，体温升高，排水样稀粪，糊肛，排便困难，关节发炎、肿胀，结膜发炎，眼睛失明（多见一侧）。病程1～4天。成年禽轻度腹泻，消瘦，产蛋减少。

【病理变化】急性病例肉眼病变不明显。一般病雏主要呈败血症变化，消瘦，失水，卵黄凝固。肝、脾充血，有条纹状出血或针尖状坏死，肾充血，心包发炎，有的心包粘连。多数雏禽呈出血性肠炎，盲肠内有干酪样凝固物。成禽主要呈肠炎病变，卵泡异常，输卵管有坏死灶，腹膜发炎。病禽肘和踝关节易肿大、发炎，翅关节皮下肿胀。

【诊断】采集病雏禽内脏接种培养基，分离病菌进行生化特性鉴定。引起禽副伤寒的沙门氏菌种类多，且与其他肠道菌可发生交叉凝集。因此，血清学目前应用不广。

【防治】目前尚无有效的菌苗用于本病的预防，预防本病重在综合防治，具体措施可参考禽伤寒。引起禽副伤寒的沙门氏菌在自然界分布很广，除禽外，人、畜、鼠、虱和其他野生动物也可带菌排菌，并相互传染。因此，对病禽应严格执行无害化处理，加强屠宰检疫，防止染病禽蛋、禽肉上市，以免带菌鸡肉、蛋等产品感染人类，引起食物中毒。

二、禽大肠杆菌病

由多种血清型的致病性大肠杆菌所引起的不同类型禽病的总称，包括大肠杆菌性气囊炎、败血症、脐炎、输卵管炎、腹膜炎及大肠杆菌肉芽肿等。其特征是引起心包炎、肝周炎、气囊炎、腹膜炎、输卵管炎、大肠杆菌性肉芽肿和脐炎等病变。

大肠杆菌是健康畜禽肠道中的常在菌，是一种条件性疾病。在卫生条件差、饲养管理不良的情况下，很容易发生此病。大肠杆菌对环境的抵抗力很强，附着在粪便、土壤、鸡舍的尘埃或孵化器的绒毛、碎蛋皮等的大肠杆菌能长期存活。各种年龄的鸡（包括肉用仔鸡）均可感染，发病率和死亡率受各种因素影响有所不同。不良的饲养管理、应激或并发其他病原感染都可成为大肠杆菌病的诱因。在雏鸡和青年鸡多呈急性败血症，而成年鸡多呈亚急性气囊炎和多发性浆膜炎。本病感染途径有经蛋传染、呼吸道传染和经口传染。

【临床症状和病理变化】

1. *急性败血症型*　6～10周龄的肉鸡多发，尤其在冬季发病率高，病鸡精神不振，采食减少，排出黄绿色的稀便。特征性的病变是纤维素性心包炎，气囊混浊肥厚，有干酪样渗出物。肝包膜呈白色混浊，有纤维素性附着物，有时可见白色坏死斑。

2. 脐带炎型　种蛋内的大肠杆菌来自种鸡卵巢、输卵管及被粪便污染的蛋壳。胚胎在孵化后期死亡，死胚增多。孵出的雏鸡体弱，卵黄吸收不良，脐带炎，排出白色、黄绿色或泥土样的稀便。腹部膨满，出生后2～3天死亡，一般10日龄过后死亡率降低，但幸存的鸡只发育迟滞。死胚和死亡雏鸡的卵黄膜变薄，呈黄泥水样或混有干酪样颗粒状物，脐部肿胀、发炎。

3. 卵黄性腹膜炎及输卵管炎型　腹膜炎可由气囊炎发展而来，也可由慢性输卵管炎引起。发生输卵管炎时，输卵管变薄，管内充满恶臭干酪样物，阻塞输卵管，使排出的卵落到腹腔而引起腹膜炎。

4. 出血肠炎型　埃希氏大肠杆菌正常只寄生在鸡的肠道后段中，但当发生饲养和管理失调、卫生条件不良、各种应激因素存在时，鸡的抵抗力降低，大肠杆菌就会在肠道前段寄生，从而引起肠炎。病鸡羽毛粗乱，翅膀下垂，精神委顿，腹泻。雏鸡由于腹泻糊肛，容易与鸡白痢混淆。剖检病变，主要表现在肠道的上1/3～1/2，肠黏膜充血、增厚，严重者血管破裂出血，形成出血性肠炎。

5. 滑膜炎和关节炎型　病鸡跛行或呈伏卧姿势，一个或多个腱鞘、关节肿大。发生大肠杆菌肉芽肿时，沿肠道和肝脏发生结节性肉芽肿，病变似结核。此外，大肠杆菌还可引起全眼球炎、脑炎等。

6. 慢性呼吸道综合征型　鸡只先感染支原体，造成呼吸道黏膜损害，后继发大肠杆菌的感染。发病早期，上呼吸道炎症，鼻、气管黏膜有湿性分泌物，发生啰音、咳音，严重时，发生气囊炎、心包炎，有纤维素渗出，肝脏也被纤维素物质包围，伴有肺炎，呈深黑色，硬化。

【诊断】根据流行特点、临床症状和病理变化可作出初步诊断，要确诊此病须作细菌分离、致病性试验及血清鉴定。继发性

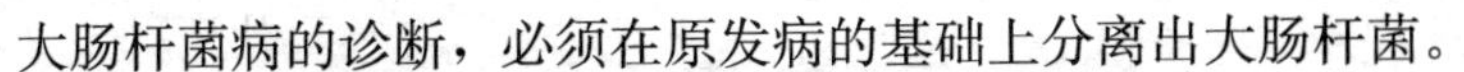

大肠杆菌病的诊断，必须在原发病的基础上分离出大肠杆菌。

【防治】科学饲养管理，鸡舍温度、湿度、密度、光照、饲料和管理均应按规定要求进行。搞好环境卫生消毒工作，严格控制饲料、饮水的卫生和消毒，做好各种疫病的免疫。严格控制饲养密度过大，做好舍内通风换气，定期进行带鸡消毒工作。饮水中应加消毒剂，采用乳头饮水器饮水，水槽、料槽每天应清洗消毒，对种蛋和孵化过程要严格消毒。大肠杆菌对多种抗生素敏感，但由于大肠杆菌容易对药物产生抗药性，最好进行药物敏感试验，选用敏感药物进行治疗。在应用抗生素治疗过程中，应严格控制剂量，制定合理的治疗疗程。

定期对鸡群投喂乳酸菌等微生物制剂对预防大肠杆菌有很好的作用。目前市场上销售的微生态制剂主要包括益生菌、益生元及含有益生菌和益生元的合生素三种类型，与抗生素相比，微生态制剂的成分复杂，除了活的菌体之外，菌体本身所包含的碳水化合物、蛋白质和核酸等生物大分子，能帮助维持寄主肠道菌群生态平衡。对于益生元来讲，可以竞争性地和病原菌表面的受体结合，从而使病原菌不能与肠壁受体结合。此外，微生态制剂还能发酵碳水化合物，降低肠道内 pH，合成维生素等营养物质，刺激寄生免疫细胞的活性，提高免疫球蛋白的水平，从而提高机体抵抗力。用本场分离的致病性大肠杆菌制成油乳剂灭活苗免疫本场鸡群对预防大肠杆菌病有一定作用。此外，应用中草药三黄汤和平胃散加减以及各种以清热解毒、活血化淤为原则的组方治疗本病，在生产实践中应用均取得良好的治疗效果。

方一（三黄汤）：黄连 1 份、黄柏 1 份、大黄 0.5 份，拌料或饮水，每羽 0.5～1.0 克，1 天 1 次，连服 3～5 天。

方二（白头翁苦参汤）：白头翁 100 克、苦参 100 克、金银花 50 克、忍冬藤 50 克、泽泻 30 克、车前草 30 克、川黄连 20 克、槟榔 20 克，饲喂 100 羽鸡，1 天 1 次，连用 3 天。

三、禽霍乱

禽霍乱是一种侵害家禽和野禽的接触性疾病，又名禽巴氏杆菌病、禽出血性败血症。本病常呈急性经过，其病理特征为全身浆膜和黏膜有广泛的出血斑点，肝脏有大量坏死灶。慢性病理则表现为鸡冠、肉髯水肿和关节肿胀。

病原为多杀性巴氏杆菌，呈两端钝圆、中央微凸的短杆菌，不形成芽孢，也无运动性。普通染料均可着色，革兰氏染色阴性。用印度墨汁等染料染色时，可看到清晰的荚膜。对家禽致病的血清型主要是 A 型。本菌为需氧兼性厌氧菌，普通培养基上均可生长。对物理和化学因素的抵抗力比较低，在自然干燥的情况下很快死亡。在浅层的土壤中可存活 7～8 天，粪便中可活 14 天。普通消毒药常用浓度对本菌有良好的消毒效果。日光对本菌有强烈的杀菌作用。热对本菌的杀菌力很强，马丁肉汤 24 小时培养物加热 60℃ 1 分钟即死。

各种家禽，如鸡、鸭、鹅、火鸡等对本病均易感，鹅易感性较差，各种野禽也易感。禽霍乱造成鸡只的死亡通常发生于产蛋鸡群。断料、断水或突然改变饲料，均可使鸡对禽霍乱的易感性提高。慢性感染禽被认为是传染的主要来源。细菌很少经蛋传播。大多数家畜都可能是多杀性巴氏杆菌的带菌者，污染的笼子、饲槽等都可能传播病原。多杀性巴氏杆菌在禽群中的传播主要是通过病禽口腔、鼻腔和眼结膜的分泌物进行的，这些分泌物污染了环境，特别是饲料和饮水。粪便中很少含有活的多杀性巴氏杆菌。

【临床症状】 自然感染的潜伏期一般为 2～9 天，有时在引进病鸡后 48 小时内也会突然发病。据家禽的抵抗力和病菌的致病力强弱差异，一般分为最急性、急性和慢性三种病型。

1. 最急性型　常见于流行初期，以产蛋高的鸡最常见。病鸡无前驱症状，突然倒地，扑腾几下就死亡，也有的晚间一切正

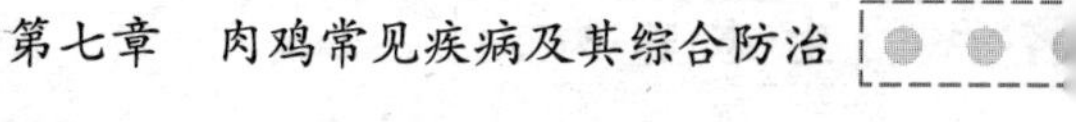

常，吃得很饱，次日发病死在鸡舍内。

2. 急性型　此型最为常见，病鸡主要表现为精神沉郁，羽毛松乱，头缩在翅下，体温升高到43～44℃，减食或不食，渴欲增加。呼吸困难，口、鼻分泌物增加。鸡冠和肉髯变青紫色，有的病鸡肉髯肿胀，有热痛感。产蛋鸡停止产蛋。最后发生衰竭，昏迷而死亡，病程短的约半天，长的1～3天。

3. 慢性型　由急性不死转变而来，多见于流行后期。病鸡进行性消瘦，精神委顿，冠苍白。有些病鸡一侧或两侧肉髯显著肿大，随后可能有脓性干酪样物质，或干结、坏死、脱落。有的病鸡有关节炎，常局限于爪或翼关节和腱鞘处，表现为关节肿大、疼痛、爪趾麻痹，发生跛行。病程可拖至一个月以上，但生长发育和产蛋长期不能恢复。

【病理变化】

1. 最急性型　死亡的病鸡无特殊病变，有时只能看见心外膜有少许出血点。

2. 急性型　病变较为特征，病鸡的腹膜、皮下组织、腹部脂肪、肠系膜、浆膜及黏膜常见小点出血。心包变厚，心包内积有多量不透明淡黄色液体，有的含纤维素絮状液体，心外膜、心冠脂肪出血尤为明显。肺有充血或出血点。肝脏的病变具有特征性，肝稍肿，质脆易碎，呈棕色或黄棕色。肝表面散布有许多灰白色、针头大的坏死点。脾脏一般不见明显变化，或稍微肿大，质地较柔软。肌胃出血显著，肠道尤其是十二指肠呈卡他性和出血性肠炎，肠内容物含有血液。

3. 慢性型　因侵害的器官不同而有差异。当以呼吸道症状为主时，见到鼻腔和鼻窦内有多量黏性分泌物，某些病例见肺硬变。局限于关节炎和腱鞘炎的病例，主要表现关节肿大变形，有炎性渗出物和干酪样坏死。公鸡的肉髯肿大，内有干酪样的渗出物，母鸡的卵巢明显出血，有时卵泡变形，似半煮熟样。

【诊断】根据病鸡流行病学、剖检特征、临床症状可以初步诊断，确诊须由实验室诊断。取病鸡血涂片和肝、脾触片，经美蓝、瑞氏或姬姆萨染色，如见到大量两极浓染的短小杆菌，有助于诊断。进一步的诊断须经细菌的分离培养及生化反应。

【防治】 加强鸡群的饲养管理，平时严格执行鸡场兽医卫生防疫措施，以栋舍为单位采取全进全出的饲养制度，预防本病的发生是完全有可能的。一般从未发生本病的鸡场不进行疫苗接种。

鸡群发病应立即采取治疗措施，有条件的地方应通过药敏试验选择有效药物全群给药。本病多由应激反应后继发感染所致，因而在日常饲粮中加入微生态制剂，可有效改善饲料品质，提高饲料利用率，减少鸡群应激反应，对预防本病能起到一定的积极作用。对常发地区或鸡场，可考虑应用疫苗进行预防。在有条件的地方可在本场分离细菌，经鉴定合格后，制作自家灭活苗，定期对鸡群进行注射。经实践证明，通过 1～2 年的免疫，本病可得到有效控制。目前，国内有较好的禽霍乱蜂胶灭活疫苗，安全可靠，可在 0℃下保存 2 年，易于注射，不影响产蛋，无毒副作用，可有效防治该病。

也可用以下中药方剂进行防治：

方一：自然铜、大黄、厚朴、胡黄连、苍术、白芷、乌梅各等量，按每天每只鸡 2～3 克，煎汁饮水或拌料，连用 1～2 天。

方二：穿心莲（鲜叶或干粉）成鸡每只每次 10 多片鲜叶，每天 2～3 次，连服 3～5 天，拌料或饮水。

四、禽亚利桑那病

亚利桑那菌病又称为副大肠杆菌病，是由亚利桑那沙门氏菌引起的鸡、鸭、火鸡等的一种传染病。亚利桑那菌为革兰氏阴性菌，有鞭毛、能运动、无芽孢，形态与沙门氏菌和大肠杆菌相似。该菌广泛分布于自然界，感染多种禽类、哺乳类、爬虫类、人类。本病无明显的季节性，但与雏火鸡及雏鸡的大量饲养有密切关系。病禽及受感染的成年禽常成为肠道带菌者，能长期散播本菌。

本病是一种蛋传递性疾病。患病动物的分泌物及排泄物和被污染的饲料、垫料、饮用水可使亚利桑那菌由其他动物传播给家禽，各种野鸟、爬虫及许多常见的动物也能将本病传给禽群。自然条件下，鸡、鸭、鹅都可感染本病。雏禽，尤其是雏火鸡死亡率高，该菌能侵入血流，4～6日龄的雏火鸡对本病最易感，死亡可持续到第3周，死亡高峰在2周龄，死亡率从15%～60%不等，平均为35%。耐过鸡的产蛋率和孵化率下降，发育严重受阻。

【临床症状】家禽的亚利桑那菌病无特异的症状，但病禽精神沉郁、不食，饮水量增加，呼吸急促，闭目缩颈，部分张口呼吸并伴有啰音，眼半闭或全闭，眼睑肿胀，流泪，部分有白色分泌物充满眼眶，后期失明，下痢，排红褐色或白绿色粪便，有时有黏液，部分病禽肛门粘有白绿色稀粪，排粪困难，2～3周龄雏直至死前两天才见有腹泻。有的出现神经症状，病程短，出现角弓反张。病的后期，呼吸加快而死亡，死前发生痉挛。

【病理变化】亚利桑那菌病病禽的主要病理变化特征是肝脏肿大2～3倍，呈土黄色斑驳样，表面有砖红色条纹。肝脏质脆、易碎，切面有针尖大、灰色坏死灶和出血点。胆囊肿大，胆汁浓稠。心脏表面有小出血点。肌胃内膜有的不易剥离，内容物呈鲜绿色。十二指肠肠壁增厚，肠内容物呈污绿色，肠黏膜显著充血，部分脱落，盲肠内空虚有气体，肠系膜上有小的干酪样病变，咽喉部有黏液。两眼窝塌陷，发现部分禽在视网膜上盖有一厚层黄白色的干酪样渗出物，受侵害的眼变干，不能恢复正常。气管内有少量浆液性分泌物，肺充血，肺部有绿豆大小干酪样坏死灶。部分肾脏色变淡，轻度肿胀，并有少量尿酸盐沉积。

病理组织学变化：心肌纤维及肝细胞变性、坏死，脑神经胶质细胞的细胞核溶解、浓缩，没有发现血管套现象。腔上囊实质淋巴细胞增生。

【诊断】分离所得革兰氏阴性、不形成芽孢、有鞭毛的细菌，根据其培养特性和生化特性，即可作出诊断。

【防治】一旦发现有此症状的雏禽，应及时隔离、确诊。对种蛋要加强管理，经常清理、擦拭蛋箱，及时擦去蛋壳上的小污点，收下的蛋应尽快用福尔马林熏蒸消毒处理。因为种蛋能直接传播本病，对孵化器和育雏器用前要进行彻底消毒，种蛋在孵化前也要用福尔马林熏蒸消毒。

由于病鸡及带菌鸡消化道是排泄此菌的主要场所，易污染饲料和饮水，所以对鸡舍和运动场要定期地清扫和消毒，防止饲料和饮水的污染。设法在鸡场内消灭鼠类及爬虫类，在鸡的运动场要设有铁纱网，防止野鸟侵入鸡舍。

在治疗方面，可用头孢噻呋每吨饲料添加80～100克，拌料喂饲3～5天。在免疫方面，国外学者研制出几种类型的亚利桑那菌苗，并已用于生产实际。较为常用的疫苗是：用福尔马林处理全培养物制成氢氧化铝菌苗或制成油乳剂菌苗，此两种疫苗在室内外试验均取得满意的防治效果。中药也可用于本病的预防与治疗。

方剂：胆南星、石菖蒲各0.05克，党参、麦冬、炙苍术各0.075克，煎汁，饮服，每只鸡可灌服10ml，隔日1剂，连服2～3剂。

五、传染性鼻炎

本病是由副鸡嗜血杆菌所引起鸡的急性呼吸系统疾病。主要症状为鼻腔与鼻窦发炎，流鼻涕，脸部肿胀和打喷嚏。

副鸡嗜血杆菌呈多形性。兼性厌氧，在含10%的大气条件下生长较好。对营养的需求较高。若把副鸡嗜血杆菌均匀涂布在2%脲胨琼脂平板上，再用葡萄球菌作一直线接种，则在接种线的边缘有副鸡嗜血杆菌生长，可作为一种简单的初步鉴定。本菌的抵抗力很弱，培养基上的细菌在4℃时能存活2周，在自然环境中数小时即死。对热及消毒药也很敏感，在45℃存活不过6分钟，在真空冻干条件下可以保存10年。

本病发生于各种年龄的鸡，4周龄至3年的鸡易感。13周龄和大些的鸡则100%感染。在较老的鸡中，潜伏期较短，病程长。病鸡及隐性带菌鸡是传染源，而慢性病鸡及隐性带菌鸡是鸡群中发生本病的重要原因。其传播途径主要以飞沫及尘埃经呼吸传染，也可通过污染的饲料和饮水经消化道传染。雉鸡、珠鸡、鹌鹑偶然也能发病，但病的性质与鸡不同，具有毒性反应。

本病的发生与一些能使机体抵抗力下降的诱因密切有关。如鸡群拥挤，不同年龄的鸡混群饲养，通风不良，鸡舍内闷热，氨气浓度大，或鸡舍寒冷潮湿，缺乏维生素A，受寄生虫侵袭等都能促使鸡群严重发病。鸡群接种禽痘疫苗引起的全身反应，也常常是传染性鼻炎的诱因。本病多发于冬、秋两季，这可能与气候和饲养管理条件有关。

【临床症状】潜伏期短，传播快，短时间可传染全群是本病的特征。病的损害在鼻腔和鼻窦发生炎症者，一般常见症状为鼻孔先流出清液以后转为浆液黏性分泌物，有时打喷嚏，病鸡常甩头。脸肿胀，眼结膜炎，眼睑肿胀。食欲及饮水减少，或有下痢，体重减轻。病鸡精神沉郁，缩头，呆立。仔鸡生长不良，成年母鸡产卵减少，公鸡肉髯常见肿大。如炎症蔓延至下呼吸道，则呼吸困难，病鸡常摇头欲将呼吸道内的黏液排出，并有啰音。咽喉亦可积有分泌物的凝块，最后常窒息而死。

【病理变化】本病发病率虽高，但死亡率较低。在鸡群恢复阶段，死淘率增加。病理剖检变化主要为鼻腔和窦黏膜充血、肿胀，表面附有大量黏液，窦腔内有渗出物凝块及干酪样坏死物。病死鸡多瘦弱，不产蛋。母鸡卵泡变形、坏死和萎缩。育成鸡主要病变为鼻腔和窦黏膜呈急性卡他性炎，黏膜充血、肿胀，表面覆有大量黏液，窦内有渗出物凝块，后成为干酪样坏死物。常见卡他性结膜炎，结膜充血、肿胀。脸部及肉髯皮下水肿。严重时可见气管黏膜炎症，偶有肺炎及气囊炎。

【诊断】根据流行特点（传播速度快、发病多、死亡少）、症状及剖检变化，可疑为本病，确诊须作出病原学检查。本病和慢性呼吸道病、慢性鸡霍乱、禽痘以及维生素缺乏症等的症状相类似，须进一步作出鉴别诊断。

【防治】鸡场在平时应加强饲养管理，改善鸡舍通风条件，做好鸡舍内外的兽医卫生消毒工作，以及病毒性呼吸道疾病的防治工作，提高鸡只抵抗力对防治本病有重要意义。鸡场内每栋鸡舍应做到全进全出，禁止不同日龄的鸡混养。清舍之后要彻底进行消毒，空舍一定时间后方可让新鸡群进入。

副鸡嗜血杆菌对磺胺类药物非常敏感，是治疗本病的首选药物。一般用复方新诺明或磺胺增效剂与其他磺胺类药物合用，或用2～3种磺胺类药物组成的联磺制剂均能取得较明显效果。每天剂量给足，剂量不足会导致耐药菌株的产生，甚至产生超抗菌。目前我国已研制出鸡传染性鼻炎油佐剂灭活苗，经实验和现场应用对本病流行严重地区的鸡群有较好的保护作用。根据本地区情况可自行选用。

本病可选用下列方剂。

方一（开窍散）：白芷、防风、益母草、乌梅、猪苓、诃子、泽泻、辛夷、桔梗、黄芩、半夏、生姜、葶苈子、甘草各等份，按每只鸡每天1.0～1.5克，拌料或煎汁饮水，连用5天。

方二：桔梗0.5份、蒲公英、鱼腥草、苏叶各1份。按每只鸡每次1.0～1.5克，煎汁拌料，1日2次，连用7天，另在饮水中加高锰酸钾。

六、禽结核病

禽结核病是由禽结核杆菌引起的一种慢性接触性传染病。特征是病禽进行性消瘦、贫血、产蛋下降或停产，多引起鸡组织器

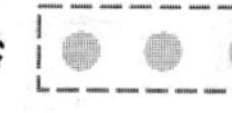

官形成肉芽肿和干酪样钙化结节。

本病病原为禽结核分支杆菌，属于抗酸菌类，普遍呈杆状，两端钝圆，不形成芽孢和荚膜，无运动力。专性需氧菌，对营养要求严格。最适生长温度为39～45℃，最适pH 6.8～7.2。生长速度缓慢。对外界因素的抵抗力强，特别对干燥的抵抗力尤为强大，对热、紫外线较敏感，60℃ 30分钟死亡，对化学消毒药物抵抗力较强，对低浓度的结晶紫和孔雀绿有抵抗力。因此，分离本菌时可用2%～4%的氢氧化钠、3%的盐酸或6%硫酸处理病料，在培养基内加孔雀绿等染料以抑制杂菌生长。

所有的鸟类都可被分支杆菌感染，家禽中以鸡最敏感，各品种的不同年龄的家禽均可感染，潜伏期长，成禽多发。病鸡形成肺空洞，气管和肠道的溃疡性结核病变，可排出大量禽分支杆菌，是结核病的第一传播来源。排泄物中的分支杆菌污染周围环境，如土壤、垫草、用具、禽舍以及饲料、水，被健康鸡摄食后，即可发生感染。卵巢和产道的结核病变，也可使鸡蛋带菌。结核病的传染途径主要是经呼吸道和消化道传染。前者由于病禽咳嗽、喷嚏，将分泌物中的分支杆菌散布于空气，或造成气溶胶，使分支杆菌在空中飞散而造成空气感染。后者则是病禽的分泌物、粪便污染饲料、水，被健康禽摄食而引起传染。污染受精蛋可使鸡胚传染。此外，还可发生皮肤伤口传染。

【临床症状】本病的病情发展很慢，早期感染看不到明显的症状。待病情进一步发展，可见到病鸡羽毛粗糙，蓬松零乱，鸡冠、肉髯苍白，严重贫血，虽食欲正常，但病鸡出现明显的进行性的体重减轻。全身肌肉萎缩，胸肌最明显，胸骨突出，变形如刀，脂肪消失。若有肠结核或有肠道溃疡病变，可见到粪便稀薄，或明显的下痢，或时好时坏，长期消瘦，最后衰竭而死。患有关节炎或骨髓结核的病鸡，可见有跛行，一侧翅膀下垂。肝脏受到侵害时，可见有黄疸。脑膜结核可见有呕吐、兴奋、抑制等神经症状。淋巴结肿大，可用手触摸到。肺结核病时病禽咳嗽、呼吸粗厉、次数增加。

【病理变化】病变的主要特征是在内脏器官，如肺、脾、肝、肠上出现不规则的、浅灰黄色、针尖大到1厘米大小的结核结节，切开结核结节，可见结核外面包裹一层纤维组织性的包膜，内有黄白色干酪样坏死，通常不发生钙化。结核病的组织学病变主要是形成结核结节。结节形成初期，中心有变质性炎症，其周围被渗出物浸润，而淋巴样细胞、上皮样细胞和巨细胞则在外围部分。疾病的进一步发展，中心产生干酪样坏死，再恶化则增生的细胞也发生干酪化，结核结节随之增大。

【诊断】剖检时，发现典型的结核病变，即可做出初步诊断，取中心坏死与边缘组织交界处的材料制成涂片，发现抗酸性染色的细菌，或经病原微生物分离和鉴定，即可确诊本病。

【防治】消灭本病的最根本措施是建立无结核病鸡群。基本方法是：淘汰感染鸡群，废弃老场舍、老设备，在无结核病的地区建立新鸡舍；引进无结核病的鸡群。对养禽场新引进的禽类，要重复检疫2～3次，并隔离饲养60天；对全部鸡群定期进行结核检疫（可用结核菌素试验及全血凝集试验等方法），以清除传染源；采取严格的管理和消毒措施，限制鸡群运动范围，防止外来感染源的侵入。此外，已有报道用疫苗接种来预防禽结核病，但目前还未做临床应用。

本病一旦发生，通常无治疗价值。但对价值高的珍禽类，可在严格隔离状态下进行药物治疗。可选择异烟肼、乙二胺二丁醇、链霉素等进行联合治疗，可使病禽临床症状减轻。建议疗程为18个月，一般无毒副作用。

七、禽葡萄球菌病

鸡葡萄球菌病是由金黄色葡萄球菌引起鸡、鸭、鹅等多种家禽的一种环境性传染病。病禽以脐炎、败血症、关节炎等为主要特征。呈急性或慢性经过，是危害养禽生产的一种常见的细菌性疾病。

本病病原为金黄色葡萄球菌。典型的致病性金黄色葡萄球菌是革兰氏阳性球菌。需氧菌或兼性厌氧菌。葡萄球菌可存在于环境和健康鸡的羽毛、皮肤、眼睑、结膜、肠道等中，也是养鸡饲养环境、孵化车间和禽类加工车间的常在微生物。肉种鸡及白羽产白壳蛋的轻型鸡种易发、高发。肉用仔鸡对本病也较易感。本病发生的时间是在鸡 40～80 日龄多发。地面平养、网上平养较笼养鸡发生的多。本病发生与饲养管理水平、环境污染程度、饲养密度等因素有直接关系。凡是能够造成鸡只皮肤、黏膜完整性破坏的因素均可成为发病的诱因。

【临床症状】

1. 败血型鸡葡萄球菌病　病禽体温升高，食欲下降，羽毛松乱，有的下痢，排灰白色稀粪。有的病禽胸腹部皮下呈紫红或紫黑色，有明显波动感，病后 1～2 天死亡。当病鸡在濒死期或死后在鸡胸腹部、翅膀内侧皮肤，有的在大腿内侧、头部、下颌部和趾部皮肤可见皮肤湿润、肿胀，相应部位羽毛潮湿易脱。

新生雏鸡脐炎可由多种细菌感染所致，其中有部分鸡因感染金黄色葡萄球菌，可在 1～2 天内死亡。临床表现脐孔发炎肿大，腹部膨胀（大肚脐）等，与大肠杆菌所致脐炎相似。

2. 关节炎型的鸡葡萄球菌病　成年鸡和肉种鸡的育成阶段多发生。多表现在跗关节，关节肿胀，有热痛感，病鸡站立困难，以胸骨着地，行走不便，跛行，喜卧。有的出现趾底肿胀，溃疡结痂，肉垂肿大、出血，冠肿胀、有溃疡结痂。

发生鸡痘时可继发葡萄球性眼炎，导致眼睑肿胀，有炎性分泌物，结膜充血、出血等。

【病理变化】败血型病死鸡局部皮肤增厚、水肿。切开皮肤见皮下有数量不等的紫红色液体，胸腹肌出血、溶血。有的病死鸡皮肤无明显变化，但局部皮下（胸、腹或大腿内侧）有灰黄色胶冻样水肿液。经呼吸道感染发病的死鸡，一侧或两侧肺脏呈黑紫色，质度软如稀泥。关节炎型见关节肿胀处皮下水肿，关节液增多，关节腔内有白色或黄色絮状物。内脏其他器官如肝脏、脾脏及肾脏可见大小不一的黄白色坏死点，腺胃黏膜有弥漫性出血和坏死。

【诊断】根据发病特点、临诊症状、剖检变化，可做出初步诊断，确诊需要进行细菌的分离培养。

【防治】加强兽医卫生防疫措施是提高疗效的重要保证。预防本病的发生，要从加强饲养管理，搞好鸡场兽医卫生防疫措施入手，尽可能做到消除发病诱因，认真检修笼具，切实做好鸡痘的预防接种是预防本病发生的重要手段。

金黄色葡萄球菌对药物极易产生抗药性，在治疗前应做药物敏感试验，选择有效药物全群给药。首先选择口服易吸收的药物，发病后立即全群投药，控制本病流行。选用0.012 5%莫能菌素或0.008%～0.01%头孢拉定，拌料饲喂5天。在常发地区频繁使用抗菌药物，疗效日渐降低，应考虑用疫苗接种或中药来控制和治疗本病。

方一：黄连、黄柏、焦大黄、黄芩、板蓝根、茜草、大蓟、车前子、神曲、甘草各等份，共研细末，成年鸡按每千克体重1克，雏鸡按每千克体重0.6克拌料饲喂，每日1次，即愈。

方二（雄连散）：黄连、黄芩、金银花、大青叶、雄黄等适量，共研末，按每日每千克体重1～2克，拌料或饮水，连用3天。

八、链球菌病

鸡链球菌病是鸡的一种急性败血性或慢性传染病。雏鸡和成年鸡均可感染，多呈地方流行。该病在我国的鸡、鸭、鹅、鸽有发病的报告，引起相当数量的病禽死亡，造成较大的经济损失。

引起鸡链球菌病的病原为鸡链球菌。实验动物以家兔和小鼠最敏感，小鼠腹腔接种很快死亡。家兔静脉注射和腹腔注射，在

24～48 小时死亡。

家禽中鸡、鸭、火鸡、鸽和鹅均有易感性，其中以鸡最敏感。各种日龄的禽均可感染。兽疫链球菌主要感染成年鸡，粪链球菌对各种年龄的禽均有致病性，但多侵害幼龄鸡。通过病禽和健康禽排出病原，污染养禽环境，通过消化道或呼吸道感染，也可发生内源性感染，还可经皮肤和黏膜伤口感染，特别是笼养鸡多发，新生雏可通过脐带感染。孵化用蛋被粪便污染，经蛋壳污染感染胚，可造成晚期胚胎死亡及孵出弱雏，或成为带菌雏。

本病的发生不仅与气候变化与温度降低等应激因素有关，还与禽舍卫生条件差、阴暗、潮湿、空气混浊等有关。本病发生无明显的季节性。一般呈散发或地方流行。

【临床症状】根据病鸡的临诊表现，分为急性和亚急性/慢性两种病型。

1. 急性型　主要表现为败血症病状。突然发病，病禽精神委顿，嗜眠，食欲废绝，羽毛松乱，鸡冠和肉髯发紫或变苍白，有时还见肉髯肿大。病鸡腹泻，排出淡黄色或灰绿色稀粪。成年禽产蛋下降或停止。

2. 亚急性/慢性型　主要是病程较缓慢，病禽精神差，食欲减少，嗜眠，喜蹲伏，头藏于翅下或背部羽毛中。体重下降，消瘦，跛行，头部震颤，或仰于背部，嘴朝天，部分病鸡腿部轻瘫，站不起来。有的病鸡发生眼炎和角膜炎。眼结膜发炎、肿胀，流泪，有纤维蛋白性炎症，重者可造成失明。

【病理变化】剖检可见皮下组织及全身浆膜水肿、出血，实质器官如肝、脾、心、肾肿大，有点状坏死。

【诊断】本病的发生特点、临诊症状和病理变化只能作为疑似的依据，要进行确诊时，必须依靠细菌的分离与鉴定。采取病死鸡的肝、脾、血液、皮下渗出物、关节液或卵黄囊等病料，涂片，用美蓝或瑞氏和革兰氏染色法染色，镜检，可见到蓝、紫色或革兰氏阳性的单个、成对或短链排列的球菌，可初步诊断为本病。本病与沙门氏菌病、大肠杆菌性败血症、葡萄球菌病、禽霍乱等疫病，有相似的临诊症状和病理变化，要注意与之鉴别诊断。

【防治】认真贯彻执行兽医卫生措施，保持鸡舍清洁、干燥，定期进行鸡舍及环境的消毒工作。勤捡蛋，粪便沾污的蛋不能进行孵化。入孵前，孵化房及用具应清洗干净，并进行消毒。入孵蛋用甲醛液熏蒸消毒。减少应激因素，预防和消除降低禽体抵抗力的疾病和条件。认真做好饲养管理工作，供给营养丰富的饲料，精心饲养。保持禽舍的温度，注意空气流通，提高禽体的抗病能力。本病经确诊后，立即进行药敏试验，选择敏感药物进行治疗。据报道，本病可用青霉素类、庆大霉素、卡那霉素、氟哌酸、金霉素等抗菌药物。在抗生素治疗本病中，要严格控制用药剂量和疗程，防止耐药性的产生。

可使用以下中药方剂进行治疗。

方剂（三金汤）：金银花、荞麦根、广木香、地丁、连翘、板蓝根、黄芩、黄柏、猪苓、白药子各40克，茵陈蒿35克，藕节炭、血余炭、鸡内金、仙鹤草各50克，大蓟、穿心莲各45克（以上约为1 000只40日龄左右肉鸡的1天剂量）。水煎2次，取汁供鸡饮服，每天2次，连用5天为一个疗程，对病重鸡可每次滴服原药液2毫升。

九、禽李氏杆菌病

李氏杆菌病主要是由单核细胞增多性李氏杆菌引起的一种禽类败血性传染病，其致死率极高。

本菌对热的抵抗力较大，55℃ 60分钟才被杀死或在牛奶中高于75℃需经10秒钟才被杀死。本菌可在pH 9.6的10%盐溶液内生长，在20%的盐溶液中可存活。4℃的肉汤中可存活9年。在青贮料、干草或土壤中也能长期存活。

豚鼠、小鼠、家兔、幼龄火鸡、牛和绵羊均有易感性，大鼠和鸽有抵抗力。人偶尔感染，一旦感染，可发生败血症、流产和婴儿脑膜炎。鸡、火鸡、鹅、鸭和金丝雀是最常发病的禽类宿主，其他野禽类如鹦鹉、鹰、松鸡和鹧鸪也可感染。患病动物和带菌动物是本病的传染源。自然感染可能是通过消化道、呼吸道、眼结膜以及受伤的皮肤，常因接触病禽而被迅速传播。此外，李氏杆菌病的发生还与天气骤变、寄生虫感染等因素有关。土壤、植物性材料和带菌者的粪便，可能是本病原菌的贮存场所。

【临床症状】禽类的李氏杆菌病经常呈不显性感染，一般没有特殊症状，主要为败血症，表现为精神沉郁、减食、腹泻、下痢，粪呈绿色，鸡冠、肉髯发绀，头肿大，鼻炎，流泪，呼吸困难。喜卧伏或乱跑，尖叫，严重脱水，消瘦，皮肤呈暗紫色，多急性死亡。病程较长的某些病禽可能呈现中枢神经损伤的症状，主要表现为痉挛、斜颈。

【病理变化】主要呈败血症的特征。主要病变是心肌的多发性坏死，有多个小坏死灶或广泛性坏死。肝脏有时肿大，有小坏死灶，脾可能肿大而呈斑驳状，腺胃有淤斑。显微镜观察，可在变性、坏死的心肝病灶周围发现细菌。其中特征病变是淋巴样细胞、巨噬细胞和浆细胞的浸润。血液中单核白细胞数显著增高。脑膜和脑可能有充血、炎症或水肿的变化，可能有小病灶。

【诊断】从内脏器官如肝、脾、心肌和血液中经常分离到李氏杆菌，有时也从脑中分离到。分离时于培养基内加入0.5%～1%葡萄糖可促进本细菌的生长。原代培养呈阴性的材料，把样品接种在肉汤中并置于冰箱内存放2个月后，可能生长出李氏杆菌。此外，也可用10日龄鸡胚的尿囊腔接种分离本细菌。分离所得革兰氏阳性、不形成芽孢、有鞭毛的细菌，根据其培养特性和生化特性，即可作出诊断。

【防治】平时做好卫生防疫工作和饲养管理工作，驱除鼠类及其他的鸟类，驱除寄生虫，特别不要从有病地区引入病禽。李氏杆菌对大多数抗生素有抵抗力。高浓度的四环素是治疗李氏杆菌病的首选用药。此外，人对李氏杆菌有易感性，感染后症状不一，以脑膜炎较为多见。从事与病禽有关的工作人员应注意防护。

十、禽丹毒

禽丹毒是由红斑丹毒丝菌引起的一种急性、热性人兽共患传染病。

本病病原对外界环境的抵抗力较强，但对热较敏感，50℃ 20 分钟，70℃ 5 分钟可杀死该菌。对消毒药的抵抗力较低，2%福尔马林、3%来苏儿、1%火碱、1%漂白粉都能很快将其杀死。

禽类是本菌最大的贮存宿主，在养殖业发展较快地区，禽类养殖数量比较多，养殖密度较大，个别养殖户饲养管理条件较差时多发。本病流行初期，往往呈急性经过，症状无特征；人类可因创伤感染发病。病原体随粪、尿、唾液和鼻分泌物等排出体外，污染土壤、饲料、饮水等，经消化道和损伤的皮肤而感染。带菌家禽在不良条件下抵抗力降低时，细菌也可侵入血液，引起自体内源性感染而发病。禽丹毒的流行无明显季节性，但夏季发生较多，冬、春仅见散发。禽丹毒经常在一定的地方发生，呈地方性流行或散发。

【临床症状】人工感染的潜伏期为 3～5 天，短的 1 天，长的可达 7 天。发病鸡精神沉郁，食欲废绝，排黄褐绿、暗红色干粪便，个别病例可能不表现任何症状而突然死亡。急性型病鸡体温升高，呼吸困难，有时腹泻、下痢，排黄绿色稀便。发病 1～2 天后，皮肤上出现红斑，其大小和形状不一，以耳、颈、背、腿外侧较多见，经几天病程后死亡或突然死亡。局部皮肤易损伤破溃，有红色血水渗出，多数出现在大腿部、翅膀腋下内外部、胸腹和背部，个别出现在头面部。破溃皮肤边缘组织有液体渗出，向外周扩散浸润。慢性型常有浆液性纤维素性关节炎、疣状心内

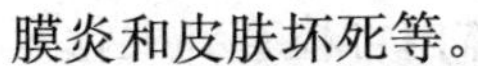

膜炎和皮肤坏死等。

【病理变化】剖检可见内脏器官充血、淤血，腹腔脂肪出血、腹膜炎、肠炎，肝、脾肿大，出现多条不规则的坏死带，腺胃、盲肠黏膜有坏死灶或溃疡。急性型皮肤上有大小不一和形状不同的红斑或弥漫性红色；脾肿大、充血，呈樱桃红色；肾淤血、肿大，有出血点；淋巴结充血、肿大，也有小出血点。慢性型的特征是房室瓣常呈疣状心内膜炎，其次是关节肿大，有炎症，在关节腔内有纤维素性渗出物。

【诊断】急性型采取肾、脾为病料，慢性型采取心内膜组织和患病关节液，涂片，革兰氏染色，镜检，如见有革兰阳性的细长小杆菌，在排除李氏杆菌的情况下，即可确诊。也可进行免疫荧光和血清培养凝集试验。

【防治】平时要加强饲养管理，饲养用具保持清洁，定期用消毒药消毒。同时按免疫程序注射疫苗。发病后立即隔离病禽，清洁、消毒禽舍内外环境卫生，加强饲养管理，及时选用对本菌比较敏感的药物，在发病后24～36小时内治疗。对急性型最好首先按每千克体重1万国际单位青霉素静脉注射，同时每千克体重肌内注射青霉素5万～10万国际单位，每天2次，直至体温和食欲恢复正常后24小时，不宜停药过早，以防复发或转为慢性。

十一、螺旋体病

禽疏螺旋体病是由禽的疏螺旋体引起的禽类的一种急性、热性传染病。各种日龄的禽类均易感，日龄较大的禽类有较强的抵抗力。雏禽与维生素缺乏的禽类容易感染，死亡率也较高。

本病的病原体是鹅包柔氏螺旋体，又称鹅疏螺旋体，或鸡疏螺旋体。形态细长，长约（6～30）微米×0.3微米，有疏松排列的5～8个螺旋，用暗视野或相差显微镜很容易观察到血液或组织片中的螺旋体。通过鸡胚绒毛尿囊膜、尿囊腔或卵黄囊内接种后，经 4～6 天引起鸡胚死亡。同时在胚体内可检查到大量螺旋体存在。该病原也可通过家禽或鸟类继代。

鸡、火鸡、鹅和鸭均可自然感染。易感禽与感染或死亡禽的组织、血液及排泄物接触后可感染本病。本病的自然感染主要通过吸血昆虫媒介而传播，主要有波斯锐缘蜱、鸡螨、鸡虱等。宿主被蜱叮咬可以感染，禽类吞食感染蜱或其卵也能感染，消化道和伤口等途径也能传播。本病一年四季均可发生，但以温暖、潮湿季节多发。

【临床症状】急性病例常突然出现体温升高、精神不振、厌食、呆立不动，头下垂等症状，粪便呈浆液性，内有绿色或白色的块状物。随后鸡冠苍白、黄染，步态不稳，严重者腿翅麻痹，最后抽搐死亡。由于螺旋体在病禽体内大量繁殖，血液中红细胞被大量破坏，细胞碎片阻塞毛细血管，以致出现明显的贫血和黄疸，这是本病最特征的症状。病程一般为 4～6 天。慢性病例较少见，症状与急性者相似而较轻缓，一般经 2 周左右可以完全康复。

【病理变化】特征的病理变化在脾和肝。脾脏明显肿大，被膜下有斑点状出血和坏死灶。肝淤血、肿大、变性，常见密布的针头大灰白色坏死灶。有些病例可见肾肿大，色泽变淡。肠有卡他性炎症病变。内脏器官呈现出血、黄疸，皮肤及肌肉黄染，血液稀薄。

【诊断】在体温升高期间作血液涂片检查，常可见有大量螺旋体。血像检查还可发现病禽的中性粒细胞和大单核细胞明显增多。根据病禽的临床症状和病理变化，可以作出初步诊断。确诊需要检查体内有鹅螺旋体。取病鸡发病初期的血液涂片用姬姆萨染色，或取内脏如肝、脾、肾、肺等作触片，经染色后镜检，也可用暗视野检查湿标本，发现有螺旋体即可确诊。此外，还可采用凝集试验、琼脂扩散试验、间接荧光抗体技术检查禽体内的抗体。

【防治】本病的预防关键在于消灭传播媒介吸血昆虫。可采用喷洒药物、熏蒸等措施，消灭禽舍内和鸡体上的蜱，同时也要消灭禽舍内的蚊蝇。应避免将有蜱寄生的禽类引进洁净禽群，平时应注意消灭蜱、螨等吸血昆虫。对病禽应隔离治疗或淘汰，病死禽和粪便应妥善处理。在常发地区或禽场，可利用本地区现场分离的病原体制备自家疫苗或多价疫苗进行免疫预防。最简便的方法是用病禽的肝、脾组织悬液或血液、鸡胚培养物等加入适量的福尔马林灭活后制成组织疫苗，给禽群免疫接种，可产生良好的保护作用。早期治疗有较好效果，首选药物是土霉素、青霉素，其他药物如卡那霉素、链霉素、泰乐霉素等也有一定疗效。

十二、溃疡性肠炎

溃疡性肠炎也称鹌鹑病，是由厌氧梭状芽孢杆菌引起多种幼禽的一种急性细菌性传染病。该病的特征为突然发病和迅速大量死亡，呈世界分布。

本菌能形成芽孢，对外界环境抵抗力很强。芽孢对辛酰及氯仿具有较强抵抗力。其卵黄培养物在－20℃能存活 16 年，70℃能存活 3 小时，80℃ 1 小时，而在 100℃时仅能存活 3 分钟。肠梭菌在厌氧条件下培养的纯培养物具有极高的致病性。

大部分禽类都可感染本病，鹌鹑最敏感。该病常侵害幼龄禽类，4～19 周龄鸡、3～8 周龄火鸡、4～12 周龄鹌鹑等幼龄禽类较易感。本病常与球虫病并发，或继发于球虫病、再生障碍性贫血、传染性法氏囊病及应激因素之后。在自然情况下，本病主要通过粪便传播，经消化道感染。

【临床症状】急性死亡的禽几乎不表现明显的症状。病禽表现精神委顿，食欲废绝，贫血，排红褐色或黑褐色煤焦油样粪便，伴有脱落的肠黏膜。耐过鸡多发育不良，肛门四周沾污粪便。

【病理变化】急性发病的肉眼病变特征是十二指肠有明显的

出血性炎症，肠管的各个部位和盲肠肠壁发生坏死和溃疡。初期为小的黄色病灶，继而融合而形成大的坏死性假膜性斑块。溃疡可能深入黏膜，较陈旧的病变浅表，并有突起的边缘，形成弹坑样溃疡，溃疡穿孔，则导致腹膜炎和肠管粘连。肝的病变表现不一，由轻度淡黄色斑点状坏死到肝边缘较大的不规则坏死区。脾充血、肿大和出血。

【诊断】溃疡性肠炎根据死后肉眼病变较易获得诊断，根据典型的肠管溃疡以及伴发的肝坏死和脾肿大、出血，便可做出临床诊断。确诊需进一步作病原学检查。

【防治】作好日常的卫生工作，场舍、用具要定期消毒。粪便、垫草要勤清理，避免拥挤、过热、过食等不良因素刺激，有效地控制球虫病的发生，对预防本病有积极的作用。对本病污染场要及时隔离带菌、排菌动物，对病禽进行隔离治疗。对同场健康禽要采取药物预防措施，控制本病蔓延。

对发病禽类，首选药物为链霉素和杆菌肽，可经注射、饮水及混饲给药，可用微生态制剂调节肠道菌群，维持消化道微生态平衡，提高机体免疫力，提高生产性能，增强抗病能力等。

十三、坏死性肠炎

坏死性肠炎是一种散发病，又名肠毒血症、烂肠症，是由魏氏梭菌引起的雏鸡、火鸡的一种急性以肠道坏死性炎症为特征的传染病，以2～8周龄雏鸡和青年鸡易感染发病。主要引起鸡和火鸡肠黏膜坏死。

本病的病原为A型产气荚膜梭状芽孢杆菌，又称魏氏梭菌。革兰氏染色阳性。A型魏氏梭菌产生的α毒素，C型魏氏梭菌产生的α、β毒素，是引起感染鸡肠黏膜坏死这一特征性病变的直接原因。这两种毒素均可在感染鸡粪便中发现。

在正常的动物肠道就有魏氏梭菌，它是多种动物肠道的寄居者，可通过粪便污染土壤、水、饲料、垫草等一切器具。球虫的感染、饲料中蛋白质含量的增加、肠黏膜损伤及口服抗生素等各种应激因素的影响，以及污染环境中魏氏梭菌的增多等都可造成本病的发生。

【临床症状】2周到6个月的鸡常发生坏死性肠炎，尤以2～5周龄散养肉鸡为多。本病多为突发病，病程较短，常呈急性死亡。临床症状可见到病禽精神沉郁，食欲减退，不愿走动，羽毛蓬乱，排红褐色或黑褐色煤焦油样粪便或有脱落的肠黏膜。慢性病鸡生长受阻，排灰白色稀粪，衰竭死亡，耐过鸡多发育不良，肛门四周沾污粪便。

【病理变化】病变主要在小肠后段，尤其是回肠和空肠部分，盲肠也有病变。肠壁脆弱、扩张、充满气体，内有黑褐色内容物。肠黏膜上附着疏松或致密的黄色或绿色的假膜，有时可出现肠壁出血。病变呈弥漫性，并有病变形成的各种阶段性景象。肝脏充血、肿大，有不规则的坏死灶。

【诊断】临床上可根据症状及典型的剖检及组织学病变作出诊断。进一步确诊可采用实验室方法进行病原的分离和鉴定及血清学检查。本病应与溃疡性肠炎和球虫病相区别。球虫病与魏氏梭菌病可以并发，可通过细菌培养与球虫检查来加以区分。

【防治】加强饲养管理和环境卫生工作，避免密饲和垫料堆积，合理贮藏饲料，减少细菌污染等，严格控制各种内外因素对机体的影响，可有效地预防和减少本病的发生。杆菌肽、土霉素、青霉素、弗吉尼亚霉素、泰乐菌素、林肯霉素等对本病具有良好的治疗和预防作用，一般通过饮水或混饲给药。每吨饲料中添加250万国际单位维生素A，连用1周。饮水中加口服补液盐让鸡自由饮服，可加快肠黏膜修复和防止脱水，有利康复。此外，本病的发生常伴随着饲养环境差、密度大、通风不良、饲料发霉变质等不良饲养环境造成的应激因素等，临床应用微生态机制能有效提高机体抵抗力，降低机体对不良环境的应激反应，从而减少本病的发生。

第三节　寄生虫病及其防治

一、球虫病

鸡球虫病是由艾美耳属的9种球虫寄生于鸡的肠上皮细胞内引起的以出血性肠炎、雏鸡高死亡率为特征的一种重要原虫病，发病率高达70%左右，死亡率20%～50%不等，对养鸡业危害十分严重。

各品种的鸡均有易感性。病鸡和球虫病携带者是发病群体的来源。鸡感染后4～7天即可随粪便排出卵囊。维生素A和维生素K缺乏，圈舍潮湿，空气质量差，鸡群过于拥挤，环境卫生差，饲养管理不当等为本病发生的诱因。另外，本病的发生与马立克氏病有密切关系，两者能相互促使发病率和死亡率增高。本病唯一感染途径是消化道，主要是雏鸡食入球虫孢子化卵囊而感染致病。饲料、饮水、尘埃、垫料为传染媒介。野禽、昆虫及饲养员、工具亦能机械传播本病病原。

【临床症状】 21～50日龄雏鸡多发。病鸡精神沉郁，羽毛蓬松，头蜷缩，食欲减退，嗉囊内充满液体，鸡冠和可视黏膜贫血、苍白，逐渐消瘦，病鸡常排红色胡萝卜样粪便，若感染柔嫩艾美耳球虫，开始时粪便为咖啡色，以后变为完全的血粪，如不及时采取措施，致死率可达50%以上。若多种球虫混合感染，粪便中带血液，并含有大量脱落的肠黏膜。

【病理变化】 柔嫩艾美耳球虫主要侵害盲肠，两条盲肠显著肿大，可为正常的3～5倍，肠腔中充满凝固的或新鲜的暗红色血液，盲肠上皮变厚，糜烂严重。

毒害艾美耳球虫损害小肠中段，使肠壁扩张、增厚，有严重的坏死。在裂殖体繁殖的部位，有明显的淡白色斑点，黏膜上有许多小出血点。肠管中有凝固的血液或有胡萝卜色胶冻状的内容物。

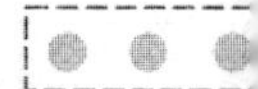

巨型艾美耳球虫损害小肠中段，可使肠管扩张，肠壁增厚；内容物黏稠，呈淡灰色、淡褐色或淡红色。堆型艾美耳球虫多在上皮表层发育，并且同一发育阶段的虫体常聚集在一起，在被损害的肠段出现大量淡白色斑点。

哈氏艾美耳球虫损害小肠前段，肠壁上出现针头大小的出血点，黏膜有严重的出血。

若多种球虫混合感染，则肠管粗大，肠黏膜上有大量的出血点，肠管中有大量的带有脱落的肠上皮细胞的紫黑色血液。

【诊断】必须根据其流行病学、临床症状、剖检变化及粪检或肠管病变部黏膜内发现卵囊而确诊。

【防治】目前在鸡球虫病的防治方面，抗球虫药物的耐药性应引起特别重视。

药物预防一般在 10、20、30、40 日龄分别用抗球虫药饮水预防 3～5 天。使用球虫药时，可采用穿梭给药方法：即雏鸡阶段使用一种抗球虫药，中鸡阶段使用另一种抗球虫药，或采取分阶段、分时期地轮换使用不同成分的抗球虫药，有较好的预防效果。

应搞好环境卫生，保持鸡舍通风、干燥，粪便采用堆积发酵以杀灭其中的卵囊，对进出养殖场的人员、车辆及其用具进行消毒，切断球虫的感染途径，以减少球虫的感染概率。

轮换用药确定致病球虫种类，选用敏感的抗球虫药物，如盐霉素、马杜霉素、莫能菌素等较为广泛使用的球虫药。考虑不同药物间可能出现的交叉耐药性，合理进行轮换用药，提高疗效。

穿梭用药时，可先使用作用于第 1 代裂殖体的药物如盐霉素、马杜霉素等，再换作用于第 2 代裂殖体的药物如尼卡巴嗪、妥曲珠利等。在球虫严重的季节有必要采用联合用药，选用混饮给药的方法，通过饮水使患鸡获得足够的药物量。

在治疗的同时，采取措施保护肠道黏膜，促进肠黏膜的修复，添加维生素 K、维生素 A，用抗生素消炎，防止继发感染，补充体液，调节体内电解质及酸碱平衡，增加营养，增强抗病力，加强饲养管理，保持环境卫生等，促使早日康复。

“球虫净”、“驱球散”、“白头翁苦参散”等各种抗球虫复方制剂均可用于球虫病的治疗。

二、白细胞原虫病

鸡白细胞原虫病又称白冠病，是由白细胞原虫引起的以出血和贫血为特征的寄生虫病。

本病的流行有明显的季节性，其发生、流行与库蠓等吸血昆虫的活动有直接关系，一般气温在20℃以上时，库蠓和蚋繁殖快、活动力强。

【临床症状与病理变化】鸡白细胞原虫病自然病例潜伏期6～12天，病初体温升高，食欲不振甚至废绝，羽毛蓬乱，精神沉郁，运动失调，行步困难。最典型的症状为贫血，鸡冠和肉髯苍白，黄疸症状不严重。口流涎、下痢，粪便呈绿色水样。贫血症状期间，可出现2次绿便、发育迟缓和产蛋率下降等症状。另一特征是突然咯血，呼吸困难，常因内出血而突然死亡。死前口流鲜血，因而常见水槽和料槽边沾有病鸡咯出的红色鲜血。病情稍轻的病鸡卧地不动，1～2天后死于内出血。病变主要表现为贫血，全身皮下、肌肉和内脏组织广泛性点状出血。血液稀薄，不易凝固。气管、胸腹腔、腺胃、肌胃和肠道有时见有大量积血。肝、脾肿大、出血，表面有灰白色的小结节。肾肿大、出血。心肌有出血点和灰白色小结节。

【诊断】生产上一般是根据发病季节、临床症状和剖检特征进行初步诊断，确诊可用显微镜检查病鸡血涂片和器官切片，找到配子生殖中的虫体即可。

【防治】在该病流行季节，清除舍内外杂草及污水等，并用杀虫药喷洒禽舍及其周围，消灭中间宿主库蠓、蚋等吸血昆虫，这是预防此病的重要环节。在该病发病季节前，在每千克饲料中

添加 20 毫克的磺胺对甲氧嘧啶、二甲氧嘧啶预混剂，可控制本病的发生。

治疗可用复方磺胺氯吡嗪钠可溶性粉：按 0.05%饮水，每天早晚各一次，连用 4 天；白冠净：按 0.1%拌料，连用 4～5 天。治疗时，针对该病严重广泛性出血的特点，考虑止血加抗虫的模式来治疗，在使用抗虫药物的同时，另可添加维生素 K、维生素 C 等。对于一些脱水的鸡只，由于其电解质代谢紊乱，应在饮水中添加电解多维和葡萄糖。

中药防治：清热杀虫，可用青蒿、常山、苦参等；清热解毒、凉血、消淤，可使白头翁、黄连、秦皮；和解退热、疏肝解郁，可用柴胡；收敛止血，可用仙鹤草以及甘草等。

三、毛滴虫病

毛滴虫病病原是禽毛滴虫寄生于禽类上消化道，尤其是咽、喉和嗉囊等的一种原虫。

虫体呈圆形、长椭圆形或梨形，大小为（5～9）微米×（2～9）微米，在液体中作螺旋状运动。通过饮用被污染的水和饲料传播。鸡的毛滴虫病通常是由鸽传染的，幼鸽通常因首次吞食成年鸽嗉囊中的鸽乳而被感染，并保持终身带虫。

【临床症状与病理变化】潜伏期为 4～14 天，病程为 3～21 天。主要表现为精神委靡、倦怠，羽毛松乱，消瘦，饮水增多，食欲减低或废绝，腹泻。病理组织学变化是带有干酪样坏死和脓性炎症，虫体感染后第 4 天发生黏膜溃疡等严重反应。

【诊断】根据临床症状、病理变化可初步怀疑为本病。采取口腔或嗉囊的黏液直接涂片查到虫体即可确诊。

【防治】保持环境、饲料、饮水等清洁卫生，消除笼舍的尖刺物。将健康禽和与有病史的鸡群分开饲养，定期进行预防性驱虫。

可使用“滴虫净”中药散剂进行防治，该方剂是由具有杀虫、清热、消炎、解毒等功能的10多味中药组成：闹洋花、青蒿、使君子、蛇床子并用燥湿杀虫，为治疗滴虫要药；马钱子、黄芩、苦参消除湿热、祛风杀虫；白藓皮、防风、五倍子三药合用具有杀虫收敛之功，诸药合用，发挥驱虫、止血、除湿、导滞的效果。

四、组织滴虫病

组织滴虫病又名盲肠肝炎或黑头病，是由组织滴虫属的火鸡组织滴虫引起的一种急性原虫病。本病的特征是盲肠发炎，呈一侧或两侧肿大，肝脏有特征性坏死灶。多发于火鸡雏和雏鸡，成年鸡也能感染，但病情较轻，野鸡、孔雀、珠鸡、鹌鹑等有时也能感染。

以2周龄到4月龄的鸡最易感，主要是病鸡排出的粪便污染饲料、饮水、用具和土壤，通过消化道而感染。但此种原虫对外界的抵抗力不强，不能长期存活。如病鸡同时有异刺线虫寄生时，此种原虫则可侵入鸡异刺线虫体内，并转入其卵内随异刺线虫卵排出体外，从而得到保护并生存较长时间，成为本病的感染源。

【临床症状与病理变化】潜伏期一般为15～20天，病鸡精神沉郁，食欲不振，缩头，羽毛松乱。病鸡逐渐消瘦，鸡冠、嘴角、喙、皮肤呈黄色，排黄色或淡绿色粪便，急性感染时可排血便。病变主要局限在盲肠和肝脏。可见盲肠肿大，肠壁肥厚和紧实，肠腔内充满凝固的坏死组织和渗出物。肝脏体积增大，表面形成圆形或不规则形的、稍微凹陷的溃疡病灶，溃疡呈淡黄色或浅绿色，边缘稍微隆起。溃疡病灶的大小和多少不定，有时可以互相连成大片的溃疡区。

【诊断】一般情况下，根据组织滴虫病的特异性肉眼病变和临诊症状便可诊断。但在并发有球虫病、沙门氏菌病、曲霉菌病或上消化道毛滴虫病时，必须用实验室方法检查出病原体方可确

诊。病原检查的方法是采集盲肠内容物，用加温至40℃的生理盐水稀释后，作成悬滴标本镜检。如在显微镜前放置一个小白炽灯泡加温，即可在显微镜下见到能活动的火鸡组织滴虫。

【防治】

1. 预防　在进雏鸡前鸡舍应彻底消毒。加强鸡群的卫生管理，注意通风，降低舍内密度，尽量网上平养，以减少接触虫卵的机会，定期用左旋咪唑驱虫。

2. 治疗　本病的治疗应从两个方面着手，一方面要杀死体内的组织滴虫，另一方面要驱除体内的异刺线虫。根据实际观察，治疗时甲硝哒唑、左旋咪唑（或丙硫苯咪唑）、磺胺-6-甲氧嘧啶三种药同时应用疗效较好。甲硝哒唑和左旋咪唑按每千克体重20～25毫克拌料，每天1次，共用2次，中间间隔1天，磺胺-6-甲氧嘧啶按每千克体重0.25克拌料饲喂，连用5天。

也可用龙白泄肝消痛散等中药按1%左右拌料饲喂。

方剂：柴胡、常山各125克，加水煎汁，供病鸡自由饮水用。按每千克体重15毫克肌注硫酸卡那霉素，每日1次，连用3天。

五、吸虫病

鸡吸虫病主要是前殖吸虫病。成年母鸡发病率较高，是影响产蛋量和产生畸形蛋的主要原因之一。该病多呈地方性流行，多发生在春季和夏季。

成虫在寄生部位产卵，卵随粪便排到体外，第一中间宿主是淡水螺类，在第二中间宿主蜻蜓的幼虫内发育为囊蚴，鸡啄食带有囊蚴的蜻蜓被感染。

【临床症状与病理变化】病初寄生部位发炎。母鸡泄殖腔常流出白带。由于虫体破坏了输卵管黏膜和腺体组织，使母鸡产卵的正常机能发生障碍，常产出无黄蛋、软壳蛋等异常蛋。病鸡受到吸虫毒素毒害时，全身病状明显，不吃食，消瘦，不愿走动，腹部羽毛脱落，泄殖腔脱出，充血、变红。输卵管黏膜充血、增厚，管壁上可找到虫体。腹腔内有大量黄色、混浊的渗出物，有时出现干性腹膜炎，并常见有破碎的蛋壳、蛋白等。

【诊断】一般是以在粪便中发现有盖的吸虫卵为依据，流行病学资料和临诊症状可作为参考。剖检病禽，在其体内发现吸虫即可确诊。

【防治】

1. 预防　对病禽进行有计划的驱虫，驱出的虫体和排出的粪便应严格处理，杜绝传染来源。消灭中间宿主，控制或消灭螺蛳等软体动物，尽可能地选择远离河流和沼泽地的地方饲养家禽，有效的灭螺剂有硫酸铜（或胆矾粉）粉剂或结晶，浓度为0.002%～0.01%，或采取关闭方式饲养鸡。

2. 治疗　现代化关闭式的饲养管理方式较少有吸虫感染。吸虫感染多发于开放式的养鸡场。对于寄生于鸡眼内的各种嗜眼吸虫，可应用75%～90%酒精滴眼。该药虽对局部有刺激性，但可自愈。寄生于呼吸系统特别是寄生于鼻道、气管和支气管的吸虫，可借助吸入具有杀蠕虫特性的粉剂药物进行驱虫。寄生于消化道的吸虫，驱虫可选丙硫苯咪唑、吡喹酮等药物。

也可使用中药方剂进行治疗：槟榔50克，加水1 000毫升，水煎至750毫升，用双层纱布过滤，按每千克体重5～10毫升喂服。

六、绦虫病

寄生于鸡肠道中的绦虫，种类繁多，常见的棘盘赖利绦虫、四角赖利绦虫、矛形剑带绦虫、节片戴文绦虫、有轮赖利绦虫等，均寄生于禽类的小肠，主要是十二指肠。

鸡绦虫呈乳白色，扁平带状。成虫寄生于家禽的小肠内，成熟的孕卵节片自动脱落，随粪便排到外界，被适宜的中间宿主（蚂蚁和蝇类）吞食后，在其体内经2～3周时间发育为具感染能

力的似囊尾蚴，鸡吃了这种带有似囊尾蚴的中间宿主而受感染，在小肠内经2～3周时间即发育为成虫。成熟孕节经常不断地自动脱落并随粪便排到外界。

鸡的绦虫病分布十分广泛，危害面广且大。感染多发生在中间宿主活跃的4～9月份。各种年龄的鸡均可感染，25～40日龄的雏鸡发病率和死亡率最高。

【临床症状与病理变化】患鸡消化机能障碍，表现为下痢、腹泻等。精神沉郁，渴欲增加，羽毛逆立，消瘦，雏鸡发育受阻，生长缓慢。病理变化为小肠内有大量恶臭黏液，有出血点、坏死和溃疡。严重感染时，虫体可阻塞肠道。棘盘赖利绦虫感染时，肠壁上可见中央凹陷的结节，结节内含黄褐色干酪样物。病程长的，肠黏膜肥厚，呈阶梯状，肠壁弹性降低。

【诊断】本病根据临床症状，在粪检中可找到白色米粒样的虫卵或孕卵节片，剖检时发现虫体即可确诊。

【防治】

1. 预防　改善环境卫生，加强粪便管理，随时注意感染情况，每周进行一次药物驱虫。

2. 治疗　驱虫可用下列药物：

氯硝柳胺（灭绦灵）：每千克体重100～150毫克，一次内服。

方剂：槟榔100克、石榴皮100克，水煎成800毫升，20日龄鸡每次1毫升，30～40日龄鸡每次1.5～2毫升，成鸡每次3～4毫升，拌料喂服，连用2次。

七、蜘蛛昆虫病

蜘蛛昆虫病又称鸡虱病，是由寄生于鸡的体表和羽毛深处的一类小昆虫引起的。鸡羽虱是一种永久性寄生虫，全部生活史都在鸡身上进行，以羽毛、皮屑、血痂为食，引起鸡的奇痒，危害极大。

鸡羽虱属于食毛虱日短角羽虱科和长角羽虱科的不同属，种类较多。种类大小和外观形态虽有差异，但身体的大体结构均相同，体分头、胸、腹三部分。

本病的传播方式主要是鸡与鸡的直接接触。秋冬季节多发，密集饲养时易发。

【临床症状】羽虱在鸡皮肤上爬行，刺激皮肤引起瘙痒。影响鸡的采食与休息等。表现为病鸡奇痒不安，常啄断自体羽毛与皮肉，食欲下降，消瘦，贫血，雏鸡发育停滞，严重时引起死亡。蛋鸡产蛋量下降。

【诊断】本病易于诊断，根据明显的临床症状和发现大量虱子及卵即可确诊。

【防治】主要是药物防治，在秋、冬季节用0.006%的杀灭菊酯等杀虫剂药液用喷雾剂逆羽毛对鸡进行喷雾。采取内外联合用药驱治，治疗效果较理想。内服用药：伊维菌素，病鸡按每千克体重0.2毫克，混于饲料中内服，每隔10天后，再按每千克体重0.2毫克，再投药1次，连用3次。外部用药：用2.5%高效氯氰菊酯，以0.006%的浓度喷雾鸡笼、鸡体和地面及墙壁。用药量不能过大，以稍湿润为度，每星期1次，连用3次。

第四节　肿瘤性疾病及其防治

一、马立克氏病

鸡马立克氏病是由疱疹病毒科中的马立克氏病疱疹病毒引起的最常见的鸡恶性肿瘤病（癌）。马立克氏病毒可分为三种血清型，血清1型包括所有致瘤的马立克氏病毒，含强毒及其致弱的变异毒株，血清2型包括所有不致瘤的马立克氏病毒，血清3型包括所有的火鸡疱疹病毒及其变异毒株。马立克氏病以淋巴组织细胞增生，在各内脏器官以及外周神经、肌肉中产生单核细胞浸润和肿瘤为特征。病毒主要经呼吸道传播，传染源为病鸡和带毒

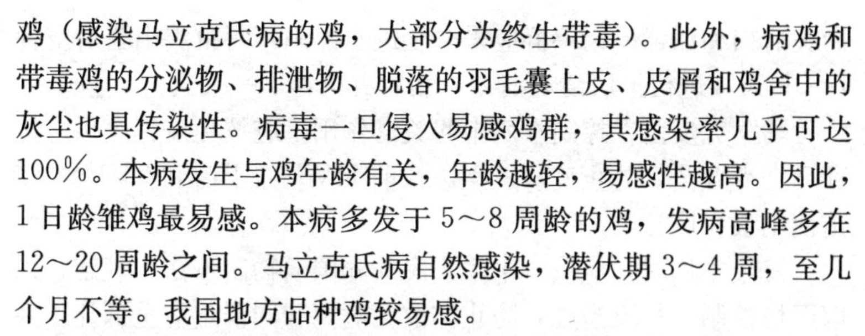

鸡（感染马立克氏病的鸡，大部分为终生带毒）。此外，病鸡和带毒鸡的分泌物、排泄物、脱落的羽毛囊上皮、皮屑和鸡舍中的灰尘也具传染性。病毒一旦侵入易感鸡群，其感染率几乎可达100%。本病发生与鸡年龄有关，年龄越轻，易感性越高。因此，1日龄雏鸡最易感。本病多发于5～8周龄的鸡，发病高峰多在12～20周龄之间。马立克氏病自然感染，潜伏期3～4周，至几个月不等。我国地方品种鸡较易感。

【临床症状和病理变化】一般分为神经型（古典型）、急性型（内脏型）、眼型和皮肤型四种，有时可混合发生。

1. 神经型　主要表现为步态不稳、共济失调。特征症状是一肢或多肢麻痹或瘫痪，形成一腿伸向前方一腿伸向后方，翅膀麻痹下垂（俗称穿大褂）。颈部麻痹致使头颈歪斜，嗉囊因麻痹而扩大（俗称大嗉子）。剖检可见受害神经肿胀、变粗，常发生于坐骨神经、颈部迷走神经、臂神经丛、腹腔神经丛和肠系膜神经丛，神经纤维横纹消失，呈灰白或黄白色。

2. 内脏型　常侵害幼龄鸡，死亡率高。剖检可见内脏器官有灰白色的淋巴细胞性肿瘤。常见于性腺（尤其是卵巢），其次是肾、脾、心、肝、肺、胰、肠系膜、腺胃、肠道、肌肉等器官组织。

3. 眼型　主要侵害虹膜，单侧或双眼发病，视力减退，甚至失明。可见虹膜增生、褪色，呈混浊的淡灰色（俗称灰眼或银眼）。瞳孔收缩，边缘不整、呈锯齿状。

4. 皮肤型　以皮肤毛囊形成小结节或肿瘤为特征。最初见于颈部及两翅皮肤，以后遍及全身皮肤。

【诊断】根据典型临床症状和病理变化可做出初步诊断，确诊需进一步进行实验室诊断，可用血清学检查。

【防治】根据本病感染的原因，应将孵化场或孵化室远离鸡舍，定期严格消毒，防止出壳时早期感染。育雏期间的早期感染也是暴发本病的重要原因，育雏室也应远离鸡舍，放入雏鸡前应彻底清扫和消毒。肉鸡群应采取全进全出制，每批鸡出售后空舍7～10天，进行彻底清洗消毒，然后再饲养下一批鸡。

马立克疫苗在控制本病中起关键作用，应按免疫程序预防接种马立克疫苗，防止疫病发生。目前HVT冻干苗和CV1988疫苗使用最为广泛。

发生本病时，应按《中华人民共和国动物防疫法》规定，采取严格控制、扑灭措施，防止扩散。病鸡和同群鸡应全部扑杀并无害化处理。污染的场地、鸡舍、用具、粪便等严格消毒。

中药治疗以扶正祛邪、清热解毒为治则，可试用下列方剂：

方一：板蓝根、大青叶、射干、莪术、苦参、连翘、柴胡、黄芪、杜仲、穿心莲、泽泻、甘草等各适量，每只鸡每天1.5～2克，煎汁饮水，连用7天，间隔1周再用7天。

方二（扶正解毒汤）：党参、黄芪、大青叶、黄芩、黄柏、柴胡、淫羊藿、银花、连翘、黄连、泽泻各3克，甘草1克（每10羽成鸡用量），煎汁，自饮或灌服，每两天1剂，连服3剂。

二、禽白血病

禽白血病是由禽C型反录病毒群的病毒引起的禽类多种肿瘤性疾病的统称，主要是淋巴细胞性白血病，其次是成红细胞性白血病、成髓细胞性白血病等。此外，还可引起骨髓细胞瘤、结缔组织瘤、上皮肿瘤、内皮肿瘤等。大多数肿瘤侵害造血系统，少数侵害其他组织。禽白血病病毒的多数毒株能在11～12日龄鸡胚中良好生长，可在绒毛尿囊膜产生增生性痘斑。腹腔或其他途径接种1～14日龄易感雏鸡，可引起鸡发病。禽白血病病毒与肉瘤病毒紧密相关，因而统称为禽白血病/肉瘤病毒。多数禽白血病病毒可在鸡胚成纤维细胞培养物内生长，通常不产生任何明显细胞病变，但可用抵抗力诱发因子试验来检查病毒的存在。白血病/肉瘤病毒对脂溶剂和去污剂敏感，对热的抵抗力弱。病毒材料需保存在－60℃以下，在－20℃很快失活。本群病毒在

pH5～9之间稳定。传染源是病鸡和带毒鸡，在自然条件下，本病主要以垂直传播方式进行传播，也可水平传播，但比较缓慢，多数情况下接触传播被认为是不重要的。本病的感染虽很广泛，但临床病例的发生率相当低，一般多为散发。饲料中维生素缺乏、内分泌失调等因素可促进本病的发生。

【临床症状和病理变化】 禽白血病由于感染的毒株不同，症状和病理特征不同。

1. 淋巴细胞性白血病　是最常见的一种病型。14周龄以下的鸡极为少见，14周龄以后开始发病，在性成熟期发病率最高。病鸡精神委顿，全身衰弱，进行性消瘦和贫血，鸡冠、肉髯苍白，皱缩，偶见发绀。病鸡食欲减少或废绝，腹泻，产蛋停止。腹部常明显膨大，用手按压可摸到肿大的肝脏，最后病鸡衰竭死亡。剖检可见肿瘤主要发生于肝、脾、肾、法氏囊，也可侵害心肌、性腺、骨髓、肠系膜和肺。肿瘤呈结节形或弥漫形，灰白色到淡黄白色，大小不一，切面均匀一致，很少有坏死灶。组织学检查，见所有肿瘤组织都是灶性和多中心性的，由成淋巴细胞（淋巴母细胞）组成，全部处于原始发育阶段。

2. 成红细胞性白血病　此病比较少见。通常发生于6周龄以上的高产鸡。临床上分为两种病型：即增生型和贫血型。增生型较常见，主要特征是血液中存在大量的成红细胞，贫血型在血液中仅有少量未成熟细胞。两种病型的早期症状为全身衰弱，嗜睡，鸡冠稍苍白或发绀。病鸡消瘦、下痢。病程从12天到几个月。剖检时见两种病型均表现全身性贫血，皮下、肌肉和内脏有点状出血。增生型的特征性肉眼病变是肝、脾、肾呈弥漫性肿大，呈樱桃红色到暗红色，有的剖面可见灰白色肿瘤结节。贫血型病鸡的内脏常萎缩，尤以脾为甚，骨髓色淡、呈胶冻样。检查外周血液，红细胞显著减少，血红蛋白量下降。增生型病鸡出现大量的成红细胞，约占全部红细胞的90%～95%。

3. 成髓细胞性白血病　此型很少自然发生。其临床表现为嗜睡、贫血、消瘦，毛囊出血，病程比成红细胞性白血病长。剖检时见骨髓坚实，呈红灰色至灰色。肝脏偶然也发生灰色弥散性肿瘤结节。组织学检查可见大量成髓细胞于血管内外积聚。外周血液中常出现大量的成髓细胞，其总数可占全部血组织的75%。

4. 骨髓细胞瘤病　此型自然病例极少见。其全身症状与成髓细胞性白血病相似。由于骨髓细胞的生长，头部、胸部和跗骨异常突起。这些肿瘤很特别地突出于骨的表面，多见于肋骨与肋软骨连接处、胸骨后部、下颌骨以及鼻腔的软骨上。骨髓细胞瘤呈淡黄色、柔软脆弱或呈干酪状，呈弥散或结节状，多两侧对称。

5. 骨硬化病　在骨干或骨干长骨端区存在均一的或不规则的增厚。晚期病鸡的骨呈特征性的“长靴样”外观。病鸡发育不良，行走拘谨或跛行。

其他如血管瘤、肾瘤、肾胚细胞瘤、肝癌和结缔组织瘤等，自然病例均极少见。

【诊断】实际诊断中常根据血液学检查和病理学特征，结合病原和抗体的检查来确诊。成红细胞性白血病：外周血液、肝及骨髓涂片，可见大量的成红细胞，肝和骨髓呈樱桃红色。成髓细胞性白血病：血管内外均有成髓细胞积聚，肝呈淡红色，骨髓呈白色。淋巴细胞性白血病：应注意与马立克氏病鉴别（详见马立克氏病）。病原的分离和抗体的检测是建立无白血病鸡群的重要手段。

【防治】本病主要为垂直传播，病毒型间交叉免疫力很低，雏鸡免疫耐受，对疫苗不产生免疫应答，所以对本病的控制尚无切实可行的方法。

减少种鸡群的感染率和建立无白血病的种鸡群是控制本病的最有效措施。种鸡在育成期和产蛋期各进行2次检测，淘汰阳性鸡。从蛋清和阴道拭子试验阴性的母鸡选择受精蛋进行孵化，在隔离条件下出雏、饲养，连续进行4代，建立无病鸡群。但由于

费时、成本高、技术复杂，一般种鸡场难以实行。

鸡场的种蛋、雏鸡应来自无白血病种鸡群，同时加强鸡舍孵化、育雏等环节的消毒工作，特别是育雏期（最少1个月）封闭、隔离饲养，并实行全进全出制。抗病育种，培育无白血病的种鸡群。生产各类疫苗的种蛋、鸡胚必须选自无特定病原（SPF）鸡场。

本病可试用中兽医补中益气、活血化淤、疏肝理气治则进行治疗。组方如下：

黄芪、猪苓、薏苡仁、当归、淫羊藿、麦冬、丹参、郁金、茵陈、木香、艾叶、瓜蒌，按一定比例配制，共研细末，过20目筛，按每只鸡日服1.5克拌入饲料混饲，连喂10天为一疗程。

三、网状内皮组织增生病

鸡网状内皮组织增生病是一种以免疫抑制、生长抑制、全身形成慢性肿瘤为特点，由反转录病毒引起的传染病。在我国呈发展趋势，原因是制造及研制禽用活苗的单位使用了含有网状内皮组织增生病病毒的受精卵。国内多数疫苗生产单位在成品检验中都不对此病毒进行专项检验，从而导致鸡发病。传染源为患鸡，可水平传播，也可垂直传播，受网状内皮组织增生病病毒污染的生物制品在本病传播上意义重大。

【临床症状与病理变化】急性网状细胞肿瘤，潜伏期3天，死亡发生在接种后6～12天。初生雏鸡接种感染后，病程很快，看不到症状就死亡，死亡率达100%。病鸡肝、脾肿大，伴有局灶性或弥漫性浸润病变，发育受阻，矮小，消瘦，胸腺和法氏囊萎缩，外围神经肿大，胃肠炎和肝脾坏死等。慢性肿瘤主要是淋巴瘤，肝脏和法氏囊肿瘤较多见，也可发生在胸腺、心、肝和脾脏。

【诊断】诊断除根据典型的症状及病变，需结合病毒分离或抗体检测加以证实。

病料采集：取口腔和泄殖腔拭子，病变组织或肿瘤、血浆、全血和外周血液、淋巴细胞。处理病料接种在置有盖玻片的鸡胚成纤维细胞单层上，至少盲传2代，每代7天。可用荧光抗体技术对病毒进行鉴定。

我国规定用琼脂扩散试验、荧光抗体技术进行实验室诊断。

【防治】该病目前尚无疫苗预防。淘汰阳性鸡是控制本病最有效的方法。另外，制造活疫苗必须使用SPF鸡，严格对成品进行网状内皮组织增生病病毒检验，保证疫苗不被污染。

第五节　普通病的防治

一、营养及代谢障碍

鸡在不同发育阶段和情况下，需要从饲料中摄取适当数量和质量的营养。任何营养物质的缺乏或过量和代谢失常，均可造成机体内营养物质代谢过程的障碍，由此而引起的疾病，称为营养代谢病。导致营养代谢性疾病的主要原因有如下几种：

1. *营养摄入不足*　饲料配比不合理，维生素、微量元素或蛋白质含量不足；长时间投料不足，家禽采食不到需要的营养元素；在各种应激条件下，如发生疾病、接种疫苗、惊吓过度、气温异常、湿度过高时，家禽食欲下降，采食量明显减少，若时间过长，就会发生营养代谢性疾病。

2. *营养消耗过多*　家禽在生长旺盛期和生殖高峰期，蛋白质和钙的需要量明显增加，若不及时增加饲料配方中蛋白质和钙的含量，就会导致相应的营养缺乏症。家禽在发生热性疾病、寄生虫病、肿瘤性疾病、慢性传染病时，营养消耗大量增加，也会引发营养代谢性疾病。

3. *消化吸收不良*　家禽在发生消化道疾病如嗉囊阻塞、坏死性肠炎、病毒性肝炎时，不但营养消耗增加，而且消化、吸收、代谢都出现障碍，如果不能及时得到纠正，更容易发生营养

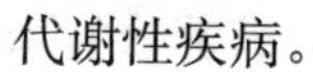

代谢性疾病。

4. 物质代谢失调　家禽体内营养物质间的关系十分复杂，除了各营养物质独特的特殊作用外，还可以通过转化、协同、颉颃等作用，相互调节，维持平衡。若营养物质之间代谢失调，则易发生营养代谢性疾病。如钙、磷、镁的吸收，必须有维生素D参与，缺少了维生素D，即使饲料中不缺乏钙、磷、镁，机体内也会因难以吸收、转化而造成无机盐缺乏；磷和钙之间相互制约，磷过少，钙就难以沉积；若饲料中钙过多，就会影响铜、锰、锌、镁的吸收和利用。

5. 饲养方式改变　与传统的饲养方式相比，笼养鸡不能从鸡粪中获得维生素K，若不注意调节和补充，笼养鸡易出现维生素K缺乏；为了控制家禽的球虫病，有些养禽户在饲料中长期添加抗球虫药物，这必然会影响肠道中的正常菌群，使合成某些维生素和氨基酸的常在菌受到抑制或被杀死，导致相应的营养代谢病。

6. 营养搭配不合理　用大量的动物内脏、肉屑、鱼粉、豌豆等富含蛋白质和核蛋白的饲料饲喂家禽，代谢产生的过多的尿酸盐会沉积在内脏器官，引起痛风症；长期饲喂高能量饲料，能量摄入过多，导致脂肪在肝脏内沉积过多，会引起产蛋禽脂肪肝综合征；青年家禽脂肪沉积过多，会引起脂肪肝、肾综合征。

对营养代谢性疾病，应针对不同病因，采取相应的措施，加强饲养管理，调整饲料配方，制定合理的饲喂计划，改善营养及代谢障碍。

二、蛋白质与氨基酸缺乏

【病因】配合调料中的蛋白质含量过低，特别是动物性蛋白质不能满足家禽生长发育的需要，或是所喂蛋白质中缺乏必需氨基酸，或者是蛋白质中10种必需氨基酸配合不齐，比例不合适，尤其是赖氨酸、蛋氨酸与色氨酸这三种限制性氨基酸缺乏，使该种饲料蛋白质中其他种氨基酸的利用效率大受限制，营养价值降低而致病。

【临床症状】蛋白质或必需氨基酸缺乏，家禽生长缓慢，体重、脂肪增加，生产性能下降。家禽最容易缺乏赖氨酸，缺乏时雏禽生长停滞，皮下脂肪减少、消瘦，骨的钙化失常；蛋氨酸缺乏时，家禽发育不良，肌肉萎缩，羽毛变质，肝、肾机能破坏，使胆碱或维生素 B_{12} 缺乏症加剧；甘氨酸缺乏时出现麻痹现象，羽毛发育不良；缬氨酸不足，生长停滞，运动失调；苯丙氨酸缺乏，甲状腺和肾上腺机能受破坏；精氨酸缺乏，体重迅速下降，公禽精子活性受到抑制，翅膀羽毛向上翻卷，使雏禽呈现明显的羽毛蓬乱；色氨酸、苏氨酸、亮氨酸、组氨酸等缺乏都能引起生长停滞、体重下降。

【防治】平时合理搭配饲料，最好用全价饲料喂家禽。在配合饲料时，既要注意蛋白质的数量，也要注意蛋白质的质量，同时还应注意蛋白质的来源。一般由玉米和大豆作为蛋白质来源组成的日粮，通常需要添加蛋氨酸，对于雏鸡还应加上赖氨酸。以禾本科谷物诸如棉子饼、葵花子饼或花生饼等作为蛋白质来源组成的日粮，则需添加赖氨酸和蛋氨酸。当使用不常用的蛋白质饲料或日粮蛋白质水平降低时，除添加赖氨酸和蛋氨酸外，还应添加苏氨酸、色氨酸、精氨酸和异亮氨酸等必需氨基酸。在饲养管理中，应细心观察禽群，尽早发现，及时补充蛋白质饲料和必需氨基酸。

三、维生素缺乏

鸡的生命活动、生长发育和产蛋所必需的维生素有 13 种，某种维生素缺乏时则出现病症。

（一）维生素 A 缺乏症

维生素 A 缺乏症是由于动物缺乏维生素 A 引起的以分泌上

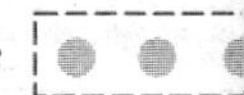

皮角质化和角膜、结膜、气管、食管黏膜角质化、夜盲症、干眼病、生长停滞等为特征的营养缺乏疾病。

【病因】鸡体不能合成维生素A，必须从饲料中采食维生素A或类胡萝卜素。不同生理阶段的鸡，对维生素A的需要量不同。其次，维生素A性质不稳定，容易失活，在饲料加工工艺条件不当时，损失很大。饲料存放时间过长、饲料发霉、烈日曝晒等皆可造成维生素A和类胡萝卜素损坏，脂肪酸败变质也能加速其氧化分解过程。此外，胃肠道吸收障碍，发生腹泻，或肝胆疾病，均能影响饲料维生素A的吸收、利用及储藏。

【临床症状】雏鸡和初开产的鸡常易发生维生素A缺乏症。其症状特点为厌食，生长停滞，消瘦，倦睡，衰弱，羽毛松乱，运动失调，瘫痪，不能站立。黄色鸡种爪、喙色素消退，冠和肉垂苍白。病程超过一周仍存活的鸡，眼睑发炎或粘连，鼻孔和眼睛流出黏性分泌物，结膜发红，流泪，严重者角膜软化或穿孔失明。成年鸡除上述症状外，鸡冠伴有皱褶，爪、喙色淡。母鸡产蛋量和孵化率降低，公鸡繁殖力下降，精液品质退化，受精率低。

剖检可见口腔、咽、食管黏膜上皮角质化脱落，黏膜有小脓疱样病变，破溃后形成小的溃疡。支气管黏膜可能覆盖一层很薄的伪膜。结膜囊或鼻窦肿胀，内有黏性的或干酪样的渗出物。

【防治】保证饲粮中添加有足够的维生素A，雏鸡与育成鸡日粮维生素A的含量应为1 500国际单位/千克，产蛋鸡、种鸡为4 000国际单位/千克。全价饲料中添加合成抗氧化剂，防止维生素A贮存期间氧化损失，避免将已配好的饲料和原料长期贮存。已经发病的鸡只可用添加治疗剂量的饲料治愈，治疗剂量可按正常需要量的3～4倍混料喂，连喂约2周后再恢复正常。或每千克饲料5 000国际单位维生素A，疗程一月。应注意避免长期过量使用引起中毒。

（二）维生素D缺乏症

维生素D是家禽正常骨骼、喙及蛋壳形成中必需的物质。当日粮中维生素D缺乏或光照不足等，均可导致维生素D缺乏症，引起家禽钙、磷吸收代谢障碍，临床上以生长发育迟缓、骨骼变软、弯曲、变形、运动障碍及产蛋鸡产薄壳蛋、软壳蛋为特征的一种营养代谢病。

【病因】家禽长期缺少阳光照射，饲料中维生素D的添加量不足或饲料贮存时间太长，消化道疾病或肝、肾疾病影响维生素D的吸收、转化，日粮中脂肪含量不足，影响维生素D的溶解和吸收。

【临床症状】雏鸡维生素D缺乏时，一般在1月龄左右发病。病雏食欲尚好而生长发育不良，两肢无力，常以跗关节着地。病雏关节肿大，骨骼、喙与爪变柔软、弯曲变形，长骨脆弱易折，胸骨弯曲，出现佝偻病。产蛋鸡在缺乏维生素D 2～3个月后才出现症状，产蛋量下降或停产，产薄壳蛋、软壳蛋，种蛋孵化率明显降低，死胚增多，出现软骨症。

【病理变化】幼年鸡病变特征是在肋骨与脊椎骨连接处出现肋骨弯曲，以及肋骨向下、向后弯曲现象。成年鸡特征性变化是甲状旁腺肿大，骨骼变软、易折断，在肋骨的内侧面有小球状的隆起结节。

【防治】加强饲养管理，密切注意饲料中的维生素D及钙、磷的含量，并添加足够量，尽可能增加光照时间。在正常情况下，禽每千克饲料添加的维生素D_3：肉鸡400国际单位、产蛋鸡200国际单位、种鸡500国际单位。

对发生维生素D缺乏症的禽群，可在每千克饲料中添加鱼肝油10～20毫升和0.5～1克多维添加剂，一般连续喂2～3周可逐渐恢复正常。对重症病禽可逐只肌内注射维生素D_3，每千克体重用15 000国际单位；也可注射维丁胶性钙1毫升，每天1

次，连用2～5天。

（三）维生素E缺乏症

维生素E缺乏症是以脑软化症、渗出性素质、白肌病和成禽繁殖障碍为特征的营养缺乏性疾病。

【病因】因为维生素E不稳定，极易氧化破坏，饲料中其他成分也会影响维生素E的营养状态，造成缺乏症发生。饲料中硒不足时会发生。

【临床症状】成鸡的主要症状为生殖能力的损害，产蛋率和种蛋孵化率降低，公鸡精子形成不全，繁殖力下降，授精率低。维生素E缺乏还可引起脑软化症，多发生于3～6周龄的雏鸡，出壳后弱雏增多，站立不稳，脐带愈合不良，曲颈、头插向两腿之间等。维生素E和硒同时缺乏时，雏鸡会表现渗出性素质，病鸡翅膀、颈胸腹部等部位水肿，皮下血肿。小鸡叉腿站立。维生素E和含硫氨基酸同时缺乏，则表现为白肌病，胸肌和腿肌色浅，苍白，有白色条纹，肌肉松弛无力，消化不良，运动失调，贫血。临床实践中，脑软化、渗出性素质和白肌病常交织在一起，若不及时治疗可造成急性死亡。

【防治】饲料中添加足量的维生素E，每千克鸡日粮应含有10～15国际单位，鹌鹑为15～20国际单位。饲料中添加抗氧化剂。饲料的硒含量应为0.25毫克/千克。植物油中含有丰富的维生素E，在饲料中混有0.5%的植物油，可用于治疗本病。通常每千克饲料中加维生素E 20国际单位，连用2周，可在用维生素E的同时用硒制剂，疗效较好。

（四）维生素K缺乏症

维生素K是合成凝血酶原所必需的物质，维生素K缺乏所致肝脏的凝血因子合成受阻，临床上表现以血凝障碍、出血不止为特征。

【病因】日粮中维生素 K 缺乏是引起本病的主要原因，特别是无青绿饲料且不添加维生素 K 时。禽类患肝脏病或慢性消化道病时，脂类物质和脂溶性维生素 K 的吸收障碍。日粮中长期添加磺胺及抗生素等药物，可抑制肠道有益菌群的生长繁殖，减少维生素 K 的合成。发霉的青绿饲料含有双香豆素、黄曲霉毒素 B_1 等亦可引起维生素 K 缺乏症。

【临床症状】日粮中缺乏维生素 K，常在 2～3 周出现症状。主要特征为容易出血，血凝不良，胸部、腿部、翅膀、腹腔或其他组织出血，皮下出血为最多。严重时出血不止，致使贫血。肠道出血严重的发生便血。种禽日粮中维生素 K 含量不足时，其种蛋孵化时胚胎死亡率增加，死亡的胚胎表现出血。

【病理变化】主要为皮下血肿、肺出血和胸、腹腔积血，血液凝固不良，有的肝脏有灰白色或黄色小坏死灶。

【防治】向日粮中添加维生素 K 或新鲜的苜蓿、青菜等富含维生素 K 的青绿饲料，或每千克日粮添加维生素 K 0.5～1 毫克，及时治疗肝脏和胃、肠道疾病，配好的饲料应避光保存，以防维生素 K 被阳光破坏。症状较轻者，治疗时每千克日粮中添加维生素 K 3～8 毫克。病情严重者，肌注维生素 K，剂量为每只 1～2 毫克，连用 3～7 天。

（五）维生素 B_1 缺乏症

维生素 B_1 即硫胺素，是鸡体碳水化合物代谢必需的物质，其缺乏会导致碳水化合物代谢障碍和神经系统病变，导致以多发性神经炎为典型症状的营养缺乏性疾病。

【病因】饲料中硫胺素含量不足、饲料发霉或贮存时间太长等造成维生素 B_1 分解损失。饲料中含有蕨类植物、抗球虫病、抗生素等对维生素 B_1 有颉颃作用的物质，如氨丙啉、硝胺、磺胺类药物以及劣质鱼粉中的硫胺素酶等。

【临床症状】家禽缺乏维生素 B_1 的典型症状是多发性神经

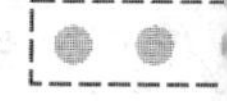

炎。发病时食欲废绝，羽毛蓬乱，体重减轻，体弱无力，严重贫血和下痢，鸡冠发蓝，所产种蛋孵化中常有死胚或逾期不出壳。其特征为外周神经发生麻痹，病鸡瘫痪，坐在屈曲的腿上，角弓反张，头向背后极度弯曲，后仰呈“观星状”。有的鸡呈进行性的瘫痪，不能行动，倒地不起，抽搐死亡。

剖检时无特征性病理变化，胃肠道有炎症，睾丸和卵巢明显萎缩，心脏轻度萎缩。小鸡皮肤水肿，肾上腺肥大，母鸡比公鸡更明显。

【防治】适当多喂各种谷物、麸皮和青绿饲料，防止饲料发霉，不能饲喂变质劣质鱼粉。控制嘧啶环和噻唑药物的使用，必须使用时疗程不宜过长。注意日粮配合，在饲料中添加维生素B_1，鸡的需要量为每千克饲料1～2毫克。治疗时，小群饲养可个别强饲或注射硫胺素，每只内服剂量为每千克体重2.5毫克，肌注量为每千克体重0.1～0.2毫克。

（六）维生素B_2缺乏症

维生素B_2又叫核黄素，是体内许多酶系统的辅助因子。维生素B_2缺乏症是由于维生素B_2缺乏引起黄酶形成减少，使物质代谢发生障碍的营养代谢病，临床上以被毛病变和趾爪蜷缩、肢腿瘫痪及坐骨神经肿大为主要特征。多发于鸡，且常与其他B族维生素缺乏相伴发。

【病因】日粮中缺少富含维生素B_2的饲料，同时又不添加维生素B_2或添加不足。饲料被日光长久暴晒、霉变及添加碱性药物，使其中维生素B_2遭到破坏。与遗传因素有关，如白色来航鸡易发本病。

【临床症状】多发于育雏期和产蛋高峰期。雏鸡临床上呈急性经过，可见生长极为缓慢、绒毛较少等，严重时贫血、下痢。特征性症状是病鸡的趾爪向内蜷曲而腿不能行走，强迫行走时，用跗关节着地或单腿跳跃。有的病鸡表现出严重麻痹。病的后期，两腿叉开，完全卧地不起，最后衰竭而死。

【病理变化】坐骨神经和臂神经明显肿胀和变软，其直径可比正常粗4～5倍，整个消化道比较空虚，胃肠道黏膜萎缩，胃肠壁变薄，肠道中有多量泡沫状内容物。

【防治】确保日粮里有足够的维生素B_2，在日粮中添加含维生素B_2较多的肝粉、酵母、新鲜的青绿饲料、苜蓿、干草粉等，或添加饲养标准的维生素B_2，对白色来航鸡要多添加一些。治疗时，给轻症病鸡内服维生素B_2，雏鸡每只0.1～0.2毫克，蛋鸡每只10毫克，连用5～7天。病情较重者注射维生素B_2或复方维生素B注射剂，成年鸡每只5～10毫克。对于病情严重且进食困难的病鸡，先连续肌内注射维生素B_2两次，再在日粮中添加足量的维生素B_2。

（七）维生素B_5缺乏症

维生素B_5是辅酶A的组成部分。它与家禽体内的糖、蛋白质和脂肪代谢有密切关系。维生素B_5缺乏时，鸡的生长及羽毛发育受阻，发生皮炎，卵孵化率降低。

肝脏和肾脏粉、蛋黄、酵母、新鲜蔬菜、各种谷类（玉米除外）、麸皮、米糠、花生饼、向日葵饼中含量较多。在饲喂的日粮中，经常搭配这类饲料，即可防止本病的发生。一般情况下，20周龄以下雏鸡和种母鸡，每千克饲料需含维生素$B_5$10毫克，产蛋鸡2.2毫克。对轻症病鸡可口服或注射维生素B_2，同时在每千克饲料中补充维生素$B_5$10毫克，即可得到恢复。

（八）维生素PP缺乏症

烟酸（维生素PP）是辅酶Ⅰ和辅酶Ⅱ的组成成分，日粮中维生素PP和色氨酸缺乏时导致生物氧化过程的递氢机能障碍，临床上家禽以羽毛稀少为特征。多发于雏禽，成年鸡很少发生本病。

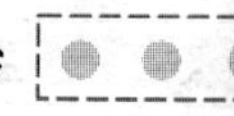

【病因】 维生素PP缺乏的主要病因取决于日粮里烟酸和色氨酸的缺乏程度，雏鸡日粮中玉米的含量太多时可引起烟酸缺乏症。雏鸡和母鸡对烟酸的需要量与日粮中的色氨酸水平、维生素 B_6 水平有关，当这些因素不足时，都可能导致维生素PP的缺乏。

【临床症状】 一般表现食欲减退，生长缓慢，羽毛生长不良、松乱，主要表现跗关节增大且腿呈弓形，骨粗短，也可见到口腔黏膜发炎和下痢症状。有时能看到足和皮肤有鳞状皮炎。皮肤、胃肠道黏膜发炎。本病与锰或胆碱缺乏所引起的骨粗短症的区别在于本病的跟腱极少滑脱。

【防治】 在日粮中配合米糠、大麦、小麦、麸皮、花生饼、鱼粉、酵母等含烟酸较丰富的饲料，可预防发生烟酸缺乏症。若出现可疑症状，可在每千克饲料中加入烟酸10～20毫克。对骨粗短症和跗关节严重增大病例，可用烟酸注射液肌内注射，鸡0.1毫升，每日1次，连用3天。

（九）维生素 B_6 缺乏症

维生素 B_6 又称吡哆醇，是禽体重要辅酶，但家禽不能合成维生素 B_6，必须从饲料中摄取。其缺乏症是以食欲下降、骨短粗和神经症状为特征的营养代谢病。

【病因】 维生素 B_6 的缺乏症一般很少发生，只有在饲料中极度不足或在应激下家禽对维生素 B_6 的需求量增加时才导致缺乏症的发生。

【临床症状】 维生素 B_6 缺乏时主要引起蛋白质和脂肪代谢障碍，导致家禽生长发育受阻，引起贫血和神经症状。雏鸡在维生素 B_6 缺乏时，主要表现神经症状，异常兴奋，无目的地奔跑，拍翅膀，头下垂。以后出现全身性痉挛，运动失调，身体向一侧偏倒，头颈和腿脚抽搐，最后衰竭而死。成年鸡食欲不振，消瘦，产蛋下降，孵化率低，贫血，冠、肉垂、卵巢和睾丸萎缩，最后死亡。剖检死鸡可见皮下水肿，内脏器官肿大，脊髓和外周神经变性，有时肝变性。

【防治】饲料中添加酵母、麦麸、肝粉等富含维生素 B_6 的饲料，可以防止本病的发生。在使用高蛋白饲料及应激状态下应额外添加维生素 B_6。已经发生缺乏的成禽可肌注维生素 B_6 5～10毫克/只，每千克饲料中添加维生素 B_6 10～20 毫克。

（十）胆碱缺乏症

胆碱缺乏症是由于胆碱缺乏，引起脂肪代谢障碍，使大量脂肪在鸡肝内沉积，因而以脂肪肝和骨短粗为特征的营养缺乏性疾病。

【病因】日粮中胆碱添加量不足，叶酸、维生素 B_{12}、维生素 C_1 和蛋氨酸不足导致胆碱需要量增加，胃肠和肝脏疾病影响胆碱吸收和合成，日粮中长期应用抗生素和磺胺类药物能抑制胆碱的合成，日粮中维生素 B_1 和胱氨酸增多也促进胆碱缺乏症的发生。

【临床症状】雏鸡食欲减退，生长发育不良，腓节肿大，腿骨短粗，病鸡站立困难，常伏地不起。产蛋鸡产蛋量下降，孵化率降低。剖检可见肝、肾脂肪沉积，肝大、脂肪变性呈土黄色，表现有出血点，质地脆弱。腓节肿大部位有出血点，胫骨变形，腓肠肌脱位，肝包膜破裂，有较大凝血块。

【防治】正常饲料中应添加足量的胆碱，蛋鸡的胆碱需要量为 105～115 毫克/天，雏鸡 1 300 毫克/天，生长鸡每千克体重 500 毫克。患鸡肌注 0.1～0.2 克/只，连用 10 天，或每千克饲料添加氯化胆碱 1 克，配合维生素 E 10 国际单位、肌醇 1 克。但已发生跟腱滑脱时，治疗效果差。

（十一）维生素 H 缺乏症

维生素 H（生物素）是参与二氧化碳固定的羧化和脱羧反应的辅助因子之一。若维生素 H 缺乏可致羧化酶的合成减少，

从而导致糖、脂肪和蛋白质的代谢障碍，临床上以皮炎、脱毛为特征，多见于雏鸡。

【病因】 饲喂不含有维生素 H 的日粮，或日粮里谷物及其副产品占 75%以上时，易发生维生素 H 缺乏症。常与其他代谢病伴发。

【临床症状】 肉仔鸡对维生素 H 缺乏比较敏感。多在喙基部、皮肤、趾爪发生炎症，骨骼变短并出现膝关节肿胀、软脚病、脚掌变厚和粗糙等，有时发生脂肪肝肾综合征。急性者突然死亡，从 1 周龄时发病，至 3～4 周龄时达到高峰。鸡突然扇动几下翅膀，尖叫后几秒钟就仰卧而死。剖检可见消化道充盈，肝脏肿大、发白。种禽发生维生素 H 缺乏时，常使蛋的孵化率降低，胚胎畸形，软骨营养不良，形成并趾。

【防治】 注意日粮结构，其中谷物比例不能太大，并向饲料中添加维生素 H，鸡每千克饲料 150 微克，肉用仔鸡可适当增加；发病后，加倍使用，注意添加其他维生素。

（十二）维生素 B_{12} 缺乏症

维生素 B_{12} 缺乏症是由于维生素 B_{12} 或钴缺乏引起的以恶性贫血为主要特征的营养缺乏性疾病。

【病因】 饲料中长期缺钴，长期服用磺胺类抗生素等抗菌药时影响肠道微生物合成维生素 B_{12}，笼养和网养鸡不能从环境（垫草等）获得维生素 B_{12}。

【临床症状】 雏鸡贫血症与维生素 B_6 缺乏症相同。食欲不振，发育迟缓，羽毛生长不良，稀少，无光泽，发生软脚症，死亡率增加。成鸡产蛋量下降，蛋重减轻，种蛋孵化率低。剖检可见肌胃糜烂，肾上腺肿大，鸡胚腿肌萎缩，有出血点，骨短粗。

【防治】 补充鱼粉、肉粉、肝粉和酵母等富含钴的原料，或正常饲料中添加氯化钴制剂，可防止维生素 B_{12} 缺乏。鸡舍中使用合理的垫草。种鸡在每千克饲料中加入 4 微克维生素 B_{12} 可使种蛋孵化率提高。患鸡肌内注射维生素 B_{12} 2～4 微克/只，或按每千克饲料 4 微克的治疗剂量添加。

（十三）维生素 C 缺乏症

维生素 C 又称抗坏血酸，具有抗坏血病的功能。其分布广泛，在青绿饲料、青贮和马铃薯等作物中含量较多。健康畜禽可在肝脏中合成。当肉鸡体内缺乏维生素 C 时，即可导致维生素 C 缺乏症。

【病因】凡能引起肝脏内合成障碍的因素，都可能造成维生素 C 缺乏并导致疾病的发生。如各种急性、热性传染病、中毒性疾病等的发生使肝脏受损伤，不能正常合成而引起维生素 C 缺乏症。

【临床症状】本病的临床表现是以其所具有的生理功能损伤和破坏相一致。抗坏血酸能促进细胞间质中胶原蛋白的形成，参与叶酸、酪氨酸以及机体细胞的氧化和还原反应，也促进肾上腺皮质激素的代谢，以维持血液凝固作用、毛细血管通透性和抗体产生等。缺乏时可发生相应的代谢障碍，血管通透性增加，脆性提高，导致全身性出血。此外，由于机体抵抗力降低而易发各种感染性疾病。

【防治】日粮要平衡，营养要全面。饲料品质要好，并饲喂一定量富含维生素 C 的饲料，如马铃薯、胡萝卜和谷物发芽饲料等。治疗时每天每只喂 30 毫克，或每千克饲料中添加 200 毫克维生素 C。热应激时每千克日粮添加量为：肉鸡 100～150 毫克、蛋鸡 200 毫克、蛋种鸡 250 毫克，通过饮水每升水添加 1 克。

四、矿物质缺乏

（一）钙缺乏症

钙的作用是维持机体正常生理机能的重要矿物质元素。它对

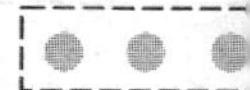

于骨骼的形成、肌肉收缩、机体的酸碱平衡、细胞膜的通透性和神经系统的正常传导等都具有重要作用。对于产蛋母鸡，更是必不可少的矿物质元素。鸡的日粮中，钙的需要量，雏鸡和青年鸡一般为0.9%，产蛋鸡为2.7%～3.75%。据分析，产1个蛋至少需要3～4克钙，鸡体内贮存的钙一般不超过1.5克，所以在形成蛋壳的16小时内，蛋壳的钙约有60%必须直接来源于饲料。产蛋母鸡如果日粮中缺钙，可导致蛋壳粗糙、变薄、易碎，产软壳蛋或产蛋量下降甚至停产，同时还会影响正常的生理代谢机能，血细胞和血红蛋白减少，体重减轻，严重者可发生瘫痪，或因心肌衰竭和组织出血而死亡。幼雏缺钙时常发生佝偻病，青年鸡可发生软骨症。

防治本病在日粮中给予足量的骨粉、贝壳粉、石粉等含钙丰富的矿物质，幼禽和青年禽应增加日粮中骨粉或脱氟磷酸氢钙，还应注意补充维生素D和鸡群日照。适当的钙、磷比例也很重要，钙、磷（有效磷）比例，雏鸡一般为2.2∶1，青年鸡为2.5∶1，产蛋鸡为6.5∶1。

（二）镁缺乏症

镁的作用是构成骨骼所必需的。缺镁可影响钙、磷平衡，生长停滞，骨骼、蛋壳变形，昏睡，下痢，严重的可发生神经性震颤、喘息和惊厥。

防治本病应使饲料含镁0.02%～0.04%。缺乏时可在饲料中添加硫酸镁或氧化镁。

（三）硫缺乏症

饲料中缺硫，易引发互相啄食羽毛的恶癖。当只喂给麸皮和玉米粉，青绿饲料又十分缺乏时，常因饲料单纯而缺硫。缺硫的鸡群长期处于惊慌状态，多数寻找安闲的地方躲避。一旦鸡群稍有集中，部分鸡就会啄食另一些鸡的羽毛，并将羽毛下皮肤扯下，被啄鸡背部、尾尖或翅膀两侧，由于受伤而大量出血。鸡体从颈部开始无毛，或仅在头部、翅膀尖有少量羽毛。一般对吃食、消化等无影响。

防治本病可在饲料中加入20%的石膏粉，以补充硫元素。

（四）锰缺乏症（脱腱症）

锰是家禽生长、生殖和骨骼、蛋壳形成所必需的一种微量元素，禽类对这种微量元素的需求量较高，饲料的一般成分中含锰量不够充分，如果日粮中含有过量的钙、磷，则能抑制机体肠道对锰的吸收。其他如胆碱、维生素类的供给与平衡问题，都与本病的发生有关。幼鸡锰缺乏症的主要症状为胫-跗关节增大，扭转，或是胫骨远端和跖骨近端弯曲，以及最终腓肠肌的腱从关节背面跖骨踝突上滑下，因而病鸡的腿部弯曲，或不能站立。如果两腿都发生病变，则往往因不能行走觅食和饮水而导致死亡。母鸡锰缺乏时，除可导致产蛋量和孵化率降低外，还可引起鸡胚早期死亡

预防本病应注意幼鸡饲料中的各种矿物质和维生素等营养成分配合适当。防止锰缺乏可在每吨饲料中加入114～228克硫酸锰。治疗本病可在每千克饲料中添加硫酸锰0.1～0.2克，或用1∶20 000倍高锰酸钾液代替饮水，每天更换2～3次，连用2天，停2～3天以后再饮2天。

（五）硒缺乏症

硒在体内参与抗氧化过程，保护细胞脂质膜免遭破坏。含硫氨基酸、不饱和脂肪酸和维生素E的缺乏，可促进本病的发生。全国大部分地区土壤中的含硒不足，易发生硒缺乏症。雏鸡缺硒后，出现与维生素E缺乏症相似的病变。

治疗时，在每千克饲料中添加硒0.1毫克、维生素E 10国际单位的同时，饮水中加入0.005%亚硒酸钠、维生素E注射液

（每20千克水加10毫升）。

五、禽痛风

痛风是指禽血液中蓄积过量尿酸盐不能被迅速排出体外，形成尿酸血症，进而尿酸盐沉积在关节囊、关节软骨、软骨周围、胸、腹腔及各种脏器表面和其他间质组织中。临床上表现为运动迟缓、腿翅关节肿胀，厌食、衰竭和腹泻。因粪尿中尿酸盐增多，肛门周围羽毛上常为多量白色尿酸盐沾附。

禽痛风与肾功能衰竭有密切关系。禽痛风可分为内脏型痛风和关节型痛风。内脏型痛风是指尿酸盐沉着在内脏表面，关节型痛风是指尿酸盐沉积在关节腔及其周围。近年来本病发生有增多趋势，特别是集约化饲养的鸡群，饲料生产、饲养管理水平存在着许多可诱发禽痛风的因素，目前已成为常见禽病之一。除鸡以外，火鸡、水禽（鹅）、雉、鸽子等亦可发生痛风。

【病因】可引起禽痛风的原因有二十多种，归纳起来可分为两类。一是体内尿酸生成太多，当饲料中蛋白质尤其核蛋白和嘌呤碱含量太多，如鱼粉用量超过8%，或尿素含量达13%以上饲喂动物时，其代谢终产物——尿酸生成太多，引起尿酸血症。在动物极度饥饿又得不到能量补充时，体蛋白大量分解，体内尿酸盐生成增多。本病发生与遗传因素也有一定关系。特别是关节型痛风与高蛋白饲料和遗传因素关系密切。二是尿酸排泄障碍可能是尿酸盐沉着症中更重要的原因。引起尿酸排泄障碍的因素包括各类传染性因素和非传染性因素，如中毒引起肾损伤等，引起肾机能障碍并导致痛风。此外，年老、纯系育种、运动不足、受凉、孵化时湿度太大，都可促使痛风生成。

【临床症状】生产中多以内脏型痛风为主，关节型痛风较少见。

内脏型痛风：零星或成批发生，多因肾功能衰竭而死亡。病禽开始时身体不适，消化紊乱，食欲下降，鸡冠泛白，贫血，腹泻，粪便呈白色稀水样，多数鸡无明显症状，或突然死亡。由传染性支气管炎病毒引起者，还会有呼吸加快、咳嗽、打喷嚏等症状；维生素A缺乏所致者，伴有干眼、鼻孔易堵塞等症状；高锰、低磷引起者，还可出现骨代谢障碍。剖检可见内脏浆膜，如心包膜、胸膜、腹膜、肝、脾、胃等器官表面覆盖一层白色、石灰样的尿酸盐沉淀物。

关节型痛风：病禽关节肿胀、疼痛、变软，关节和爪趾显著变形，活动困难，行走不稳，甚至跛行，严重时不能站立。

【诊断】根据跛行、跗关节、肩关节软性肿胀，粪便色白而稀，可作出初步诊断。确诊依赖于血液尿酸和尿酸盐浓度升高，内脏表面有尿酸盐沉着，关节腔液呈白色浑浊及痛风石生成等特征性变化。但应与关节型结核、沙门氏菌和小球菌引起的传染性滑膜炎区别。检查关节液中是否有针状和禾束状晶体或放射形晶粒可作出区别诊断。

【防治】从预防着手，改善鸡群饲料供给，提高鸡群饲养管理水平。控制鸡饲料中粗蛋白质含量在20%左右，减少动物性下脚料供应，禁止用动物腺体组织饲喂，供给含维生素A丰富的饲料。严格控制家禽各生理阶段中所供给的饲料内钙、有效磷含量及其钙、磷比例，肉用仔鸡饲料中含钙不应超过1%，小母鸡饲料中含钙不超过1.2%，磷不超过0.8%。对本病治疗可摘除关节腔内的痛风石，亦有用嘌呤醇治疗，但成本高，效果不显著。中药也可进行预防与治疗。

方一：木通100克、车前子100克、萹蓄100克、大黄150克、滑石200克、灯芯草100克、栀子100克、甘草梢100克、山楂200克、海金沙150克、鸡内金100克，混合研细末，混于饲料中喂服，1千克以下的鸡每只每日1～1.5克，1千克以上的鸡每只每日1.5～2克，连喂5天，或将上述药物加水煎汁，自由饮服，连饮5天。

方二：泽泻、茯苓各50克，车前子30克，萹蓄、滑石、海

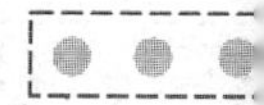

金沙各20克，大黄、瞿麦、栀子、甘草梢、牛膝各10克，供200羽鸡煎汁饮用，药渣研末拌料喂鸡，隔日1剂，连用3剂。

六、脂肪肝综合征

脂肪肝综合征是肉用仔鸡发生的一种以肝脏肿胀、嗜睡、麻痹和突然死亡为特征的疾病。本病多发于10～30日龄的肉用仔鸡，以3～4周龄发病率最高，7～8月炎热时节最多发。

【病因】 由于长期饲喂含碳水化合物过高的高能日粮，同时饲料中缺乏蛋氨酸和胆碱等嗜脂因子，使肝脏从中性脂肪合成磷脂的过程中发生障碍，导致在肝脏内沉积，加上鸡只缺乏运动而引起本病。

【临床症状】 脂肪肝综合征只发生于高产鸡群，笼养鸡比平养鸡发病快。因病鸡无明显体外特征，不易被察觉，直到鸡群产蛋量逐步下降了10%～40%或达不到产蛋高峰时才会被觉察。产蛋率急剧下降，发病鸡只常不见症状就突然死亡。

剖检可见鸡尸肥胖，皮下脂肪多。肝脏呈黄褐色或深黄色的油腻状，质脆易碎，肝表面和体腔有大的血凝块。腹腔内和肠表面有大量脂肪沉积，输卵管末端常有一枚完整而未产出的硬壳蛋。

【防治】 本病发生原因较复杂，对其防治应从多方面入手。

1. 加强管理　夏季一定要注意防暑降温，及时供应充足的清凉饮水。鸡舍内按时消毒，防止惊吓，保持合理饲养密度。

2. 适当限饲　一般减少喂料10%左右，要注意原料质量，防止饲料变质。调整日粮配方。炎热的夏季应提高饲料中的蛋白质1%～2%，降低饲料中的能量水平0.2～0.4兆焦/千克，适当增加粗纤维含量。鸡发生此病后，可在正常用量之外，在饲料中添加药物以减轻产蛋鸡群的病情，每千克饲料中加入1克氯化胆碱、1.2克蛋氨酸、20国际单位维生素E、0.012毫克维生素B_{12}、1克肌醇、0.3毫克生物素、0.1克维生素C，连喂2周后，检查效果。还可试用中药水飞蓟，研末，按每千克饲料0.15克添加，连用3天。

七、中毒病

(一) 食盐中毒

鸡食盐中毒最常见的原因是配料所用的鱼干或鱼粉含盐量过高。其临床症状因摄取食盐量的多少和持续时间的长短而不同。症状轻微的，饮水增加，粪便稀薄或混有稀水。严重者，食欲废绝，渴欲强烈，无休止地饮水，嗉囊肿大，口、鼻流黏液，腹泻，呼吸困难，最后衰竭而死。

防治：对病鸡立即停喂含盐量过多的饲料，改换其他饲料，供给充足的新鲜饮水。平时配料所用鱼干或鱼粉一定要测定其含盐量，含盐量高的要少加，含盐量低的可适当多加，但饲料中总的含盐量以0.25%～0.3%为宜，最多不超过0.5%。

(二) 痢特灵中毒

痢特灵又名呋喃唑酮，我国已禁止使用，但仍有违法使用而导致的中毒症。其症状为精神沉郁，羽毛松乱，食欲减退或废绝，有的以喙尖触地，个别鸡如异物卡喉，不时的摇头，也有的转圈、惊厥，最后昏迷死亡。

防治：严禁使用痢特灵。发现中毒后尽快给鸡饮用0.1%的碳酸氢钠水或5%的葡萄糖水，严重者经口滴服10%的葡萄糖水或速补水，或者用百毒解按0.5%饮水，在饮水中添加5%葡萄糖水和适量维生素C，添加电解质多维来提高机体抵抗力。

(三) 菜子饼中毒

菜子饼的有害成分主要是硫葡糖苷，它能分解产生多种有毒物质，此外还含有芥子酸和单宁等。普通菜子饼在饲料中的比

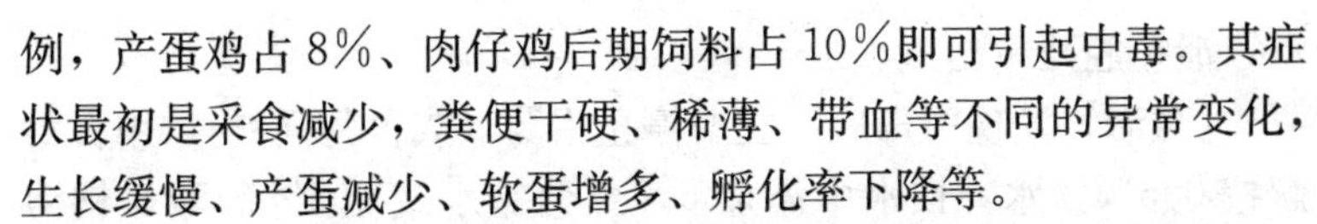

例，产蛋鸡占8%、肉仔鸡后期饲料占10%即可引起中毒。其症状最初是采食减少，粪便干硬、稀薄、带血等不同的异常变化，生长缓慢、产蛋减少、软蛋增多、孵化率下降等。

防治：发现中毒立即停喂含有菜子饼的饲料，饮水中添加速补-14。平时配料时，6周龄以下蛋鸡及4周龄以下肉仔鸡不使用菜子饼，以后菜子饼在饲料中的比例不得超过5%。

（四）黄曲霉毒素中毒

鸡饲料由于受潮、受热而发霉变质后即产生多种霉菌与毒素，其中最主要的就是黄曲霉菌及其毒素，鸡吃了这些变质饲料即可引起中毒。其症状是精神委靡、食欲减退、贫血、排血色稀粪，有的腿软而逐渐不能站立，产蛋鸡发育迟缓，开产推迟，产蛋率低，极度消瘦。

防治：发现中毒立即停喂变质饲料，饮水中加入速补或葡萄糖，用百毒杀消毒料、水槽。平时饲料要贮存在阴凉、干燥处，贮存量以满足1周用量为宜，不可大量长期贮存，以免发霉变质。

（五）喹乙醇中毒

【病因】喹乙醇是一种具有抑菌促生长作用的药物，主要用于治疗肠炎、巴氏杆菌病和促进生长。喹乙醇在防治细菌性疾病时，盲目增大剂量或使用时间过长常引起中毒。喹乙醇几乎不溶于水，将喹乙醇饮水使用时，部分药物沉积水底会导致部分鸡中毒。此外，同时使用含有喹乙醇成分的药物或饲料添加剂，易造成重复用药而中毒。

【临床症状与病理变化】病禽采食减少或废绝，精神沉郁，排黄绿色稀粪，冠及肉髯发绀，有的出现神经兴奋、呼吸急促、乱窜急跑等症状。剖检可见消化道尤其是十二指肠呈弥漫性出血、充血、肝肿大、质脆、胆囊胀大，心冠脂肪及心外膜有出血点，泄殖腔严重出血。

【防治】发现中毒后，立即停止用药（或含药饲料），用百毒解按0.5%饮水，饮水中添加5%葡萄糖水或0.5%碳酸氢钠溶液，添加适量的维生素C，连用5～7天，对中毒较轻的可收到良好的解毒效果。

（六）磺胺类药物中毒

磺胺类药物是治疗家禽细菌性疾病和球虫病的常用广谱抗菌药物，由于抗菌广、性质稳定，在养禽业中被广泛使用，但使用不当会引起家禽中毒。

【病因】对磺胺类药物应严格掌握其安全剂量，剂量过大或用药时间过长，均可引起中毒。磺胺类药物种类很多，不能重复使用。另外，磺胺类药物与酸性物质会析出结晶而造成对肾脏的损害。因此，要注意配伍禁忌，不要与酸性物质同时使用。

【临床症状与病理变化】急性中毒时表现为兴奋不安、厌食、腹泻、呼吸加快，短时间内死亡。慢性中毒表现为食欲减退、渴欲增加、贫血、出血，影响肠道微生物对维生素K和B族维生素的合成，产蛋鸡出现软壳蛋、薄壳蛋。部检可见多种出血病变，胸肌、腿肌有斑状出血，肝肿大，质脆，且有出血点，肾肿大，呈土黄色，有紫红色出血斑，输尿管变粗并充满白色尿酸盐，腺胃与肌胃交界处有条状出血，腺胃黏膜和肌胃角质膜下有出血点。

【防治】对1周龄以内雏禽或体质较弱以及即将开产的蛋鸡慎用。出现中毒时立即停药，在饮水中添加1%～5%碳酸氢钠、葡萄糖、维生素C等，同时在饲料中增加B族维生素和维生素K。

（七）马杜拉霉素中毒

马杜拉霉素是一种物美价廉的抗球虫药。家禽极敏感，稍有不慎，则会引起中毒。

【病因】剂量过大、使用不当、拌料不匀均会引起中毒。另外，马杜拉霉素与其他药物联合使用易引起中毒，最好单独使用。

【临床症状与病理变化】轻度中毒家禽食欲减少、沉郁、啄羽。较严重时呈神经症状，行走摇晃，伏地或侧卧，两腿后伸，少数鸡兴奋、转圈，排黄色或绿色水样粪便、脱水至死。剖检肝肿大、质脆、出血，心脏有灰白色点或出血点，肠黏膜肿胀、出血。

【防治】发现中毒立即停喂，用 0.5%百毒解饮水，饮水中添加 5%葡萄糖、维生素 C 以及 10%碳酸氢钠补充电解质多维和亚硒酸钠—维生素 E，可使病情得到一定控制。

八、其他普通病（啄癖、腹水等）

（一）啄癖

啄癖也称异食癖、恶食癖、互啄癖，是多种营养物质缺乏及其代谢障碍所致非常复杂的味觉异常综合征，各日龄、各品种鸡群均发生，但以雏鸡时期最多。啄癖的种类包括啄羽癖、啄肉癖、啄肛癖、啄蛋癖、啄趾癖和异食癖等。

【病因】品种不同啄癖发生率有差异。内分泌影响啄癖发生，母鸡比公鸡发生率高，开产后 1 周内为多发期，早熟母鸡易产生啄癖。日粮配合不当，日粮中蛋白质一种或几种含量不足或过高，造成日粮中的氨基酸不平衡，粗纤维含量过低，均可导致啄癖发生。当日粮中缺乏维生素或日粮中缺乏钙、磷或比例失调，锌、硒、锰、铜、碘等微量元素缺乏或比例不当，硫含量缺乏，食盐不足，均可导致啄趾、啄肛、啄羽等恶癖。此外，粗纤维的缺乏，日粮供应不足，使鸡处于饥饿状态，为觅食而发生啄食癖；或喂料时间间隔太长，鸡感到饥饿，易发生啄羽癖。因采食霉变饲料引起鸡的皮炎及瘫痪易引起啄癖。饲养管理不当造成光线太强或光线不适，温度和湿度不适宜，密度太大和互相拥挤等条件都可引起啄癖。球虫病、大肠杆菌病、白痢、消化不良等病症可引起啄羽、啄肛。患有慢性肠炎而造成营养吸收差会引起互啄。体外寄生虫可使鸡体自身啄食自体腿上皮肤鳞片和痂皮，发生自啄出血而引起互啄。

此外，一些应激因素，如换羽、断喙、活动受限引起心里压抑等都会导致鸡发生互啄，从而养成啄癖。

【临床症状】根据啄食的部位不同，可分为啄羽、啄肛、啄蛋等。其发生不分季节，不分日龄，无论蛋鸡、肉鸡或种鸡，无论平养或笼养，均可发生。表现为攻击伤害，同类残食，自食或争食所下的蛋，以至吞食各种异常物质。鸡群中一旦发生，很快蔓及全群。严重时，啄癖率可达80%以上，死亡率可高达50%。

【诊断】根据肉鸡的异常行为和临床表现，即可诊断。

【防治】针对不同原因引起的啄癖，采取相应的措施。因营养性因素诱发的啄癖，可暂时调整日粮组合，如育成鸡可适当降低能量饲料，提高蛋白质含量，增加粗纤维；若缺乏微量元素铜、铁、锌、锰、硒等，可用相应补充硫酸铜、硫酸亚铁、硫酸锌、硫酸锰、亚硒酸钠等；常量元素钙、磷不足或不平衡时，可用骨粉、磷酸氢钙、贝壳或石粉进行补充和平衡；定时驱虫，包括内外寄生虫的驱除，以免发生啄癖后难以治疗；改善饲养管理环境，使鸡舍通风良好，饲养密度适中，温度适宜，可有效防止啄癖的发生。如果发生啄癖时，立即将被啄的鸡隔开饲养，伤口上涂抹一层机油、煤油等具有难闻气味的物质，防止此鸡再被啄，也防止该鸡群发生互啄。

（二）肉鸡腹水综合征

肉鸡腹水综合征俗称鸡水肿病，是一种由多种致病因子共同作用引起的以右心肥大扩张和腹腔内积聚大量浆液性淡黄色液体

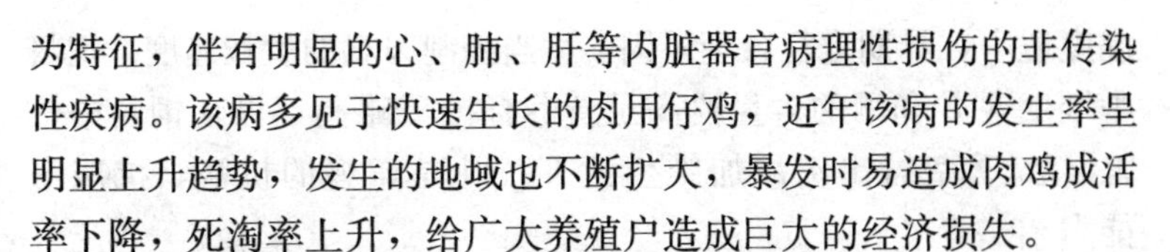

为特征，伴有明显的心、肺、肝等内脏器官病理性损伤的非传染性疾病。该病多见于快速生长的肉用仔鸡，近年该病的发生率呈明显上升趋势，发生的地域也不断扩大，暴发时易造成肉鸡成活率下降，死淘率上升，给广大养殖户造成巨大的经济损失。

【病因】引起本病的原因很多，包括缺氧或相对缺氧，遗传因素，饲喂高能量日粮引起营养过剩，心、肺、肝脏损害等诸多因素导致鸡肺动脉血流阻力增大，右心室代偿性负荷增大，继而右心室充血性心力衰竭，造成全身性淤血，导致腹水和心包积液。

【临床症状】病初精神沉郁，缩头闭目，采食减少，个别排白色或土黄色稀粪，随之病鸡腹部膨大，触之有波动感，皮肤变薄发亮，外观褐色，病鸡站立困难，由于负压增大，故呼吸困难，鸡冠发紫，有时怪叫。出现腹水2天左右死亡。

【病理变化】剖开腹部，从腹腔中流出多量淡黄色或清亮透明的液体，有的混有纤维素沉积物。肝脏肿大或萎缩，质硬、淤血、出血，胆囊肿大，突出肝表面，内充满胆汁。心脏肿大，尤其右心房扩张显著，部分鸡心包积有淡黄色液体。肺水肿，呈花斑状，质地稍坚韧，间质有灰白色条纹，切面流出多量带有小气泡的血样液体。脾淤血，水肿。肾稍肿，淤血，出血。

【诊断】根据病鸡腹部膨大、透明，有波动感，走路像企鹅，呼吸困难，反应迟钝，鸡冠、肉髯发紫，突然死亡等症状，以及剖检可见腹腔有明显的清亮淡黄色或淡红色液体，混有纤维物絮状物，心脏肿大等，再结合相关病因调查，即可做出诊断。

【防治】肉鸡腹水综合征的发生是多种因素共同作用的结果。故在2周龄前必须从卫生、营养状况、饲养管理、减少应激和疾病以及采取有效的生产方式等各方面入手，采取综合性防治措施。选育抗缺氧，心、肺和肝等脏器发育良好的肉鸡品种。加强鸡舍的环境管理，解决好通风和控温的矛盾，保持舍内空气新鲜，氧气充足，减少有害气体，合理控制光照。另外，保持舍内湿度适中，早期进行合理限饲，适当控制肉鸡的生长速度。饲料中维生素E和硒的含量要满足营养标准或略高，可在饲料中按0.5克/千克的比例添加维生素C，以提高鸡的抗病、抗应激能力。

一旦病鸡出现临床症状，单纯治疗常常难以奏效，多以死亡而告终。以下措施有助于减少死亡和损失。

(1) 用12号注射针头施行腹腔穿刺放出腹水，然后注入青链霉素各20 000国际单位，经2～4次治疗后可使部分病鸡康复。

(2) 早期发现病鸡，投服大黄苏打片［20日龄雏鸡1片/(只·日)，其他日龄鸡酌情处理］，以清理胃肠道；然后喂服维生素C和抗生素，以对症治疗和预防继发感染。同时，加强舍内外卫生管理和消毒。

(3) 给病鸡皮下注射1克/升亚硒酸钠0.1毫升，1～2次，或投服利尿剂。

(4) 应用脲酶抑制剂，每千克饲料125毫克拌料饲喂，可降低患腹水征肉鸡的死亡率。

这些措施可在一周后见效。

中药方剂治疗：可采用茵陈蒿汤和八正散联合加减方：茵陈、柴胡、龙胆草、赤茯苓、猪苓、车前子、木通、大腹皮、泽泻、石斛、棉芪，具有保肝利胆、消腹水、滋阴、增强机体免疫功能之效。

参考文献

单永利，黄仁录.2001.现代肉鸡生产手册.北京：中国农业出版社.

刘风华，李焕荣，郭玉琴等.2005.安全优质肉鸡的生产与加工［M］.北京：中国农业出版社.

张泉鑫，朱印生.2007.禽病［M］.北京：中国农业出版社.

王常康.2005. 现代养鸡技术与经营管理［M］. 北京：中国农业出版社.
刘福柱，张彦明，牛竹叶.2002. 鸡鸭鹅饲养管理技术大全［M］. 北京：中国农业出版社.
B. W. 卡尔尼克. 高福，苏敬良等翻译.1999. 禽病学［M］. 第十版. 北京：中国农业出版社.
梁崇杰，袁成菊.2006. 畜禽常见病土方改良 3 000 例［M］. 成都：四川出版集团·四川科学技术出版社.
齐守军.2007. 畜禽传染病防控技术［M］. 北京：中国农业出版社.
尹燕博.2004. 禽病手册［M］. 北京：中国农业出版社.
王长庚.2004. 现代养鸡技术与经营管理［M］. 北京：中国农业出版社.
甘孟侯.2007. 养鸡 500 天［M］. 北京：中国农业出版社.
生命经纬. http：//refer. biox. cn/.
中国养鸡网. http：//www. yangzhiw. com/poultry/jbfz/.
管远红，周广生，张璟晶等.2008. 中药抗鸡球虫病研究进展［J］. 畜禽业·兽医研究（234）：36-37.
王学慧.2006. 鸡住白细胞原虫病的中西医结合治疗试验［J］. 江苏农业科学（5）：112-113.
臧金灿. 霍军.2007. 中药肝益欣的临床应用研究［J］. 黑龙江畜牧兽医（9）：86-87.
刘建明.2008. 中西药结合治疗雏鸡盲肠肝炎［J］. 医学动物防制，24（2）：134.
典小明，毛银善.2005. 槟榔等中药治疗鸡绦虫病［J］. 中兽医学杂志（2）：27-28.
孔令彪.2008. 内外联合用药驱治鸡羽虱［J］. 养殖技术顾问（4）：86-87.
吕广玲，韩茹.2006. 鸡寄生虫病的防治措施［J］. 黑龙江畜牧兽医（7）：111.